建筑材料理论与应用

马宏强　牛晓燕　◎主编

中国建筑工业出版社

图书在版编目（CIP）数据

建筑材料理论与应用 / 马宏强，牛晓燕主编.
北京：中国建筑工业出版社，2025. 3. — ISBN 978-7
-112-30902-3

Ⅰ. TU5

中国国家版本馆 CIP 数据核字第 2025NG5384 号

责任编辑：张　磊
文字编辑：张建文
责任校对：赵　力

建筑材料理论与应用

马宏强　牛晓燕　◎主编

*

中国建筑工业出版社出版、发行（北京海淀三里河路 9 号）

各地新华书店、建筑书店经销

北京龙达新润科技有限公司制版

建工社（河北）印刷有限公司印刷

*

开本：787 毫米×1092 毫米　1/16　印张：12¾　字数：315 千字
2025 年 2 月第一版　　2025 年 2 月第一次印刷
定价：**58.00** 元
ISBN 978-7-112-30902-3
（43975）

前　言

建筑作为人类文明的重要载体，其发展与演变不仅映射了历史的变迁，更体现了科技与艺术的完美结合。建筑材料作为建筑的物质基础，特别是混凝土材料，其理论研究的深入和应用的创新，对推动建筑行业的持续发展具有举足轻重的意义。

本书以水泥和混凝土材料为研究对象，结合课题组多年的积累成果，编写过程参阅了国内外专家论著，具有实用性和先进性。本书内容共分为九个章节，包括绪论、水泥与混凝土、火山灰质材料、硅酸盐水泥水化、水泥基材料水化动力学、微观结构测试方法、混凝土耐久性、混凝土收缩和高性能混凝土。全书综合了水泥和混凝土宏观、细观和微观测试的方法和理论。本书整体结构框架具有前瞻性、系统性和实践性，可以为研究生选题、科研方向探索、实际工程应用及建筑材料的未来发展提供有力支撑和指导。结合 14 个工程案例库，将相关理论融会贯通，使读者能够更好地将理论知识应用到实际工作中。

本书由马宏强、牛晓燕任主编，负责全书的编写。另外，付聪聪、代恩洋、黄康、付豪、李世儒、宿茂峥、许紫石、曹辰羽等在资料搜集和整理过程中付出辛苦劳动，在此表示感谢。特别感谢付聪聪和宿茂峥在全文校改过程中辛勤的付出。本书的编写得到了山东农业大学冯竟竟教授的帮助和指导，在此表示衷心的感谢。

本书适用于从事建筑、土木工程材料相关研究的导师和研究生阅读。由于编者编写水平有限，不足或疏漏之处在所难免，敬请各位读者批评指正，编者在此先行表示感谢。

2024 年 6 月

古城保定

目　　录

第1章 绪 论

1.1 材料科学的研究对象与目的

1.1.1 材料科学的定义

材料是由一定配比的若干相互作用的元素所构成，具有一定的结构层次和确定的性质，并能用于制造工具、器件、设备和建筑等。广义上说，材料是指能为人类制造有用器件的物质。但随着社会的发展，自然资源和能源的减少，材料的定义必须考虑其经济和社会因素，因此材料的定义发展为："材料是人类社会所能接受地、经济地制造有用器件的物质"。

材料是由原料获得的，可由一种或多种物质组成。原料一般不用于获得产品，而用于生产材料，生产过程往往伴随化学变化，而一般从材料到产品的转变过程不发生化学变化。同一物质由于制备方法或加工方法不同，可以得到用途各异、类型不同的材料。材料可以根据化学组成、状态、作用和使用领域分类，材料分类如图1-1所示。

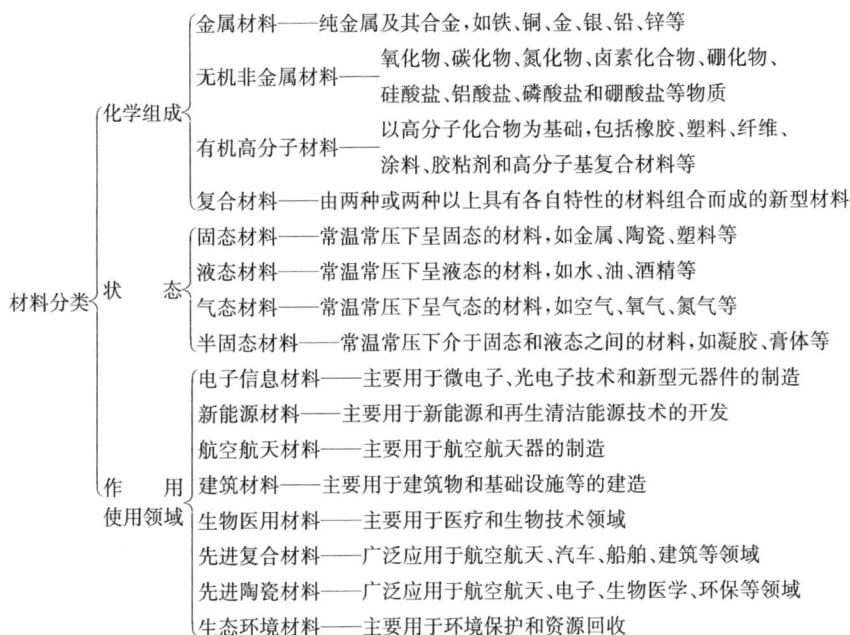

图1-1 材料分类

材料的使用是一个巨大的、全球性的、时空无限的循环体系。图 1-2 为材料使用的循环体系,我们从地球上获得矿石、煤、砂土、木材、原油、岩石和植物等,作为一次原料;通过分离、加工和精制得到金属、化学物质、纸张、水泥和纤维等作为二次原料;继续通过加工获得工业材料,例如晶体、合金、陶瓷、塑料、混凝土和纺织品等。将工业材料设计、制造和组装成产品、装置、建筑物或机械等;使用过程中产生的废物或废品进入再生循环过程和地球表面。人类使用材料的历史与人类文明史同样长,人类有目的地制造工具时就是人类使用材料的开端。材料是一切物质生产不可缺少的要素。人类历史上以材料命名的时代包括石器时代、青铜器时代、铁器时代、钢铁时代和新材料时代,如图 1-3 所示。信息时代仍以材料的发展为推动力。

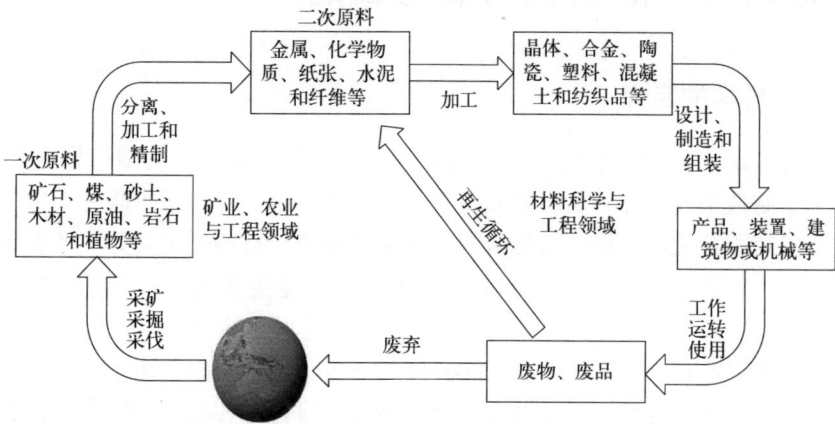

图 1-2 材料使用的循环体系

图 1-3 材料的发展与人类社会

1.1.2 材料科学的任务

材料科学主要研究材料的组成、结构、加工与材料的性能及其应用之间的相互关系。材料的性质是材料系统对外界作用的反应(电、磁、热、光、力等),它依赖于材料的结构。材料内部各结构层次的特性，取决于组元的种类、比例和外部环境（温度、压力等）。材料科学有两大主要任务：第一，了解现有材料的组成、结构与性能间的关系，研究如何提高现有材料的使用性能；第二，根据人们的需要，有目的地设计、制造新材料。为了完成两大任务，需要应用化学、物理、力学、数学及其他相关学科的理论和方法，以及各种测试分析技术来研究材料的成分、结构及其与材料性能间的关系。

在材料科学的领域里，材料的物质世界分级主要是指按照材料的性质、结构、应用等方面进行的分类：

（1）根据材料的性质，可以将材料分为金属材料、陶瓷材料、高分子材料、复合材料等。

（2）根据材料的结构，可以将材料分为单质材料、复合材料、多孔材料、纳米材料等。

（3）根据材料的应用，可以将材料分为工程材料、医用材料、电子材料、航空航天材料等。

（4）根据材料的制备工艺，可以将材料分为铸造材料、锻造材料、焊接材料、热处理材料等。

（5）根据材料的性能，可以将材料分为强度高的材料、韧性好的材料、耐腐蚀的材料、导热性能好的材料等。

综上，材料科学的目的是科学地设计、制造和使用材料。许多新材料的发现仍是"机遇"的产物。

1.2　建筑材料的定义

从广义上来说，建造建筑物和构筑物的所用材料均可称为建筑材料；从狭义上来说，建筑材料是指直接构成建筑物和构筑物实体的材料。建筑材料可以是自然的，也可以是人造的，包括但不限于混凝土、砖、砂石、木材、钢材、塑料和玻璃等。选择建筑材料需要综合考虑多个因素，以确保建筑的安全性、耐久性、经济性、美观性和舒适性。需要考虑的因素如下：

（1）强度：建筑材料必须具有足够的强度和稳定性，以确保建筑结构的稳定性和安全性。

（2）耐久性：建筑材料需要具有良好的耐久性，能够在各种环境和条件下长期使用，而不发生显著的性能下降或损坏。

（3）经济性：建筑材料的选择也需要考虑其经济性，包括初始购买成本、运输成本、安装成本、维护成本等。

（4）环保性：随着环保意识的提高，越来越多的建筑开始考虑使用环保的建筑材料，这不仅可以降低对环境的影响，还可以带来经济效益。

（5）美观性：除了实用性之外，建筑材料的选择还需要考虑其美观性，因为建筑的美观性直接影响到人们的居住体验和生活质量。

（6）适应性：建筑材料需要适应各种不同的建筑需求和环境条件，包括但不限于抗震性、防火性、防水性、防腐性、隔声性等。

对工程技术人员来说，如何选择特定应用环境下需要的材料，来满足使用要求，如何按实际要求设计新材料，须弄清材质、内部形态和使用环境、耐久性能等的关系。材质决定了建筑材料的物理和化学性质，例如强度、硬度、耐磨性、耐腐蚀性、热传导性等。不同的材质适用于不同的建筑需求和环境条件。建筑材料的内部形态，如晶体结构、缺陷、微观组织等，会影响其宏观性能，例如，钢的晶体大小和形状会影响其强度和韧性；建筑材料的使用环境，如温度、湿度、光照、风载、地震等，会影响其耐久性能，例如，在高温、高湿的环境中，某些材料可能会出现膨胀、收缩、开裂等问题。建筑材料的耐久性能是指其在使用过程中能够保持其性能稳定的能力。耐久性能差的建筑材料可能会导致建筑结构的早期失效，增加维修和更换的成本。

1.3 建筑材料的应用历史和分类

1.3.1 建筑材料的应用历史

建筑材料作为构成人类建筑环境的物质基础，其在人类文明发展史上扮演着至关重要的角色。从远古的茅屋到现代的高楼大厦，从简单的石材到复杂的复合材料，建筑材料一直是建筑业发展的核心。建筑材料的应用历史几乎与人类的文明史一样悠久。远古时期，当时人们主要使用天然材料，如石头、泥土和树木，这些材料可以直接从周围环境中获取。例如，古人会挖掘土壤来建造洞穴，或者砍伐树木来搭建简单的住所。这些材料的使用反映了人类社会的初级生产力水平和简单的生活方式。随着技术的发展，人类学会使用火炼制金属；铜和铁等金属材料的出现极大地推动了建筑业的发展，人们开始制造和使用更多的人工建筑材料。随后，石灰、石膏等无机非金属材料的出现，为建筑提供了更为多样的材料选择，而合成高分子材料的出现则为现代建筑业的发展奠定了基础。

在公元前 5000 年左右，东欧、古埃及和古希腊等已经开始使用石灰作为混凝土建筑材料。我国最早的混凝土材料出现在公元前 3000 年，甘肃天水发现了低温煅烧礓石混凝土的遗址，如图 1-4 所示。在 2000 年前，罗马人用火山灰混合石灰、砂等制成天然混凝土，其具有凝结力强、坚固耐久、不透水等特性，大大促进了罗马建筑结构的发展，保留最完整的建筑是罗马斗兽场（始建于公元 72～80 年）。

图 1-4　低温煅烧礓石混凝土的遗址

英国的爱迪斯顿海滨全年遭受海浪的袭击，环境条件恶劣。Smeaton 从英国境内古罗马混凝土遗迹得到启发，应用石灰、火山灰和砂浆成功地修筑了爱迪斯顿灯塔。这座十分耐海水侵蚀的灯塔，唤起了后来的学者们对水硬性胶凝材料的深入探索，终于在 1824 年，阿普斯丁发明了波特兰水泥（Portland Cement）。这种水泥由石灰石、黏土和铁矿石经过高温煅烧后混合而成，具有优良的硬度和耐久性。最初，这种水泥主要用于建筑和道路建设，但由于其生产成本较高，并未得到广泛应用。19 世纪末，波特兰水泥开始在全世界范围内广泛使用；在此期间，建筑师和工程师们充分利用其强度和耐久性，建造了许多具有影响力的建筑和工程项目，例如，美国的胡佛水坝、中国的万里长城修复工程等。

20 世纪中叶以后，建筑材料的发展历程不断演进和变革，图 1-5 为建筑材料转型发展的四个阶段，包括初创期、快速发展期、成熟期和转型升级期。21 世纪以来，随着环保意识的提高和政策的推动，绿色环保建材成为行业发展的趋势，企业开始注重产品的环保性和可持续性，推动行业向更加环保的方向发展。科技的进步为建材行业带来了新的机遇。新材料、新工艺、新技术在建材行业的应用不断推动行业的进步，为建筑师和设计师提供了更多的选择和创新空间。中国建材行业逐渐走向高端化、智能化、绿色化，与国际接轨，参与全球竞争。

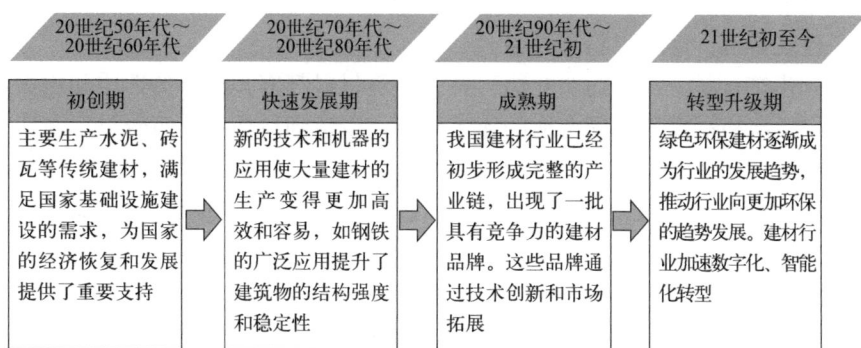

20世纪50年代～20世纪60年代	20世纪70年代～20世纪80年代	20世纪90年代～21世纪初	21世纪初至今
初创期	**快速发展期**	**成熟期**	**转型升级期**
主要生产水泥、砖瓦等传统建材，满足国家基础设施建设的需求，为国家的经济恢复和发展提供了重要支持	新的技术和机器的应用使大量建材的生产变得更加高效和容易，如钢铁的广泛应用提升了建筑物的结构强度和稳定性	我国建材行业已经初步形成完整的产业链，出现了一批具有竞争力的建材品牌。这些品牌通过技术创新和市场拓展	绿色环保建材逐渐成为行业的发展趋势，推动行业向更加环保的趋势发展。建材行业加速数字化、智能化转型

图 1-5 建筑材料转型发展的四个阶段

随着绿色、低碳、可持续发展战略的需求逐渐增加，水泥产业暴露出了其局限性，首先，它的生产过程需要大量的能源，并产生大量的二氧化碳。其次，水泥是一种不可降解的材料，废弃的水泥制品会给环境带来长期的不利影响。此外，水泥的生产需要大量的原材料，如石灰石、黏土等，这些资源的开采会对环境产生影响。为了克服这些局限性，科研人员正在研究新的技术和方法，例如，寻找替代性原材料、开发低碳生产技术、提高水泥的回收和再利用等。同时，建筑行业也在寻求更加可持续的建筑材料，如高性能混凝土、生物基水泥、碱激发材料等，以减轻环境的负担。

1.3.2 建筑材料的分类

建筑材料是建筑活动中必不可少的物质基础，其种类繁多，用途广泛。根据不同的分类标准，建筑材料可以分为多种类型。下面将对不同分类方式进行详细介绍。

1. 按性质分类

（1）天然建筑材料：这类材料直接来源于自然界，如木材、石材等。它们具有独特的质感和美感，被广泛应用于建筑结构、围护和装饰中。

（2）人造建筑材料：相对于天然材料，人造建筑材料是通过加工天然材料或合成材料制成的，如水泥、混凝土、玻璃等。这类材料具有可塑性强、生产成本低等特点。

2. 按用途分类

（1）结构材料：主要用于承受荷载和传递荷载，如钢材、混凝土等。结构材料的质量直接影响建筑的安全性和稳定性。

（2）围护材料：主要用于建筑的保温、隔热、隔声等，如墙体材料、门窗材料等。围护材料的选择直接影响建筑的能耗和舒适性。

（3）装饰材料：主要用于美化建筑表面，提高建筑的艺术观赏性，如涂料、瓷砖、壁纸等。装饰材料不仅起到美观的作用，还要满足环保、耐久性等方面的要求。

3. 按材质分类

（1）金属材料：包括钢铁、铜、铝等及其合金，具有良好的力学性能和耐久性，广泛用于建筑结构、管道和门窗等领域。

（2）非金属材料：如木材、石材、玻璃等，非金属材料在建筑中也有着广泛的应用，如木制门窗、石材装饰等。

（3）高分子材料：如塑料、橡胶、涂料等，高分子材料具有优良的化学稳定性和绝缘性，常用于建筑管道、绝缘材料等方面。

以上是对建筑材料分类的简要介绍，各种建筑材料都有其独特的性质和用途，在实际的建筑活动中，应根据需要选择合适的建筑材料，以达到最佳的建筑效果。在建筑材料的分类中，还有一种重要的分类方式，那就是按使用场合分类。根据建筑的不同部位和用途，建筑材料可分为室内建筑材料和室外建筑材料。室内建筑材料主要考虑环保、美观和舒适性，如环保涂料、瓷砖、壁纸等。而室外建筑材料则需要具备耐候、耐腐蚀、耐磨损等特点，如耐候性强的涂料、防腐木等。

1.4 基于"双碳"目标背景下建筑材料清洁生产

在全球气候变化和环境问题日益严重的背景下，中国提出了碳达峰和碳中和的目标，即"双碳"目标。这一目标的实现需要全社会的共同努力，特别是在建筑行业。建筑材料是建筑行业的基础，其生产过程中的碳排放量占比较大。因此，在双碳背景下，建筑材料清洁生产显得尤为重要。本节将探讨建筑材料清洁生产的必要性和实现路径。

1. "双碳"目标与建筑材料清洁生产的关系

"双碳"目标是中国应对气候变化的重要举措，旨在通过减少碳排放和增加碳吸收，实现碳排放和碳吸收的平衡。建筑材料清洁生产是实现这一目标的关键环节。传统的建筑材料生产过程需要消耗大量的能源和原材料，且排放大量的二氧化碳和其他污染物。建筑材料清洁生产采用环保技术和生产工艺，以减少碳排放且减少环境污染，提高资源利用率。

2. 建筑材料清洁生产的实现路径

（1）推广绿色建筑理念

绿色建筑是指在建筑设计、施工、运营等全过程中，充分考虑节能、环保、经济和适应性等方面，旨在降低对环境的负面影响，并为使用者提供健康、舒适环境的建筑。推广绿色建筑理念，可以提高人们对建筑材料清洁生产的认识，从而促进相关技术的研发和应用。

（2）发展低碳建筑材料

低碳建筑材料是指在使用过程中能降低碳排放的建筑材料。这类材料以环保、节能为主要特点，如低碳水泥、低碳玻璃等。发展低碳建筑材料是实现建筑材料清洁生产的重要途径。通过研发和应用低碳建筑材料，可以降低建筑行业的碳排放量，助力"双碳"目标的实现。

（3）优化建筑材料生产工艺

优化建筑材料生产工艺是实现清洁生产的另一重要途径。通过改进生产工艺和引进新技术，可以提高资源利用效率，减少能源消耗和污染物排放。例如，采用新型干法水泥工艺可以降低水泥生产的能耗和碳排放；利用废弃物制备建筑材料，可以实现废弃物的资源化利用。

（4）强化政策引导和市场机制

政府应出台相关政策措施，鼓励和支持建筑材料清洁生产的发展。例如，制定建筑材料清洁生产标准和认证体系，建立碳排放交易市场等。同时，通过市场机制的调节作用，引导企业自主进行清洁生产技术创新和管理模式改革。

（5）加强国际合作与交流

在全球气候治理的大背景下，国际合作与交流对于推动建筑材料清洁生产的发展具有重要意义。中国应积极参与国际组织和倡议活动，加强与发达国家在建筑材料清洁生产领域的合作与交流，引进先进技术和管理经验，提升我国在该领域的国际竞争力。

建筑材料清洁生产对于推动建筑行业绿色发展、实现碳达峰和碳中和目标具有重要意义。通过推广绿色建筑理念、发展低碳建筑材料、优化建筑材料生产工艺、强化政策引导和市场机制以及加强国际合作与交流等途径，可以促进建筑材料清洁生产的实现。未来，随着科技的不断进步和市场需求的不断增长，建筑材料清洁生产将迎来更加广阔的发展空间。

1.5 案例库

［案例库1］中国建筑科学研究院近零能耗示范建筑

如图1-6所示，中国建筑科学研究院近零能耗示范建筑建筑面积4025m²，全年运行电耗34.2kW·h/m²，其中空调系统和照明系统全年能耗21.6kW·h/m²，土壤源热泵运行效率高达5.1，太阳能吸收式制冷机运行效率0.65。

中国建筑科学研究院近零能耗示范建筑以"被动优先减少需求、主动优化提高能效"的理念为指导，发挥智能化运行管理的优势，充分利用各项建筑节能技术，实现近零能耗建筑，走出了我国建筑节能的自主之路。该示范建筑在建筑设计上，采用一体化设计方法，提高建筑外墙保温性能、外窗保温遮阳性能以及建筑气密性能，从建筑设计方案出发控制建筑负荷。在能源系统上，通过对暖通空调系统与高效照明系统的优化设计，提高系统综合效率。在可再生能源利用上，优化能源系统运行策略，充分利用太阳能和地热能，减少化石能源消耗。在能源管理与楼宇自控上，结合建筑室内环境需求，采用智能化运行管理系统，实现系统和设备的精细控制和优化运行。在行为节能上，健全完善规章制度，将系统引导和行为自愿相结合，提高人员节能意识，培养节能习惯，减少能源浪费。

图1-6　中国建筑科学研究院近零能耗示范建筑

[案例库2] 山东花舞世界文化艺术中心

山东花舞世界文化艺术中心是我国"近零能耗建筑适宜技术研究与集成示范"工程，采用包括太阳能建筑一体化系统在内的多项技术方案，致力于打造成为零碳能源建筑示范项目。该艺术中心同时也是菏泽大型地标性文旅综合体项目，有望成为菏泽城市网红地标性建筑，以期充分发挥文旅项目对社会经济综合带动的作用。因此，山东花舞世界文化艺术中心对所安装光伏产品的外观要求与效率要求极高。

山东花舞世界文化艺术中心商业区楼房幕墙采用晶科能源定制化BIPV方案。如图1-7所示，方案最大亮点是选用BIPV幕墙组件取代传统的铝板幕墙，该组件采用仿铝塑板替代原本不发电的铝板，可以在满足发电需求的前提下，更好地进行定制化外观造型，并有多种颜色可供选择。采用较为少见的白色幕墙，犹如轻盈飞舞的飘带环绕在建筑上，使整体建筑更具传统与现代相结合的清雅艺术气息。

在兼顾美观度的同时，该BIPV幕墙组件还具备高效率、高耐候性、易安装、高耐磨、自保温、低成本等多重优势。该组件在布置电池区域可达到整体10%以上转换效率，在光伏幕墙光电转换效率中属于较高水平；该产品达到20年耐候极限，可经受不同气候环境可能造成的老化影响；该产品采用幕墙式安装方案，减少安装难度，可节省项目整体建设时间。据测算，在折算布片率90%时，该产品单瓦成本不超过8元/瓦，整体成本已达到市场较低水平。在低成本、高质量、高效率加持下，晶科能源BIPV产品已逐渐成为市场主流之选。

图1-7　山东花舞世界文化艺术中心零碳建筑

[案例库 3] 迪拜水电局新总部大楼（BIPV 系统）

迪拜水电局新总部大楼是世界上规模最大、高度最高的单体 BIPV 系统大楼，如图 1-8 所示。迪拜水电局新总部大楼位于 Al-Jaddaf 地区，采用风帆结构，旨在成为近零能耗建筑。建筑面积超过 200 万 ft^2（$1ft^2 = 0.09290304m^2$），可容纳 5000 人，规划建设 15 层。完美融合了现代时尚的风格以及前卫的概念，并采用光伏屋顶和幕墙进行发电，该大楼占地面积 $24150m^2$，总装机容量 5MW，其采用先进的 N 型电池技术，透明度 3%～16% 的组件可提供 500～708W 功率输出。晶科能源 BIPV 产品将助力迪拜水电局新总部大楼成为零碳建筑，预计在未来 25 年内将减少 145000t 碳排放。这相当于减少了 45900t 煤炭燃烧所产生的温室气体。

图 1-8　迪拜水电局新总部大楼（BIPV 系统）

延伸阅读

《〈联合国气候变化框架公约〉京都议定书》和《巴黎协定》

《〈联合国气候变化框架公约〉京都议定书》是 1997 年 12 月在日本京都签署的一项全球性气候变化协议，旨在通过减少温室气体排放来应对气候变化。该协议规定了发达国家必须在 2008 年至 2012 年期间将温室气体排放量减少 5.2%。同时，该协议还建立了清洁发展机制（Clean Development Mechanism，简称 CDM）和联合实施机制（Joint Implementation Mechanism，简称 JI），以促进发达国家在发展中国家实施减排项目。然而，随着时间的推移，一些国家的排放量增加，而其他国家的减排目标也没有得到充分实现，导致《〈联合国气候变化框架公约〉京都议定书》的实施效果并不理想。

《巴黎协定》是 2015 年 12 月 12 日在法国巴黎达成的另一项全球性气候变化协议，它旨在通过全球减排行动，将全球平均气温升高控制在 2℃ 以下，并努力将升温控制在 1.5℃ 以下。与《〈联合国气候变化框架公约〉京都议定书》不同的是，《巴黎协定》中规定了所有国家都必须采取行动来减少温室气体排放，而不仅仅是发达国家。此外，《巴黎协定》还规定了新的碳市场机制，以促进全球减排行动的实施。而且，巴黎协定也强调了适应气候变化的重要性。在实施方式上，《巴黎协定》采用了自愿性的减排目标，各国可以自主制定减排目标，并根据自身情况采取相应的减排措施。

《〈联合国气候变化框架公约〉京都议定书》和《巴黎协定》都是为了减缓气候变化和

减少温室气体排放而制定的，但在实施方式、目标和参与国家等方面存在差异。《〈联合国气候变化框架公约〉京都议定书》采用了强制性的排放限额制度，而《巴黎协定》则采用了自愿性的减排目标。此外，《〈联合国气候变化框架公约〉京都议定书》主要针对发达国家，而《巴黎协定》则适用于所有国家。《巴黎协定》自 2015 年达成以来，已成为全球应对气候变化的重要工具。各国正在积极制定和执行各自的减排计划，以达到协定的目标。随着科技的发展和国际合作的加强，未来有望看到更多有效的解决方案出台，以进一步减缓气候变化的影响。同时，国际社会也在持续关注和评估《巴黎协定》的实施效果，以确保全球能够共同努力，应对这一全球性挑战。

第2章 水泥与混凝土

2.1 水泥

2.1.1 水泥材料

水泥材料的历史可追溯到古罗马人在建筑工程中使用的石灰和火山灰的混合物。1796年英国人帕克用泥灰岩烧制了一种棕色水泥，并称为罗马水泥或天然水泥。但由于这种具有特定成分的水泥极少，于是人们就开始研究用石灰石和黏土配制并煅烧成水泥，这就是最早的硅酸盐水泥雏形。1824年，英国人阿斯普丁使用石灰石和黏土烧制水泥，硬化后的颜色类似于波特兰地区用于建筑的石头，因此被称为波特兰水泥，并取得了专利权。在我国，这种水泥被称为硅酸盐水泥。

水泥的主要成分是矿物质氧化钙、矿物质二氧化硅、氧化铁和铝酸钙。通常，水泥中的矿物质主要来自石灰石、黏土和煤矸石等原料。首先将原材料经过破碎机破碎成较小的颗粒，确保原料的均匀性，将石灰石和黏土颗粒按照预定的比例混合磨细成粉末状，该混合物称为生料；再将生料送入水泥窑炉，在水泥窑炉中，生料经过高温热化，发生化学反应。在这个过程中，石灰石中的氧化钙与黏土中的氧化硅和氧化铝发生水化反应，形成水泥熟料；最后将冷却后的水泥熟料再次送入水泥磨机，与适量的石膏（约为熟料质量的3%～5%）一起磨细。这个过程中，水泥熟料与石膏混合形成水泥，这一步骤被称为水泥研磨。

2.1.2 商业水泥

商业水泥是指在搅拌站经计量、拌制后出售，并采用运输车，在规定时间内运送至使用地点的混凝土拌合物，具有半成品性、可塑性、时效性、质量因素复杂性等特点，图2-1展示了商业水泥的标记模式。

×·×××中的×××可以表示强度等级C××，也可以表示抗渗等级P××、抗冻等级F××和坍落度等，例如A·C20-150-GD20-P·S表示常规预拌混凝土，其强度等级为C20，坍落度为150mm，粗骨料的最大公称粒径为20mm，矿渣硅酸盐水泥；B·C30-P8-180-GD25-P·O表

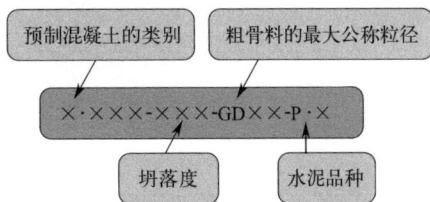

图 2-1 商业水泥的标记模式

示特制预拌混凝土，其强度等级为C30，抗渗等级P8，坍落度为180mm，粗骨料的最大公称粒径为25mm，普通硅酸盐水泥。

2.2 混凝土的分类

2.2.1 混凝土的发展

目前，混凝土仍是关键的建筑材料，其发展历程丰富而悠久。古埃及人在公元前5000年左右首次使用混凝土，通过混合黏土和粗石建造金字塔（图2-2）和其他雄伟建筑。古罗马时期，火山灰混凝土的应用展现了混凝土技术的进一步演进，为斗兽场（图2-3）、水道和大型拱门等宏伟工程的建设提供了坚实的基础。

然而，混凝土的应用在中世纪时期有所减弱，直到文艺复兴时期重新焕发生机。15世纪初，意大利布鲁内莱斯基圆顶（图2-4）建造的成功，标志着混凝土在建筑领域的再度崛起，为后来的建筑创新奠定了基础。

图 2-2 金字塔

图 2-3 斗兽场

图 2-4 布鲁内莱斯基圆顶

19世纪的工业革命时期，新型水泥的研究日益增多，混凝土历史上的四次飞跃就发生在这个时期。第一次飞跃是阿斯普丁（图2-5）发明了波兰特水泥，波兰特水泥兼顾价格便宜、制作简单、造型方便、坚固耐久等特点，但所制作的结构抗折强度低，脆性大，易开裂，自重大；第二次飞跃是钢筋混凝土的出现，极大地提高了混凝土的抗弯、抗折和强度性能，促进了混凝土广泛应用于各类工程结构，如 Lambort 发明的水泥船（图 2-6），特别是受弯、受拉构件，但仍难以克服易开裂问题；但是在一些特殊的需求下，结构的抗弯、抗拉强度仍满足不了部分工程要求；第三次飞跃是预应力混凝土技术的应用，通过张拉钢筋对混凝土预先施以压应力，可以提高混凝土构件的抗拉、抗弯性能，并克制裂缝；第四次飞跃是减水剂的应用与泵送混凝土的发明，混凝土泵送施工工艺（图 2-7）极大地提高了混凝土施工效率，也为高层建筑的施工提供了方便。

20 世纪则见证了预应力混凝土（图 2-8）和钢筋混凝土的广泛运用，这为建筑结构提供了更强大的支持，使得高层建筑和桥梁等工程建设变得更加可行。近年来，混凝土技术不断创新，包括但不限于高性能混凝土、轻质高强混凝土、纤维混凝土、聚合物混凝土等新型混凝土材料（图 2-9）的推出，使混凝土在现代建筑工程中仍然处于领先地位。这一演变过程不仅是技术进步的体现，也反映出人类对建筑材料不断追求卓越性能的探索历程。

图 2-5　阿斯普丁

图 2-6　Lambort 发明的水泥船

图 2-7　混凝土泵送施工现场

图 2-8　预应力混凝土桥梁

2.2.2　混凝土的品种与分类

1. 按成分分类

（1）普通混凝土：由水泥、骨料、砂和水混合而成。

（2）重力混凝土：用于大坝、堤坝等需要大体积混凝土的结构，通常采用特殊的配方

(a) 高性能混凝土   (b) 轻质高强混凝土

(c) 纤维混凝土   (d) 聚合物混凝土

图 2-9 新型混凝土材料

和施工技术制成。

（3）高性能混凝土：具有较高强度、耐久性和其他工程性能的混凝土。

2. 按用途分类

（1）结构混凝土：用于建筑和基础结构，需要具备一定的强度和耐久性。

（2）装饰混凝土：在外观上更为重视，通常用于建筑外立面或景观设计。

（3）抗渗混凝土：具有较好的抗渗性能，可用于防止水渗透的工程。

3. 按强度分类

（1）常规混凝土：强度范围通常在 20～40MPa。

（2）中等强度混凝土：强度范围在 40～80MPa。

（3）高强度混凝土：具有强度超过 80MPa 的特性。

4. 按用途和制备方式分类

（1）预拌混凝土：在搅拌站预先配制好，然后运输到施工现场。

（2）现场拌合混凝土：在施工现场根据需要混合而成。

5. 按密实性质分类：

（1）轻质混凝土：具有较低的密度，常用于需要减轻结构负担的工程。

（2）重质混凝土：密度较大，通常用于需要增加结构负荷或阻挡辐射的工程。

此外，有部分书籍和资料对混凝土的分类与上述情况有所不同。按胶凝材料分类：水泥混凝土、硅酸盐混凝土、石膏混凝土、水玻璃混凝土、沥青混凝土和聚合物混凝土等。按用途分类：结构混凝土、大体积混凝土、防水混凝土、道路混凝土、水工混凝土、耐热混凝土、放射性混凝土和膨胀混凝土等。按表观密度分类：重混凝土（$\rho \geqslant 2800\text{kg/m}^3$）、普通混凝土（$2000\text{kg/m}^3 < \rho < 2800\text{kg/m}^3$）和轻混凝土（$\rho \leq 1950\text{kg/m}^3$）。

2.3　混凝土组成结构分析及配合比设计

2.3.1　混凝土的组成结构

混凝土是一种由水泥、骨料、砂、水为主要原材料，并可在需要时添加外加剂或掺合料的复合材料。这些组分按照一定的比例混合在一起，形成坚固的结构材料，如图 2-10 所示；以下是混凝土的主要组成结构。

(a) 水泥　　　　　　　　(b) 粗骨料　　　　　　　　(c) 细骨料

(d) 水　　　　　　　　(e) 外加剂　　　　　　　　(f) 掺合料

图 2-10　混凝土的组成结构

（1）水泥砂浆：水泥砂浆是混凝土的胶结材料，由水泥、水和砂混合而成。水泥在水的作用下发生水化反应，形成胶凝体，将骨料粘结在一起，形成混凝土的骨架。水泥砂浆的性质直接影响混凝土的强度和耐久性。

（2）骨料：骨料是混凝土中的粗细颗粒物质，主要分为粗骨料和细骨料。粗骨料一般是砾石、碎石等，用于提供混凝土的强度和耐久性。细骨料一般是砂，用于填充水泥砂浆的空隙。骨料的选择和分布对混凝土的力学性能和耐久性有重要影响。

（3）水：水是混凝土中的活性成分之一，用于激活水泥的水化反应。适量的水是确保混凝土能够正常硬化和保持一定流动性的关键。然而，水的过多或不足都可能影响混凝土的性能。

（4）外加剂：这是一类通过添加到混凝土中以改变其某些性能的材料。外加剂可以包括增塑剂、减水剂、加速剂、减缓剂等，用于调整混凝土的流动性、硬化时间、抗裂性等特性。

（5）掺合料：混凝土中的掺合料是指在混凝土制备过程中添加的一种或多种材料，它们与水泥、骨料、砂和水一同混合，以改善混凝土的性能。掺合料的种类和用途多种多样，主要取决于混凝土在特定工程或应用中所需的性能特性，包括但不限于粉煤灰、矿渣粉、纤维以及纳米材料等。

混凝土的性能取决于这些组分的配比和相互作用。混凝土的设计需要根据具体的工程需求，例如承载能力、耐久性、抗渗性等，进行合理地进行材料选择和配比设计，确保混凝土在各种工程应用中能够满足其设计要求。

2.3.2 骨料及外加剂

骨料是混凝土中用于提供强度和耐久性的粗细颗粒物质。骨料中有害杂质含量少且具有良好的颗粒形状、适宜的颗粒级配、硬度高、耐久、表面粗糙且与水泥粘结牢固和性能稳定等特点。骨料主要分为粗骨料和细骨料，其中粗骨料通常为直径大于 4.75mm 的颗粒，如砾石和碎石等；而细骨料则为直径小于 4.75mm 的颗粒，如砂子和细小碎石等。骨料的物理性质、化学性质和颗粒形状对混凝土的工作性能、强度和耐久性产生直接影响。在混凝土设计中，骨料的选择需要满足设计要求，而国内和国际的规范提供了对骨料的具体要求和检测方法。在混凝土中，骨料不仅仅是提供体积的填充物，更是构建混凝土骨架的重要组成成分，阻止水泥的干缩，减少水化热。粗骨料承担着支撑混凝土整体结构的责任，而细骨料充当了混凝土中胶结材料的角色。其不同粒径和形状组成了混凝土内部复杂的颗粒排列，直接关系到混凝土的工作性能、流动性以及最终强度。骨料的抗压强度直接关系到混凝土的整体承载能力，而其耐久性表现在混凝土的长期使用中对环境的适应能力。此外，骨料的热膨胀性、导热性等物理性质还直接关系到混凝土在温度变化下的性能，对大体积混凝土结构的设计和施工提出了更多挑战。

骨料的来源也多种多样，天然骨料常源于河流和湖泊，而人工骨料则通过人为加工或从其他工业过程中产生。这种多元性使得骨料在选择过程中需要考虑工程的具体要求以及资源的可持续性；同时还需要充分了解骨料的物理性质，如密度和孔隙率等，以及化学性质，如含水量，这些都会影响混凝土的最终性能。在现代建筑工程中，可持续性和环保性越来越受到关注。新兴技术的引入使得可再生骨料、轻质骨料和纳米颗粒骨料等成为研究的焦点，以满足对材料性能和环保标准不断提高的需求。深入了解骨料的性质和作用，结合实际应用和案例分析，有助于更灵活地选择和使用骨料，提高混凝土的质量和性能。这种全方位的了解不仅对混凝土科学领域的专业人士有启发，同时也为工程师、建筑师以及相关行业的从业者提供了宝贵的知识支持。

2.3.3 砂的颗粒级配

不同粒径砂颗粒的分布情况如图 2-11 所示。用细度模数表征砂的粗细程度。在相同体积下，粗砂相较于细砂具有较小的表面积。

砂的颗粒级配分析采用筛分分析法，试验所用的主要仪器有：标准套筛、振动摇筛机和电子秤。进行砂料颗粒级配的筛分分析时，首先准备标准筛和振动筛分机。采集具有代表性的砂料样品，并确保其颗粒分散状态。在振动筛分机的作用下，逐步将砂料样品投入筛网，记录通过每个筛网的质量。这些记录可用于计算颗粒级配的指标，如 D_{10}、D_{50} 和 D_{90}，反映不同尺寸颗粒的分布情况。在整个过程中，需注意确保样品的干燥，以及振动幅度和时间的合适性。筛分分析法为深入了解砂料颗粒尺寸分布提供了可靠的数据，为混凝土设计中的合理配合比的确定提供了基础支持。

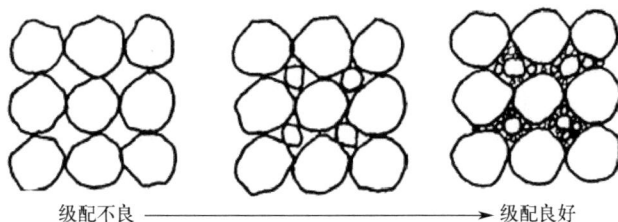

级配不良 ————————————→ 级配良好

图 2-11 不同粒径砂颗粒的分布情况

细度模数（FM）是一项用于评估砂料颗粒尺寸分布均匀性的重要指标。评定过程始于从工地或供应商采集代表性砂料样品，随后通过筛分分析法使用一系列标准筛网对样品进行测试。计算细度模数通过对通过每个筛网的砂料质量进行累积百分比的求和，并根据特定的公式计算得出。解释细度模数的结果对于深入了解砂料颗粒尺寸分布至关重要。通常情况下，细度模数在 2.3～3.1 的数值被认为是理想的，因为这样的砂料通常能够产生均匀的混凝土，同时提供足够的强度和耐久性。颗粒级配评定常用的两种方法分别为级配区评定和级配曲线评定。基于细度模数的评估，工程师和混凝土技术人员可以调整砂料配合比，以满足特定工程的设计要求，确保混凝土的性能符合标准。

细度模数按式（2-1）计算，各筛筛余量计算表如表 2-1 所示：

$$\mu_f = \frac{(A_2 + A_3 + A_4 + A_5 + A_6) - 5A_1}{100 - A_1} \tag{2-1}$$

各筛筛余量计算表 表 2-1

各筛筛余量 m_i（g）	分计筛余（%）	累计筛余百分率（%）
m_1	$a_1 = m_1/m_0$	$A_1 = a_1$
m_2	$a_2 = m_2/m_0$	$A_2 = A_1 + a_2$
m_3	$a_3 = m_3/m_0$	$A_3 = A_2 + a_3$
m_4	$a_4 = m_4/m_0$	$A_4 = A_3 + a_4$
m_5	$a_5 = m_5/m_0$	$A_5 = A_4 + a_5$
m_6	$a_6 = m_6/m_0$	$A_6 = A_5 + a_6$

2.3.4 混凝土配合比设计

混凝土配合比是指混凝土中水、水泥、砂和骨料的比例关系，它对混凝土的工作性能、强度和耐久性等性能产生直接影响。混凝土的配合比需要合理设计，以满足具体工程的性能要求和施工条件。混凝土配合比设计的基本参数包括 4 个基本变量（材料参数）：胶凝材料、水、砂子和石子；3 个关系参数：水胶比、砂率和单位用水量。参数关系可以用单位用量表示法（每 m^3 混凝土中各种材料的用量 $m_c : m_s : m_g : m_w = 330kg : 620kg : 1240kg : 180kg$）；或相对用量表示法（以水泥质量为 1，确定各组分质量关系，水泥：砂子：石子：水 = 1 : 1.88 : 3.76 : 0.55）。

混凝土配合比设计的重要性在于确保混凝土具有所需的强度、耐久性和工作性能。通过科学合理地设计，可以有效地控制混凝土的质量，避免出现裂缝、强度不足或耐久性问题。同时，配合比设计流程还可以提高混凝土的施工性能，减少施工过程中的问题和损失。因此，混凝土配合比设计流程的重要性不可忽视，对于工程质量和施工效率都具有重要的影响。以下对混凝土配合比设计流程进行了一个全面总结：

1. 设计配合比前的资料准备

（1）了解工程设计要求的混凝土强度等级，以便确定混凝土配制强度。

（2）了解工程所处的环境对混凝土耐久性的要求，以便确定所配制混凝土的最大水胶比和最小水泥用量。

（3）了解结构构件断面尺寸及钢筋配置情况，以便确定混凝土骨料的最大粒径。

（4）了解混凝土施工方法和管理水平，以便选择合适的混凝土施工方法、管理水平。

（5）掌握原材料指标：水泥品种、等级、密度；砂石骨料的种类、表观密度、级配和石子最大粒径；拌合用水水质情况；外加剂品种、性能、适宜掺量。

2. 混凝土配合比设计的基本要求：

（1）满足结构设计要求的混凝土强度等级。

（2）满足施工要求的混凝土拌合物的和易性。

（3）满足环境和使用要求的混凝土耐久性。

（4）考虑经济性，节约水泥。

3. 配合比确定步骤

（1）计算初步配合比

确定混凝土配制强度 $f_{cu,0}$。当混凝土的设计强度等级小于 C60 时，配制强度应按式（2-2）确定；当混凝土的设计强度等级不小于 C60 时，配制强度应按式（2-3）确定，混凝土强度标准差如表 2-2 所示。

$$f_{cu,0} = f_{cu,k} + 1.645\sigma \tag{2-2}$$

$$f_{cu,0} \geqslant 1.15 f_{cu,k} \tag{2-3}$$

式中：$f_{cu,0}$——混凝土试配强度（MPa）；

$f_{cu,k}$——设计混凝土强度标准值（MPa）。

混凝土强度标准差 表 2-2

混凝土强度等级	低于 C20	高于 C35
标准差 σ(MPa)	4.0	6.0

（2）初步确定水胶比，采用式（2-4）：

$$\frac{W}{B} = \frac{\alpha_a \cdot f_{ce}}{f_{cu,0} + \alpha_a \cdot \alpha_b \cdot f_{ce}} \tag{2-4}$$

式中：$f_{cu,0}$——混凝土试配强度（MPa）；

α_a、α_b——与骨料品种、水泥品种有关的回归系数，采用碎石时，$\alpha_a=0.53$、$\alpha_b=0.20$；采用卵石时，$\alpha_a=0.49$，$\alpha_b=0.13$；

f_{ce}——水泥 28d 的实测强度（MPa），若无法取得水泥实际强度值，可采用式(2-5)估算：

$$f_{ce} = \gamma_c \cdot f_{ce,g} \tag{2-5}$$

式中：$f_{ce,g}$——水泥强度等级值；

γ_c——水泥强度等级值的富余系数，取值 1.13。

根据表 2-3 求得的 W/B 进行耐久性复核，取两者的较小值。

适用环境标准 表 2-3

环境类别	最大水胶比	最低强度等级	最大氯离子含量（%）	最大碱含量（kg/m³）
室内干燥环境	0.60	C20	0.30	
室内潮湿环境	0.55	C25	0.20	
干湿交替环境	0.5(0.55)	C30(C25)	0.15	0.30
严寒和寒冷地区	0.45(0.50)	C35(C30)	0.15	
盐渍土环境	0.40	C40	0.15	

（3）确定用水量

为了满足拌合物和易性的要求，根据混凝土坍落度和骨料最大粒径选取用水量，选取如表 2-4 所示。

根据混凝土坍落度和骨料最大粒径选取用水量 表 2-4

坍落度（mm）	卵石最大粒径（mm）				碎石最大粒径（mm）			
	10	20	31.5	40	15	20	31.5	40
10～30	190	170	150	160	205	185	175	165
35～50	200	180	170	160	215	195	185	175
55～70	210	190	180	170	225	205	195	185
75～90	215	195	185	175	235	215	205	195

掺外加剂时，每 m³ 流动性或大流动性混凝土的用水量，按式（2-6）和式（2-7）进行计算。

$$m'_{w0} = m_{w0}(1-\beta) \tag{2-6}$$

式中：m'_{w0}——计算配合比每 m³ 混凝土的用水量（kg）；

m_{w0}——未掺外加剂时推定的满足实际坍落度要求的混凝土用水量（kg）；

β——外加剂的减水率（%）；

m_{a0}——计算配合比每 m³ 混凝土中外加剂用量（kg/m³），$m_{a0} = m_{b0}\beta_a$；

m_{b0}——计算配合比每 m³ 混凝土中胶凝材料用量（kg/m³）；

β_a——外加剂掺量（%）。

（4）胶凝材料、矿物掺合料和水泥用量

根据已选定的每 m³ 混凝土用水量和已确定的水胶比值，可以求出水泥用量，一般按式（2-8）和式（2-9）计算：

$$m_{b0} = \frac{m_{w0}}{W/B} \tag{2-7}$$

式中：m_{b0}——计算配合比每 m³ 混凝土中胶凝材料用量（kg/m³）；

m_{w0}——计算配合比每 m³ 混凝土的用水量（kg/m³）；

W/B——混凝土水胶比。

$$m_{f0} = m_{b0}\beta_f \tag{2-8}$$

式中：m_{f0}——计算配合比每 m^3 混凝土中矿物掺合料用量（kg/m^3）；

β_f——矿物掺合料掺量（%）。

（5）确定砂率

确定砂率通常是根据混凝土设计强度等级和骨料的粒径分布，通过试验和经验确定一个合适的砂率范围。一般来说，砂率过高会导致混凝土流动性差，易产生裂缝和收缩问题；而砂率过低则会使混凝土坍落度不足，难以施工和浇筑。因此，确定适当的砂率对于混凝土的性能和施工质量至关重要。

（6）计算粗细骨料用量

1）质量法，一般按式（2-10）和式（2-11）计算。

$$m_{c0} + m_{g0} + m_{s0} + m_{w0} = m_{cp} \tag{2-9}$$

$$\beta_s = \frac{m_{s0}}{m_{g0} + m_{s0}} \times 100\% \tag{2-10}$$

式中：m_{c0}——每 m^3 混凝土的水泥用量（kg）；

m_{g0}——每 m^3 混凝土的粗骨料用量（kg）；

m_{s0}——每 m^3 混凝土的细骨料用量（kg）；

m_{w0}——每 m^3 混凝土的混凝土用水量（kg）；

m_{cp}——混凝土拌合物的假定质量，可取值为 2300～2450kg。

2）质量法，一般按式（2-12）和式（2-13）计算。

$$\frac{m_{c0}}{\rho_c} + \frac{m_{s0}}{\rho_s} + \frac{m_{g0}}{\rho_g} + \frac{m_{w0}}{\rho_w} + \frac{m_{f0}}{\rho_f} + 0.01\alpha = 1 \tag{2-11}$$

$$\beta_s = \frac{m_{s0}}{m_{g0} + m_{s0}} \times 100\% \tag{2-12}$$

式中：ρ_c——水泥密度（kg/m^3）；

ρ_s——细骨料的表观密度（kg/m^3）；

ρ_g——粗骨料的表观密度（kg/m^3）；

ρ_w——水的密度（kg/m^3）；

ρ_f——矿物掺合料的密度（kg/m^3）；

α——混凝土的含气量百分数，在不使用引气型外加剂时，α 值可取 1。

在混凝土配合比设计中，骨料颗粒的级配和水胶比之间存在着紧密的相互关系，这对混凝土的最终性能有着重要影响。骨料颗粒的大小、形状及其级配决定了混凝土的空隙率和紧密度，从而影响水胶比的选择。当骨料颗粒较大且级配合理时，骨料之间能够形成较为紧密的堆积，减少了混凝土中的空隙率。这种情况下，混凝土所需的水胶比较低，因为水泥浆只需填充较少的空隙并包裹骨料，进而提高了混凝土的强度和耐久性。此外，较低的水胶比还能减少毛细孔的生成，从而提升混凝土的抗渗性和抗冻性。相反，当骨料颗粒较小、形状不规则或者级配不良时，骨料之间的空隙率增大，为了保持混凝土的工作性，往往需要增加水胶比。这意味着更多的水会参与到水泥水化反应中，但也会产生更多的毛细孔，导致混凝土强度下降、耐久性减弱，同时增加了混凝土的收缩和裂缝风险。因此，合理选择骨料的级配，并在此基础上确定适宜的水胶比，是优化混凝土配合比、确保其在强度、耐久性和施工性能之间达到平衡的关键步骤。此外，水胶比不仅影响混凝土的力学性能，还对其施工性能，如和易性、泌水性和保水性有着显著影响。在高水胶比条件下，混凝土的流动性较好，便于施工和浇筑，但这可能会引发泌水和离析问题，进而影响结构的密实度和表面质量。反之，低水胶比虽然提升了混凝土的强度，但可能会导致施工困难，需要采用适当的外加剂来改善混凝土的流动性。因此，在混凝土设计中，必须综合考虑骨料颗粒特性和水胶比的关系，以达到既能满足施工需求，又能确保结构耐久性的目的。粗骨料粒径与水胶比如表 2-5 所示。

粗骨料粒径与水胶比 表 2-5

水胶比 W/B	卵石最大粒径（mm）			碎石最大粒径（mm）		
	10	20	40	15	20	40
0.40	26～32	25～31	24～30	30～35	29～34	27～32
0.50	30～35	29～34	28～33	33～38	32～37	30～35
0.60	33～38	32～37	31～36	36～41	35～40	33～38
0.70	36～41	35～40	34～39	39～44	38～43	36～41

4. 提出基准配合比：满足和易性要求的配合比

初步配合比是利用经验公式或统计资料获得，是否真正满足混凝土和易性要求、含砂率是否合理，都需要通过试拌进行检验。如果试拌坍落度不满足要求，或黏聚性和保水性不好时，应在保持水胶比不变的条件下相应调整用水量或砂率。当坍落度低于设计要求时，可保持水胶比不变，适当增加水泥浆；当坍落度过大，可在保持砂率不变的条件下增加骨料。如果含砂不足，黏聚性和保水性不良时，可适当增大砂率；反之减小砂率。

5. 确定试验室配合比（设计配合比）：满足强度要求的配合比

确定试验室配合比的目的是对基准配合比进行强度复核。以计算水胶比作为基准水胶比，采用三种不同配合比：基准配合比、基准配合比的水胶比＋0.05 和基准配合比的水胶比－0.05，进行试配，三组配合比的用水量相同，砂率可稍微调整；每个配合比至少按标准方法制作一组试件，标准养护 28d 后试压。

根据混凝土强度试验结果，绘制强度和水胶比的线性关系图（图 2-12），采用插值法定略大于配置强度的胶水比；在试拌配合比基础上，用水量（m_w）和外加剂用量（m_a）应根据确定的水胶比进行调整；胶凝材料用量（m_b）应以用水量乘以确定的胶水比计算得出；粗骨料和细骨料用量（m_g 和 m_s）应根据用水量和胶凝材料用量进行调整。

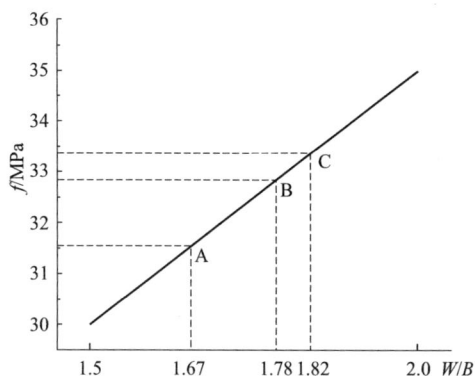

图 2-12　强度和水胶比的线性关系

6. 换算施工配合比

试验室得出的配合比是以绝对干燥的材料为基准，然而实际存放的材料含有一定水分，故应换算为施工所用配合比，各组分换算用量按式（2-14）～式（2-17）计算。

胶凝材料用量： $$m'_b = m_b \qquad (2\text{-}13)$$

砂子用量： $$m'_s = m_s \times (1+a) \qquad (2\text{-}14)$$

石子用量： $$m'_g = m_g \times (1+b) \qquad (2\text{-}15)$$

水用量： $$m'_w = m_w - m_s \times a - m_g \times b \qquad (2\text{-}16)$$

式中：a——砂子含水率（%）；

b——石子含水率（%）。

2.4 混凝土优缺点及原材料性能指标

混凝土作为建筑领域的支柱材料，其广泛应用源于一系列显著的优点。其高强和出色的耐久性使其成为各类建筑结构用材的理想选择，能够承受来自各方面的压力，并在长期使用中保持良好状态。由于其在施工中的可塑性和适应性，故能够创造出多样化的建筑形态。同时，混凝土还具有原材料来源丰富、造价成本低、水硬性好（耐水性突出）、与钢筋复合能力强等优点。在优点的背后，混凝土也面临一些挑战，其相对较大的自重可能对支撑结构提出更高的要求，而在复杂环境下，裂缝的产生可能影响其外观和性能。较长的养护周期和较低的再生利用率也是急需攻克的难题。此外，对环境的影响问题也引起了关注，特别是水泥生产过程中的二氧化碳排放。

混凝土的性能与其所使用的水泥种类密切相关，通用硅酸盐水泥是由硅酸盐水泥熟料、石膏调凝剂和混合材料三部分组成，其技术指标如表 2-6 所示。表 2-7～表 2-9分别给出了通用硅酸盐水泥的强度指标、主要特征和不同环境下硅酸盐水泥类型的选用。

为了更全面地评估混凝土的性能，各种技术指标被引入。抗压强度和抗拉强度作为基本力学性能指标，直接关系到混凝土结构的稳定性。而耐久性、变形性能和导热性等指标则从不同角度反映了混凝土在使用中的可靠性和适应性。综合考虑混凝土的优缺点和技术指标，将其科学合理地应用于工程实践中，有助于确保建筑结构的安全性、可靠性，并推动建筑材料领域的可持续发展。随着科技的不断进步，新技术的应用将为混凝土材料的性能提升开辟更多可能性，推动建筑行业迈向更加智能、环保的未来。

水泥的类型及技术指标　　　　　　　　　　表 2-6

品种	代号	不溶物	烧失量	三氧化硫	氧化镁	氯离子
硅酸盐水泥	P·Ⅰ	≤0.75	≤3.0	≤3.5	≤5.0	≤0.06
	P·Ⅱ	≤1.50	≤3.5			
普通硅酸盐水泥	P·O	—	≤5.0			
矿渣硅酸盐水泥	P·S·A	—	—	≤4.0	≤6.0	
	P·S·B	—	—		—	
火山灰质硅酸盐水泥	P·P	—	—	≤3.5	≤6.0	
粉煤灰硅酸盐水泥	P·F	—	—			
复合硅酸盐水泥	P·C	—	—			

水泥强度指标 表 2-7

品种	强度等级	抗压强度(MPa)		抗折强度(MPa)	
		3d	28d	3d	28d
硅酸盐水泥	42.5	≥17.0	≥42.5	≥3.5	≥6.5
	42.5R	≥22.0		≥4.0	
	52.5	≥23.0	≥52.5	≥4.0	≥7.0
	52.5R	≥27.0		≥5.0	
	62.5	≥28.0	≥62.5	≥5.0	≥8.0
	62.5R	≥32.0		≥5.5	
普通硅酸盐水泥	42.5	≥17.0	≥42.5	≥3.5	≥6.5
	42.5R	≥22.0		≥4.0	
	52.5	≥23.0	≥52.5	≥4.0	≥7.0
	52.5R	≥27.0		≥5.0	
矿渣硅酸盐水泥	32.5	≥10.0	≥32.5	≥2.5	≥5.5
	32.5R	≥15.0		≥3.5	
火山灰质硅酸盐水泥	42.5	≥15.0	≥42.5	≥3.5	≥6.5
粉煤灰硅酸盐水泥	42.5R	≥19.0		≥4.0	
	52.5	≥21.0	≥52.5	≥4.0	≥7.0
复合硅酸盐水泥	52.5R	≥23.0		≥5.0	

水泥主要特征 表 2-8

特性	P·Ⅰ/P·Ⅱ	P·O	P·S	P·P	P·F	P·C
硬化	快	较快	慢	慢	慢	慢
早期强度	高	较高	低	低	低	低
水化热	高	高	低	低	低	低
抗冻性	好	较好	差	差	差	差
耐热性	差	较差	好	较差	较差	好
干缩性	较小	较小	较大	较大	较小	较大
抗渗性	较好	较好	差	较好	较好	差
耐腐蚀性	差	较差	较强	较强	较强	较强
泌水性	较小	较小	明显	小	小	较大

水泥的选用 表 2-9

环境	优先选用	可以选用	不宜选用
普通气候环境	P·O	P·S/P·P/P·F/P·C	—
干燥环境	P·O	P·S	P·P/P·F
高湿度/水下环境	P·S	P·O/P·P/P·F/P·C	—
厚/大体积混凝土	P·S/P·P/P·F/P·C	—	P·Ⅰ/P·Ⅱ
快硬混凝土	P·Ⅰ/P·Ⅱ	P·O	P·S/P·P/P·F/P·C
高强度混凝土	P·Ⅰ/P·Ⅱ	P·O/P·S	—
严寒地区露天混凝土	P·O	P·S	—
严寒地区处于水位升降范围内的混凝土	P·O/P·P	—	—
耐磨混凝土	P·Ⅰ/P·Ⅱ/P·O	P·S	—

1. 水泥其他物理指标

细度：硅酸盐水泥和普通硅酸盐水泥的比表面积不小于 $300m^2/kg$；矿渣硅酸盐水泥、火山灰质硅酸盐水泥、粉煤灰硅酸盐水泥和复合硅酸盐水泥的细度以筛余表示，$80\mu m$ 方孔筛筛余不大于 10% 或 $45\mu m$ 方孔筛筛余不大于 30%；凝结时间：硅酸盐水泥初凝时间不小于 45min，终凝时间不大于 390min。其他水泥终凝时间不大于 600min。安定性：沸煮法合格。碎石、卵石性能指标及压碎值指标如表 2-10～表 2-12 所示。

碎石、卵石性能指标 表 2-10

混凝土强度等级	≥C60	C30～C55	≤C25
含泥量(按质量计,%)	≤0.5	≤1.0	2.0
泥块含量(按质量计,%)	≤0.2	≤0.5	≤0.7
针、片状颗粒含量(按质量计,%)	≤8	≤15	≤25

卵石压碎值指标 表 2-11

混凝土强度等级	C40～C60	≤C35
压碎值指标(%)	≤12	≤16

碎石压碎值指标 表 2-12

岩石品种	混凝土强度等级	碎石压碎值指标(%)
沉积岩	C40～C60	≤10
	≤C35	≤16
变质岩或深成的火成岩	C40～C60	≤12
	≤C35	≤20
喷出的火成岩	C40～C60	≤13
	≤C35	≤30

2. 砂子性能指标

砂的粗细程度按照细度模数 μ_f 分为四级：

(1) 粗砂：$\mu_f=3.1～3.7$。

(2) 中砂：$\mu_f=2.3～3.0$。

(3) 细砂：$\mu_f=1.6～2.2$。

(4) 特细砂：$\mu_f=0.7～1.5$。

天然砂中含泥量及泥块含量如表 2-13 所示，粉煤灰技术指标如表 2-14 所示，矿渣技术指标如表 2-15 所示。

天然砂中含泥量及泥块含量 表 2-13

混凝土强度等级	≥C60	C30～C55	≤C25
含泥量(按质量计,%)	≤2.0	≤3.0	≤5.0
泥块含量(按质量计,%)	≤0.5	≤7.0	≤2.0

粉煤灰技术指标　　　　　　　　　　　　　　表 2-14

检验项目		标准要求		
		Ⅰ级	Ⅱ级	Ⅲ级
细度(45μm 方孔筛余)(%)	F 类	≤12.0	≤25.0	≤45.0
	C 类			
需水量比(%)	F 类	≤95	≤105	≤115
	C 类			
烧失量(%)	F 类	≤5.0	≤8.0	≤15.0
	C 类			
含水量(%)	F 类	≤1.0		
	C 类			
三氧化硫(%)	F 类	≤3.0		
	C 类			
游离氧化钙(%)	F 类	≤1.0		
	C 类	≤4.0		
安定性(雷氏夹沸煮后增加距离)(mm)	C 类	5		

矿渣技术指标　　　　　　　　　　　　　　表 2-15

检验项目		标准要求		
		S105	S95	75
密度(g/cm³)		>2.8		
比表面积(m²/kg)		≥500	≥400	≥300
活性指数(%)	7d	≥95	≥75	≥55
	28d	≥105	≥95	≥75
流动度比(%)		≥95		
氯离子(质量分数%)		≤0.06		
烧失量(质量分数%)		≤3.0		
三氧化硫(质量分数%)		≤4.0		
含水量(质量分数%)		≤1.0		
玻璃体含量(质量分数%)		≥85		
放射性		合格		

3. 常用外加剂 (表 2-16)

常用外加剂　　　　　　　　　　　　　　表 2-16

外加剂	作用
高效减水剂	在混凝土坍落度基本相同的条件下,大幅度减少拌合用水量。常用的有萘系和聚羧酸系减水剂
早强剂	提高混凝土的早期强度,对后期强度无显著影响
缓凝剂	延长混凝土凝结时间
引气剂	在搅拌混凝土过程中引入大量均匀分布、稳定而封闭的微小气泡
膨胀剂	补偿混凝土收缩,常用的有硫铝酸盐、氧化钙和氧化镁
泵送剂	改善混凝土拌合物泵送性能的外加剂

2.5　混凝土性能测试

混凝土性能测试是通过一系列实验和试验，系统地测定混凝土的各项物理、力学和耐久性能的过程，以评估混凝土的承载能力和受力行为，包括抗压、抗拉和抗弯强度测试。抗冻融性、抗渗透性和收缩性能测试则是关注混凝土在不同环境条件下的耐久性。此外，导热性能和硬度测试可测得混凝土隔热性和表面耐磨性。通过这些测试，工程师和设计师能够全面了解混凝土的特性，为工程设计、材料选择和施工提供有力支持，确保混凝土结构在实际使用中表现出卓越的性能和稳定的耐久性。此外，关于混凝土导电性能测试也逐渐进入人们的视野。

2.5.1　混凝土的取样

混凝土的取样是为了检验混凝土的质量和性能是否符合设计要求和标准规定，取样的作用包括质量控制、强度检测、施工监督和质量验收。通过取样试验，可以及时发现混凝土中可能存在的质量问题，调整生产工艺，确保质量稳定；检测混凝土的力学性能，评估承载能力和耐久性，确保工程结构安全可靠；监督施工质量，确保混凝土配合比、浇筑质量符合要求；取样试验结果也是工程质量验收的依据，只有合格的混凝土才能用于工程施工，确保工程质量。因此，混凝土的取样对于工程建设具有重要意义，是确保混凝土质量和工程质量的关键环节。具体的取样细则如下：

（1）同一组试件应从同一盘或同一车内抽取，取样量应为试验量的 1.5 倍，且不少于 20L。

（2）宜采用多次采样方法，分别从同一盘或同一车的约 1/4、1/2 和 3/4 处取样，总取样时间控制在 15min 内，然后搅拌均匀。

（3）从取样完毕到开始各项性能试验不宜超过 5min。

（4）试验制备分为试验室制备、模拟现场条件制备两种形式。试验室制备试样的试验室温度和各种原材料温度应保持在（20±5）℃；模拟施工现场条件制备试样，原材料温度应与现场保持一致。

（5）试验室制备试样时，原材料的称量精度为骨料±1％，水泥、掺合料和外加剂±0.5％，试验完毕到开始性能测试不宜超过 5min。

2.5.2　扩展度试验及坍落度试验

1. 扩展度试验

混凝土扩展度试验（图 2-13）是土木工程中用于评估混凝土流动性和可泵性的重要试验方法之一。该试验旨在测量混凝土在给定条件下的流动性能，通常使用的试验方法为斯托克斯流动法和折减斯托克斯法。在混凝土扩展度试验中，首先需要准备一定比例的水泥、砂、骨料和水，按照标准配合比进行拌合，以制备混凝土样品。然后，将混凝土样品倒入特定形状的扩展度模具中，并在一定时间内施加标准化的振动，以促使混凝土在模具中排气和流动。在振动结束后，观察混凝土在模具中的扩展程度，并通过测量混凝土的直径或高度变化来计算扩展度指数。混凝土扩展度试验的结果直接影响混凝土的施工性能和

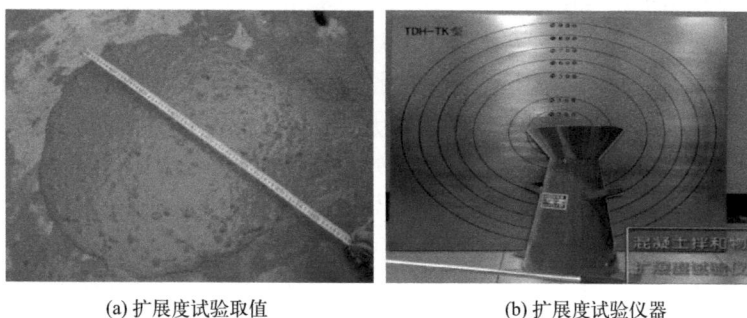

(a)扩展度试验取值   (b)扩展度试验仪器

图 2-13 扩展度试验

质量，对于混凝土浇筑、灌注、抹平等工序具有重要意义。高扩展度的混凝土通常具有较好的流动性和可泵性，可以顺利地填充模具的各个角落和空隙，保证混凝土结构的均匀性和致密性；而扩展度较低则可能导致混凝土在施工过程中难以流动和排气，影响混凝土的坍落度和质量。总体而言，混凝土扩展度试验是混凝土工程中不可或缺的一环，通过评估混凝土的流动性能，可以有效控制混凝土的工作性能，提高工程施工效率和保证混凝土结构的质量，从而为工程的顺利进行和长期使用提供了可靠保障。

2. 坍落度试验

混凝土坍落度试验（图 2-14）是土木工程中常用的一种试验方法，用于评估混凝土的工作性能和流动性。这一试验通常使用坍落锥形模具进行，以确保结果的可比性和准确性。在进行试验时，首先需准备一定比例的水泥、砂、骨料和水，按照标准配合比进行拌合制备混凝土样品。然后将混凝土样品倒入坍落锥

图 2-14 坍落度试验

形模具中，模具的放置和提起过程需要遵循标准化的操作步骤以确保试验结果的可靠性。混凝土坍落度试验的目的在于测量混凝土在自身重力作用下的坍落程度，即混凝土在模具中的坍落高度。坍落度可以反映混凝土的流动性和易于振实性，对于混凝土的施工工艺和质量控制具有重要意义。高坍落度的混凝土通常具有较好的流动性，可以顺利填充模具的各个角落和空隙，保证混凝土结构的均匀性和致密性；而低坍落度则可能导致混凝土在浇筑后难以均匀分布，影响混凝土的致密性和强度。混凝土坍落度试验不仅用于评估混凝土的施工性能，还可以帮助工程师调整混凝土的配合比和施工工艺，以满足工程设计要求。通过对混凝土坍落度的测量和分析，可以提高混凝土结构的质量和工程施工效率，确保混凝土在施工过程中具有良好的流动性和易于振实性，从而为工程的安全性和可靠性提供科学依据。

2.5.3 强度与耐久性试验

混凝土强度和耐久性试验是土木工程中用于评估混凝土材料性能的重要试验方法之一。该试验旨在测量混凝土的抗压强度、抗拉强度、抗弯强度以及抗渗透性、抗冻融性、耐久性等关键指标，以确保混凝土在工程实际应用中具有良好的力学性能和耐久性。混凝

土强度试验主要包括抗压强度试验、抗拉强度试验和抗弯强度试验。在抗压强度试验中，通过施加标准化的压力，测量混凝土样品在压力作用下的抗压能力；抗拉强度试验则是通过在混凝土样品上施加拉力，测量混凝土的抗拉能力；而抗弯强度试验则是通过在混凝土梁样品上施加弯曲力，测量混凝土的抗弯能力。这些试验结果直接影响混凝土结构的稳定性和承载能力。另外，混凝土耐久性试验主要包括抗渗透性试验、抗冻融性试验和耐久性试验。抗渗透性试验用于评估混凝土抵抗水分渗透的能力，通过浸泡、渗透或压力法来评估混凝土的渗透性能；抗冻融性试验则用于评估混凝土在冻融循环环境下的稳定性，以确定混凝土在寒冷地区的适用性；耐久性试验则包括长期浸泡、化学腐蚀等试验，用于评估混凝土在不同环境条件下的耐久性。混凝土强度和耐久性试验对于工程设计、材料选取和施工质量控制至关重要。通过对混凝土材料进行全面的力学性能和耐久性评估，可以确保混凝土结构在使用过程中具有良好的稳定性、安全性和耐久性，为工程的长期使用和维护提供可靠保障。

1. 立方体试块抗压试验

混凝土立方体试块抗压试验是土木工程中用于评估混凝土抗压强度的重要试验方法之一。在这个试验中，首先需要按照工程设计要求和标准配合比，制备混凝土试块样品。通常采用的试块尺寸为 150mm×150mm×150mm，符合标准规定的尺寸和制备工艺。然后，在试块制备后的养护期内，将试块放置在恒定湿度和温度的环境中进行养护，以确保混凝土达到设计强度。试验时，将养护后的混凝土试块放置在试验机上，施加逐渐增大的压力，直到试块发生破坏。通过记录施加到试块上的最大压力值和试块破坏时的压力值，计算试块的抗压强度，通常以兆帕（MPa）为单位。抗压强度是指混凝土在受力作用下的抵抗能力，反映了混凝土的力学性能和承载能力。混凝土立方体试块抗压试验对于混凝土材料的质量控制和工程结构的安全性至关重要。通过这个试验可以评估混凝土的抗压强度是否符合设计要求，确定混凝土在承受荷载时的稳定性和可靠性。工程师可以根据试验结果调整混凝土配合比、施工工艺或者采取其他措施，以保证混凝土结构的安全可靠性。混凝土立方体试块抗压试验是混凝土工程质量管理中的重要环节，为工程结构的设计、建造和使用提供了可靠的技术支持。

2. 抗折强度试验

混凝土抗折强度试验是土木工程中常用的试验方法之一，用于评估混凝土在受弯曲作用下的抗折能力。在这个试验中，通常采用的试件是标准尺寸的梁状样品，样品尺寸一般为 100mm×100mm×500mm 或 150mm×150mm×700mm，符合相关国际或国家标准的规定。在进行混凝土抗折强度试验前，首先需要按照设计配合比制备混凝土样品，并在适当的环境条件下进行养护，确保混凝土达到设计强度。试验时，将养护好的混凝土梁样品放置在试验机上，通过施加荷载，并在中央点施加弯曲力，使得试件发生弯曲变形。通过记录加载过程中的荷载值和试件发生破坏时的荷载值，可以计算出混凝土的抗折强度。混凝土抗折强度试验是评估混凝土结构在受到弯曲作用时的稳定性和承载能力的重要手段。抗折强度可以反映混凝土的力学性能，对于设计和评估混凝土梁、板等结构件的安全性和可靠性具有重要意义。通过这个试验，工程师可以了解混凝土结构在实际使用中的抗折能力，从而合理地进行结构设计和工程施工。混凝土抗折强度试验是混凝土工程质量控制中必不可少的一环，为工程结构的稳定性和安全性提供了可靠的技术依据。

3. 抗弯强度试验

混凝土抗弯强度试验是土木工程中常用的试验方法之一，用于评估混凝土材料在受到弯曲荷载时的抗拉能力和承载能力。这个试验通常使用具有一定几何形状的梁状试件进行，样品的尺寸可以根据标准或工程需求确定。在进行混凝土抗弯强度试验时，首先需要制备符合标准要求的梁状试件，例如，标准尺寸可以是 100mm×100mm×500mm。然后将试件放置在试验机上，通过加载头和支撑点施加弯曲荷载，模拟实际工程中可能受到的弯曲力。在加载过程中，记录试件的变形情况。试验结束后，根据试件破坏时的荷载和变形情况，可以计算出混凝土的抗弯强度。这个强度值反映了混凝土材料在受到弯曲荷载时的抗拉能力和承载能力，是评估混凝土结构工作性能和安全性的重要参数之一。混凝土抗弯强度试验的结果对于工程设计、结构分析和质量控制具有重要意义。通过这个试验可以评估混凝土结构在实际工程中承受弯曲荷载时的稳定性和可靠性，为工程的安全运行提供重要依据。同时，抗弯强度试验也有助于工程师调整混凝土配合比和施工工艺，以提高混凝土结构的抗弯性能和使用寿命。

4. 冻融性试验

混凝土冻融性试验是土木工程中用于评估混凝土抵抗冻融循环影响的重要试验方法之一。这个试验旨在模拟寒冷气候下混凝土结构所面临的冻融环境，评估混凝土在这种环境下的稳定性和耐久性。在进行混凝土冻融性试验时，首先需要准备符合标准要求的混凝土试件，常用的试件包括立方体试块、圆柱体试块或者梁状试件。然后，将试件放置在试验室中进行预养护，使其达到一定强度和稳定性。接着，将试件放入专用的冻融循环试验设备中，在一定的温度和湿度条件下进行冻融循环试验。在冻融循环试验中，试件会经历多次冻结和解冻过程，模拟真实环境下的寒冷季节。通过周期性地将试件置于低温条件下冻结，然后转移到室温下解冻，反复进行多次，观察并记录试件的表面变化、裂缝情况以及质量损失等。最终，根据试验结果可以评估混凝土在冻融循环条件下的性能变化，包括抗裂性能、抗渗性能和耐久性能等。混凝土冻融性试验的结果对于寒冷地区或者受冻融环境影响的混凝土结构设计和施工具有重要意义。通过这个试验可以评估混凝土的耐寒性和抵抗冻融循环影响的能力，为工程结构的长期稳定性和耐久性提供科学依据。同时，冻融性试验也有助于工程师选择合适的混凝土配合比、添加剂和施工工艺，以提高混凝土在寒冷环境下的抗冻融性能，延长结构的使用寿命。

5. 抗裂性试验

混凝土抗裂性试验是土木工程中用于评估混凝土抗裂性能的重要试验方法之一。这个试验旨在模拟混凝土在受到内部或外部应力作用时的变形和裂缝情况，以评估混凝土在实际工程中的耐久性和稳定性。在进行混凝土抗裂性试验时，首先需要制备符合标准规定的混凝土试件，通常包括梁状试件或者圆柱体试件。然后，在试验机或者其他装置上施加一定的荷载或者应力，模拟混凝土在受力状态下的变形过程。试验中会记录试件的变形情况、裂缝形态以及最终破坏情况。抗裂性试验涉及不同类型的试验方法，如抗拉裂性试验、抗冻融裂性试验、抗振动裂性试验等。每种试验方法都针对特定的工程应用场景或者环境条件，评估混凝土在这些条件下的抗裂性能。例如，抗拉裂性试验主要评估混凝土在受拉应力下的裂缝形成和扩展情况；抗冻融裂性试验则评估混凝土在冻融循环环境下的抗裂能力；抗振动裂性试验则评估混凝土在振动荷载作用下的裂缝抵抗能力等。混凝土抗裂性试验的结果对于工程设计和结构安全具有重要意义。通过这个试验可以评估混凝土在不同应力、温度和湿度条件下裂缝的形成和扩展情况，为工程师提供设计和施工时的参考依据。通过调整混凝土配合比、添加特殊材料或者改进施工工艺，可以提高混凝土的抗裂性能，确保工程结构的稳定性和耐久性。

6. 抗碳化试验

混凝土抗碳化试验是土木工程中用于评估混凝土抵抗碳化性能的重要试验方法之一。碳化是指混凝土中的水泥基体受到二氧化碳的侵蚀，导致水泥基体中的碱性成分被溶解，进而降低混凝土的抗压强度和耐久性。抗碳化试验旨在模拟混凝土在碳化环境中的性能变化，评估其抗碳化能力和耐久性。在进行混凝土抗碳化试验时，首先需要制备符合标准规定的混凝土试件，通常为圆柱体或者立方体试件。然后将试件置于碳化环境中，通过加速碳化的方式，例如暴露于高浓度的二氧化碳环境，以模拟混凝土结构长期暴露于自然环境中的碳化过程。在一定时间内，观察并记录试件的表面颜色变化、碳化深度、抗压强度变化等参数。抗碳化试验的目的是评估混凝土结构在碳化环境中的稳定性和耐久性，为工程设计、材料选取和结构维护提供参考依据。通过这个试验可以确定混凝土的碳化速率、抗碳化剂的效果以及需要采取的防护措施。例如，可以根据试验结果调整混凝土配合比、添加抗碳化剂、选择合适的混凝土覆盖层或者进行防水处理，以延长混凝土结构的使用寿命，确保工程的长期稳定性和耐久性。混凝土抗碳化试验对于工程结构的质量控制和维护具有重要意义，是土木工程领域不可或缺的一环。

7. 碱-骨料反应试验

混凝土碱-骨料反应试验是土木工程中用于评估混凝土中碱性骨料与水泥中碱性成分发生反应的重要试验方法之一。这种反应称为碱-骨料反应（AAR），通常分为碱硅酸盐反应（ASR）和碱碳酸盐反应（ACR）两种类型。在进行混凝土碱-骨料反应试验时，首先需要准备符合标准规定的混凝土试件，通常为圆柱体或者立方体试件；然后将试件置于含有碱性成分的环境中，例如含有氢氧化钠或者氢氧化钾的溶液中，模拟混凝土结构中可能存在的碱性环境。在一定时间内，观察并记录试件的表面颜色变化、裂缝情况以及碱-骨料与水泥基体的反应情况。混凝土碱-骨料反应试验的目的是评估混凝土结构在碱性环境中的稳定性和耐久性，以及预测碱-骨料反应可能引发的混凝土膨胀、裂缝和强度降低等问题。通过这个试验可以确定混凝土与使用的骨料之间是否存在反应，以及反应的程度和速率。工程师可以根据试验结果选择合适的骨料、调整混凝土配合比或者采取其他措施，以防止或者减轻碱-骨料反应对混凝土结构的不利影响。混凝土碱-骨料反应试验对于工程结构的质量控制和维护具有重要意义，特别是在使用碱性骨料或者在碱性环境中施工的工程中。通过这个试验可以提前发现潜在的问题，并采取有效的措施保障混凝土结构的长期稳定性和耐久性。

8. 抗硫酸盐侵蚀试验

混凝土抗硫酸盐侵蚀试验是一项关键的试验，旨在评估混凝土结构在受到硫酸盐侵蚀的环境中的稳定性和耐久性。硫酸盐侵蚀是指当混凝土结构暴露于硫酸盐含量较高的环境中时，硫酸盐会与混凝土中的水泥发生化学反应，导致混凝土结构的质量和性能受到影响，甚至引发混凝土的破坏。在进行混凝土抗硫酸盐侵蚀试验时，首先需要准备符合标准规定的混凝土试件，例如圆柱体或者立方体试件。然后将这些试件置于含有一定浓度的硫酸盐溶液中，如硫酸钠溶液、硫酸钙溶液、硫酸镁等溶液，以模拟真实环境中的硫酸盐侵蚀情况。试验过程中需要控制温度、湿度等环境因素，并记录试件的质量损失、表面破坏情况、裂缝形成情况以及抗压强度变化等数据。通过混凝土抗硫酸盐侵蚀试验，可以评估混凝土结构的抗硫酸盐侵蚀能力，并确定其在不同硫酸盐浓度和侵蚀时间下的性能变化。试验结果可以提供重要的参考信息，例如确定混凝土的最大抗侵蚀浓度、选择合适的骨料和添加剂、调整混凝土配合比等，从而提高混凝土结构在硫酸盐侵蚀环境中的抵抗能力和使用寿命。混凝土抗硫酸盐侵蚀试验对于设计和施工具有重要意义，特别是在一些环境恶劣或者易受到硫酸盐侵蚀的工程中，如污水处理厂、化工厂、海洋工程等。通过这个试验可以及早发现潜在的问题，并采取有效的措施保障混凝土结构的长期稳定性和耐久性，确保工程安全可靠地运行。

2.5.4　抗渗试验与干燥试验

抗渗试验是混凝土质量和性能评估的关键环节，通过模拟混凝土结构在实际使用中可能面临的水分渗透条件，可以更精确地了解其抗渗性能。试验过程中，可以施加水压或将混凝土试件置于水中，通过观察水分渗透的深度或测量渗透的水量来评估混凝土的密实性和阻水性。与此同时，干燥试验提供了混凝土在低湿度或干燥环境中的表现情况。该试验有助于深入了解混凝土在不同湿度条件下的行为，包括收缩程度、裂缝形成及可能对其耐久性产生影响的因素。通过综合抗渗性与干燥试验的结果，可以全面评估混凝土的质量，为工程设计和施工提供重要的参考和指导。

1. 抗渗试验

混凝土抗渗试验是土木工程中用于评估混凝土抵抗水分渗透的重要试验方法之一。水分渗透是指水分通过混凝土结构的微小孔隙或裂缝进入混凝土内部的过程，导致混凝土结构的质量和性能受到影响。抗渗试验旨在模拟混凝土结构在不同水压力下的抗渗性能，评估其在水环境中的稳定性和耐久性。在进行混凝土抗渗试验时，首先需要准备符合标准规定的混凝土试件，通常为立方体或者圆柱体试件。然后将试件置于试验设备中，施加一定的水压力或者水头，模拟水渗透的情况。通过一定时间内的试验，记录试件的渗水量、渗水速率、渗透深度等参数，并观察试件的表面变化和内部结构情况。抗渗试验的目的是评估混凝土结构在水环境中的抗渗能力，为工程设计、材料选取和结构维护提供参考依据。通过该试验可以确定混凝土的抗渗性能，了解其在不同水压力下的渗透性变化。工程师可以根据试验结果选择合适的混凝土配合比、添加特殊材料或者采取其他措施，以提高混凝土在水环境中的抵抗能力，延长结构的使用寿命。混凝土抗渗试验对于工程结构的质量控制和维护非常重要，特别是在需要长期暴露于水环境或者受到水压力影响的工程中，如水坝、水泵房、隧道等。通过这个试验可以及早发现潜在的问题，并采取有效的措施保障混凝土结构的长期稳定性和耐久性，确保工程安全可靠地运行。

2. 干燥试验

混凝土干燥试验是土木工程中用于评估混凝土抵抗干燥环境影响的重要试验方法之一。干燥是指混凝土结构在干燥环境下，水分被迅速蒸发或者渗透到外部介质中的过程。这种干燥过程可能导致混凝土内部产生收缩、开裂等问题，影响混凝土的质量和性能。在进行混凝土干燥试验时，通常使用标准尺寸的混凝土试件，例如圆柱体或者立方体试件。

试验时，将试件置于干燥箱或者其他干燥设备中，在一定温度和湿度条件下进行干燥处理。通过一定时间内的试验，记录试件的质量变化、表面裂缝情况、收缩变形情况以及抗压强度等参数，并进行观察和分析。混凝土干燥试验的目的是评估混凝土结构在干燥环境中的稳定性和耐久性，为工程设计、材料选取和结构维护提供参考依据。通过这个试验可以确定混凝土在不同干燥条件下的变化情况，了解其在干燥环境中的性能。工程师可以根据试验结果选择合适的混凝土配合比、添加特殊材料或者采取其他措施，以提高混凝土在干燥环境中的抵抗能力，减少裂缝和变形，保障结构的长期稳定性。在实际工程中，混凝土干燥试验对于一些干燥环境下的工程结构尤为重要，例如位于高温、低湿、干旱等地区的结构或者在建筑施工过程中，可能面临较高的干燥风险的结构。通过混凝土干燥试验可以评估混凝土在这些环境下的稳定性和可靠性，为工程设计和施工提供科学依据，确保结构的安全运行和预期使用寿命。

2.5.5 混凝土其他性能试验扩展

根据本节上述内容我们已经了解很多关于混凝土的试验，这些试验相对成熟并已有规范性试验要求。目前混凝土自感知性能是工程材料类的一大热点，同时是向智能材料发展的必经之路。如混凝土导电性能、热电性能、热传导性能等。通过探究工程材料可能拥有的智能性属性并加以改良，为智能建造的发展提供材料支持。

2.6 案例库

新型干法水泥生产工艺正成为水泥工业的重要趋势。水泥作为建筑工程的核心材料，在各个领域应用广泛，然而传统水泥生产面临着能源消耗大、资源浪费、环境污染等问题。在这一背景下，新型干法水泥生产工艺崭露头角，以其污染较小、自动化程度较高的特点逐渐成熟，并在水泥生产中得到广泛应用。技术创新是新型干法水泥生产的核心，包括生料矿山计算机控制开采、生料预均化、生料均化、新型节能粉磨等技术方面的创新，使得新工艺具备了高效、优质、节能、环保等特点。工程概况方面，新型干法水泥生产过程分为生料准备和生料制备、熟料烧成、水泥制成及出厂三个主要阶段。材料选配：生产硅酸盐水泥的主要原料为石灰质原料和黏土质原料，有时还要根据燃料品质和水泥品种，掺加校正原料以补充某些成分的不足，还可以利用工业废渣作为水泥的原料或混合材料进行生产；石灰质原料：石灰质原料是指以碳酸钙为主要成分的石灰石、泥灰岩、白垩和贝壳等。石灰石是水泥生产的主要原料，每生产 1t 熟料大约需要 1.3t 石灰石，生料中 80% 以上是石灰石；黏土质原料：黏土质原料主要提供水泥熟料中的二氧化硅、氧化铝及少量的三氧化二铁，天然黏土质原料有黄土、黏土、页岩、粉砂岩及河泥等。其中黄土和黏土用得最多。此外，还有粉煤灰、煤矸石等工业废渣。黏土质原料为细分散的沉积岩，由不同矿物组成，如高岭土、蒙脱石、水云母及其他水化铝硅酸盐；校正原料：当石灰质原料和黏土质原料配合所得生料成分不能满足配料方案要求时（有的含量不足，有的和含量不足）必须根据所缺少的组分，掺加相应的校正原料（硅质校正原料含 80% 以上、铝质校正原料含 30% 以上、铁质校正原料含 50% 以上）。

2.6.1　新型干法水泥生产过程

1. 生料准备和生料制备

生料准备和生料制备阶段主要任务是把石灰石和辅助生料经过物理处理达到烧成系统需要的生料。生料磨系统是水泥生产的第一个核心工艺流程，物料从磨机出来后就是熟料了，进入熟料库，使得不同成分不同细度的生料进一步进行均化、融合以供应后面的水泥烧成工艺流程。

2. 熟料烧成

熟料烧成阶段是新型干法水泥生产中最重要的一部分，它由窑外预热、分解、窑内煅烧、熟料冷却及废气处理组成。

（1）窑外预热：回转窑生产熟料时排出的烟气温度在 1000℃ 左右，在窑尾加上预热器利用烟气预热生料，使入窑生料的温度达到 750～800℃，完成预热、黏土脱水分解和部分碳酸盐分解之后，再入回转窑进行煅烧，这样提高了物料反应度，有利于熟料热耗的降低。生料首先喂入一级旋风筒入口的上升管道内，在管道内进行充分热交换，然后由一级旋风筒把气体和生料颗粒分离，收下的生料经卸料管进入二级旋风筒的上升管道内进行第二次热交换，再经二级旋风筒分离，如此依次经过五级旋风筒进入回转窑内进行煅烧。

（2）分解：分解炉主要使物料分解，其实质上是高温气固多相反应器。窑外分解技术是一种显著增加回转窑产量的工艺方法，使大量吸热的碳酸钙分解反应在分解炉中进行，生料颗粒以悬浮或沸腾状态分散在分解炉中，以最大的温度差在燃料无焰燃烧的同时进行高速传热过程，使生料迅速地完成分解反应，从而大大减轻了回转窑的热负荷，使回转窑的生产能力以倍数增加。

（3）窑内煅烧：回转窑的主要作用是为了生料的完全分解和熟料矿物的形成提供所需的温度和一定的停留时间，以实现熟料的烧成。在水泥生产过程中，生料从窑尾向窑头运动，与窑内热气流进行交换，物料发生了系统的化学反应，把回转窑分成干燥带、分解带、烧成带和冷却带。

（4）熟料冷却：高温熟料由窑口进入冷却机后，首先受到从箅板下部鼓入高风压区进行急速冷却，随后由箅床推动前进，并且受到中风压区继续冷却。冷却后的小颗粒熟料穿过细栅条，经出料溜子直接送入输送设备，大块熟料需经冷却机末端的破碎机破碎后，再进入输送设备。从箅板缝漏入空气室底部的细小熟料颗粒，由冷却机底部的拉链机送至出料端。鼓入冷却机的冷空气与熟料进行热交换后，一部分作为二次空气进入窑内，一部分作为三次空气引入分解炉或用于烘干原燃料，多余的热风经收尘后由烟囱排入大气。

（5）废气处理：现代水泥生产线的废气处理系统是指在一级预热器热风出口到窑尾的排放烟囱为止这样一套系统。这个系统中，主要设备有窑尾高温风机、电收尘器、收风机和增湿塔等。

（6）旁路放风

为了解决碱、硫、氯等有害成分的循环富集所造成的结皮堵塞及熟料质量下降，首先必须注重原燃料的选用，当原燃料资源受到限制，有害成分含量超过允许限度时，必须在设计及生产中采取相应防止堵塞的措施。国外部分公司生料堆中碱、氯、硫等有害的成分含量有严格的规定，超过规定就要采取旁路放风措施。

（7）水泥制成及出厂

熟料加适量石膏、矿渣后经水泥磨共同磨细成粉状的水泥，包装或散装即可出厂。本工艺流程分为两个部分：水泥磨系统和水泥包装系统。水泥磨系统：水泥磨系统主要包括水泥调配站、水泥磨、水泥库。水泥调配站和生料磨的调配站基本上是一样的，根据生产不同的水泥型号以及熟料的成分控制熟料、石膏和矿渣的喂料的比例。球磨机里主要是钢球，通过钢球的碰撞达到研磨的目的，从磨机出来后进入选粉机，粗熟料循环再进入磨机，细度达到要求的料，即水泥成品通过斜槽进入水泥库。水泥包装系统：水泥包装系统分为袋装和散装。散装直接由水泥库库底装车运出。袋装由包装机完成，水泥包装机的自动化程度一般很高。

2.6.2 新型干法水泥生产工艺

新型干法水泥的生产工艺简单讲便是两磨一烧，即原料要经过采掘、破碎、磨细和混匀制成生料，生料经1450℃的高温煅烧成熟料，熟料再经破碎，与石膏或其他混合材一起磨细成为水泥。由于生料制备有干湿之别，所以将生产方法分为湿法、半干法、半湿法、干法4种。湿法生产：将生料制成含水32%～36%的料浆，在回转窑内将生料浆烘干并烧成熟料；半干法（半湿法）生产：将干生料加10%～15%水制成料球入窑煅烧称半干法，带炉篦子加热机的回转窑又称立波尔窑或立窑，国外还有一种将湿法制备的料浆用机械方法压滤脱水，制成含水19%左右的泥段再入立波尔窑煅烧，称为半湿法生产；干法生产：干法是将生料粉直接送入窑内煅烧，入窑生料的含水率一般仅1%～2%，省去了烘干生料所需的大量热量。

2.6.3 干法生产工艺优点

采用湿法生产水泥时，生料的粉磨和均化是在含水率为30%～40%的浆体状态下进行的。现代水泥厂更青睐于干法生产，干法比湿法更加节能，因为湿法熟料烧结前必须先蒸发掉浆料中的水。对于熟料生产，干法窑带有多级悬浮预热器，可以使生料与窑尾热气进行高效的热交换。干法窑的煤热耗约为800kcal/kg熟料，而湿法窑的煤热耗约为1400kcal/kg熟料，从而干法生产比湿法生产更加高效节能环保。新型干法水泥生产工艺相对于湿法生产有着明显的优势，尤其在能源利用效率上表现突出。湿法生产需要先蒸发浆体中的水，而干法生产直接将含水率较低的生料粉送入窑内，避免了热能浪费，煤热耗显著减少。因此，新型干法水泥生产工艺在提高生产效率、节能环保等方面表现出色，为水泥工业的可持续发展提供了可行的解决方案。这一工艺不仅在技术上有所突破，同时也在环境友好型生产方面具备巨大的潜力。

第3章 火山灰质材料

火山灰质材料是指具有火山灰活性的材料，即在常温和有水的情况下可与石灰反应生成具有水硬性和胶凝特性的水化物。因此，可将此类材料磨细后用作水泥的混合材料及混凝土的掺合料。火山灰质材料属于辅助性胶凝材料，需要添加激发剂才能产生强度，与水泥和石膏等胶凝材料不同，水泥、石膏和水拌合后即可产生强度。常见的火山灰质材料有天然火山灰、低钙粉煤灰、烧黏土等。高钙粉煤灰也具有火山灰活性，同时又具有微弱胶凝性。

火山灰质材料是硅铝质非晶态物质，具有潜在水硬性。非晶态的火山灰质材料由硅原子、铝原子、氧原子形成网络，在碱性激发剂作用下，网络解体，并形成新的凝胶或晶体物质；在钙原子的作用下，形成水化硅酸钙（C-S-H 凝胶）；在钾、钠的作用下，形成沸石类物质。

3.1 火山灰活性

火山灰质材料在常温和有水的情况下可与石灰反应生成具有水硬性胶凝能力的水化物，这种性质被认为具有火山灰活性。火山灰质材料具有潜在的胶凝性质，需要激发剂激发才能生成胶凝物质；而火山灰反应就是指在有水存在时，具有火山灰活性的物质与氢氧化钙反应，生成水化硅酸钙（C-S-H 凝胶）、水化铝酸钙（C-A-H 凝胶）或水化硫铝酸钙（C-A-S-H 凝胶）等反应产物。其中，氢氧化钙可以来源于外掺的石灰，也可以来源于水泥水化时所放出的氢氧化钙。

现阶段经常使用火山灰材料替代一部分的水泥，即火山灰材料和水泥混合使用；这种材料在满足强度要求的同时，也可有效减少煅烧水泥产生的碳排放量。火山灰材料在水泥体系中的水化过程是一个二次水化反应过程。首先是水泥熟料的水化，放出氢氧化钙，然后再是火山灰反应。这两个反应是交替进行的，并且彼此互为条件，互相制约，而不是简单孤立的。

火山灰质材料的活性即火山灰活性。评定火山灰质材料的活性品质，以往是以石灰吸收值的大小作为依据，但随着人们对客观世界认识的不断深化，发现石灰吸收值的大小常与材料比表面积的大小有关，石灰吸收值的大小有时不能正确反映所用火山灰质材料制成的水泥性能的优劣。因而，国家标准规定，作为水泥的火山灰质材料，必须进行火山灰活性及抗压强度比两项试验，并相应提出了其技术指标。

（1）火山灰活性试验评价方法

火山灰活性试验评价方法又称化学评价方法。该方法的试验原理是将掺入30％火山灰质混合材料的水泥，按水胶比5：1制成浆体，在（40±2）℃条件下养护7d或14d，然后过滤，滴定滤液中的氧化钙（毫克分子数/L）和OH⁻（毫克分子数/L）的含量，并绘制在不同OH⁻浓度下的氧化钙溶解度曲线，得到火山灰活性曲线图（图3-1），如试验点落在曲线下方，说明该种火山灰质材料能够吸收水泥材料水化时所析出的氢氧化钙，具有火山灰活性，反之，则不具有火山灰活性（具体试验方法见现行国家标准《用于水泥中的火山灰质混合材料》GB/T 2847）。

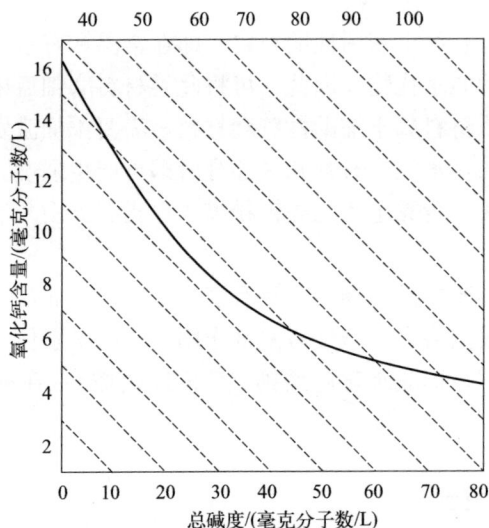

图 3-1　火山灰活性曲线图

通过火山灰活性试验，试验点必须落在氧化钙溶解度曲线的下方，如7d测得的试验点落在曲线上方，则再进行养护14d的试样测定，如14d试验点落在曲线下方，说明火山灰活性发挥得慢些，仍为合格，否则，为不合格。

（2）抗压强度比试验评价方法

抗压强度比试验评价方法又称物理评价方法，该方法是按现行国家标准《水泥胶砂强度检验方法（ISO法）》GB/T 17671进行测试。用同一种熟料分别制成掺入30％火山灰质材料的水泥和不掺火山灰质材料的水泥，然后测两种水泥的28d的抗压强度。并按式(3-1)求出抗压强度比：

$$R=\frac{R_1}{R_2}\times100 \tag{3-1}$$

式中：R——抗压强度比值；

R_1——掺30％火山灰质材料水泥的抗压强度；

R_2——不掺火山灰质材料水泥的抗压强度。

国家标准规定，作为水泥火山灰质材料，其水泥胶砂28d抗压强度比要大于62％。

（3）烧失量

天然火山灰质材料的烧失量，多由结晶水脱水而造成，对水泥无危害。人工火山灰质材料的烧失量多为未燃尽的炭；炭是水泥的有害组分，因此人工火山灰质材料的烧失量越少越好，国家标准规定人工火山灰质材料的烧失量不得大于 10％。

（4）硫的含量

火山灰质材料中的硫，是水泥中的有害成分，以三氧化硫表示其含量，它可引起水泥强度降低、钢筋锈蚀等。因此，国家标准规定火山灰质材料中的硫不得超过 3％。

3.2　典型火山灰质材料

目前常用的火山灰质材料有矿渣、粉煤灰、硅灰等。不同材料因为成分构成和习惯结构的差异，其性质也有很大的差异；各种火山灰质材料（辅助性胶凝材料）的化学成分组成如图 3-2 所示。

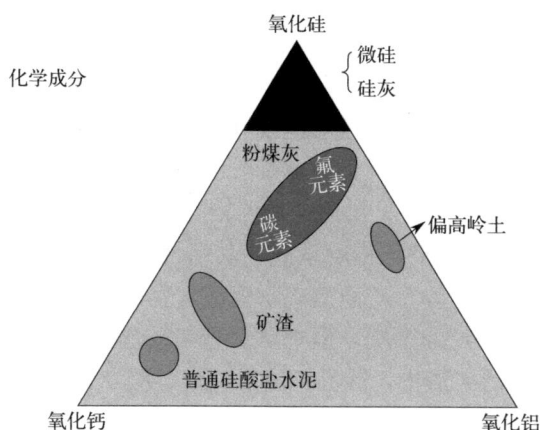

图 3-2　各种火山灰质材料（辅助性胶凝材料）的化学成分组成

3.2.1　矿渣

矿渣是在高炉炼铁过程中的副产品。在炼铁过程中，氧化铁在高温下还原成金属铁，铁矿石中的二氧化硅、氧化铝等杂质与石灰等反应生成以硅酸盐和硅铝酸盐为主要成分的熔融物，经过淬冷成质地疏松、多孔的粒状物，即为矿渣。

1. 主要性能特点

（1）主要化学成分

矿渣的化学成分有氧化钙、二氧化硅、氧化铝、氧化镁、氧化锰、氧化铁等氧化物和硫化钙、硫化锰等少量硫化物，一般来说，氧化钙、氧化硅和氧化铝的含量占 90％以上。矿渣的 XRD 检测图像如图 3-3 所示，其化学成分与水泥的化学成分基本相同，只不过氧化钙含量较低，而氧化硅含量偏高；另外，在氧化钙含量较高的碱性矿渣中还含有硅酸二钙等成分，所以矿渣本身具有微弱水硬性。

（2）活性

矿渣的活性与矿渣本身的化学组成、玻璃体的数量和性能以及矿渣细度等因素有关。

1）化学组成：氧化钙和氧化铝是矿渣的主要成分，也是决定矿渣活性的主要成分。矿渣中氧化钙的含量在 30％～50％波动。通常，其含量越高，矿渣的活性越大，因为它

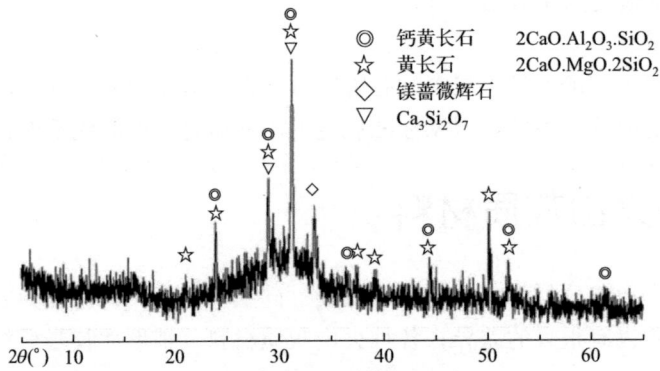

图 3-3　矿渣的 XRD 检测图像

参与形成 C-S-H 凝胶和 C-A-H 凝胶等胶结物质。但如果氧化钙含量过高（超过 51％），矿渣活性反而变小，这是因为氧化钙含量太高，熔融矿渣的黏度下降，冷却时容易析出晶相，影响矿渣的活性。尤其是在冷却速率不够快的条件下，$\beta\text{-}C_2S$ 容易转化为 $\gamma\text{-}C_2S$，产生粉化现象，导致矿渣活性降低。氧化铝在矿渣中一般形成铝酸钙或硅铝酸钙玻璃体，其含量在 7％～20％波动。氧化铝和氧化钙含量均较高时，这种矿渣的活性最大。

2）玻璃化程度：矿渣的玻璃化程度越高，其活性越好。玻璃质物质能更快地与水化反应物反应，生成新的水化产物。矿渣的矿物组成与生产原料和冷却方式有关，不同种类的矿渣的矿物成分存在着一定的区别，但主要部分是玻璃态的，矿渣扫描电镜 SEM 图像如图 3-4 所示。在结晶态的矿渣中，除高铝渣外，仅硅酸二钙具有较好的胶凝性，其他矿物均不具有或只具有微弱的胶凝性，所以基本不具有水硬性。

3）粒度：较细的矿渣颗粒具有更大的比表面积，能够提供更多的反应位点，从而增强其活性，有利于混凝土性能的改善和提高。

4）冷却速度：矿渣的冷却速度影响其微观结构和玻璃相含量。快速冷却通常有助于形成较高比例的玻璃相，增加矿渣的活性。一般酸性矿渣的玻璃体含量高于碱性矿渣，冷却速度快，玻璃体含量高。我国钢铁厂排放的快冷渣玻璃体含量一般在 80％以上，具有较好的水硬性。

5）储存时间：随着储存时间的增长，矿渣中的自由钙离子会逐渐与硅酸盐和铝酸盐反应，生成低活性的钙硅酸盐和钙铝酸盐，从而降低矿渣的活性。

（3）矿渣活性的提高措施

1）磨细处理：磨细处理在提高矿渣活性方面起着至关重要的作用。矿渣的活性与其表面特性密切相关，磨细处理能够显著增大矿渣颗粒的比表面积，从而为化学反应提供更多的反应面积，增加矿渣与水泥基体或其他材料的水化反应速度。但值得注意的是，磨细处理并非越细越好，过度磨细会导致矿渣粉的粒径分布过于狭窄，减弱了矿渣粉在混凝土中的填充效果，可能会影响最终产品的性能。因此，磨细程度需要根据矿渣的特性和最终应用的需求来确定。

2）添加外掺剂和激发剂：外掺矿物在矿渣处理过程中的主要作用是通过补充矿渣中可能缺乏的某些成分，以改善其性能。这些矿物可以是硅酸盐矿物、铁矿物或者其他能够提高矿渣性能的矿物，例如，添加硅酸盐矿物可以提高矿渣的胶结能力，而添加铁矿物则可以提高其机械强度。激发剂的应用则可以显著提高矿渣的活性，使其成为有用的建筑材料，例如，通过添加激发剂，可以将原本废弃的矿渣转化为具有良好胶结能力和机械强度的建材，用于混凝土添加剂、道路基础材料等领域。

3）调整配比：在混凝土或砂浆中合理调配矿渣与水泥等其他材料的比例，以达到最佳的性能效果。

矿渣的活性对于其在建筑材料领域的应用至关重要，它不仅能够提高混凝土和砂浆的综合性能，还能够实现工业废弃物的再利用，符合可持续发展的理念。

2. 矿渣对新拌混凝土性能的影响

矿渣在新拌混凝土中的加入可以显著影响混凝土的工作性能，具体表现在以下几个方面：

（1）流动性

矿渣粉末的细度较高，可以作为填充材料改善混凝土的流动性。但是，矿渣的加入也可能吸收部分水分，导致混凝土的坍落度减小。因此，需要适当调整水胶比或使用外加剂来维持混凝土的流动性。

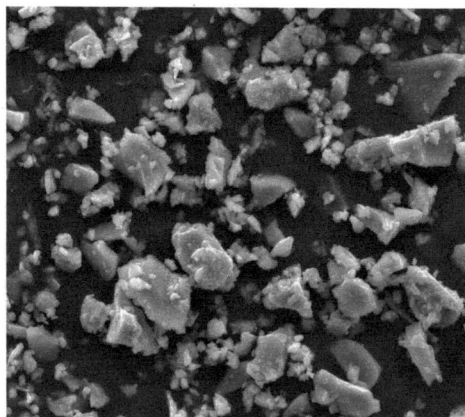

图3-4 矿渣扫描电镜SEM图像

（2）保水性

矿渣粉末的保水性相对较差，可能会影响混凝土的凝结时间。为了避免过早凝结，可能需要添加缓凝剂。

（3）空气含量

矿渣的加入可能会增加混凝土中的空气含量，这有助于提高混凝土的抗冻性和耐久性，但过多的空气含量可能会降低混凝土的强度。

（4）凝结时间

矿渣的化学成分会影响混凝土的凝结时间。一般而言，矿渣混凝土的初凝和终凝时间都会比纯水泥混凝土长。

（5）强度发展

尽管矿渣混凝土的早期强度可能低于普通水泥混凝土，但长期来看，随着矿渣水化作用的进行，其强度会逐渐增加。矿渣混凝土的最终强度通常与普通水泥混凝土相当甚至更高。

（6）温度升高

由于矿渣水化放热量较小，矿渣混凝土在硬化过程中的温度升高较慢，有利于防止因温度过高而引起的裂缝。

（7）工作性和泵送性

矿渣的加入可能会影响混凝土的工作性和泵送性，合适的矿渣掺量和适当的外加剂可以改善混凝土的工作性。

（8）抗渗性

矿渣混凝土的致密性对其抗渗性有着直接的影响，其致密性对抗渗性有着直接的影响。矿渣混凝土由于其致密的内部结构，使得其孔隙率较低，因此其抗渗性较好。此外，矿渣混凝土的水化产物中含有较多的钙矾石晶体，这种晶体在混凝土中形成了大量的微小孔隙，进一步提高了混凝土的抗渗性。并且有研究表明，随着矿渣掺量的提高，混凝土的抗渗等级也会相应提高。

为了获得最佳的新拌混凝土性能，矿渣的掺量和类型需要根据具体的工程要求和环境条件进行优化。同时，可能需要调整混凝土配合比，并考虑使用外加剂来改善混凝土的性能。

3.2.2 粉煤灰

粉煤灰是一种细粒度的无机非金属粉末，主要来源于燃煤电厂的烟气脱硫系统。它由硅酸盐、氧化铝、钙氧化物以及少量的镁氧化物和铁氧化物组成。粉煤灰含有的大量玻璃体，是其良好火山灰活性的来源，使其能应用于水泥和混凝土中。

粉煤灰在水泥和混凝土中的作用主要体现在以下三大效应：

1. 火山灰效应（Pozzolanic Effect）

粉煤灰中含有较高比例的活性硅酸盐和铝酸盐，当与水和水泥中的钙离子反应时，可以生成额外的 C-S-H 凝胶和 C-A-H 凝胶等化合物，这些新生成的化合物有助于提高混凝土的强度和耐久性。

2. 微填充效应（Microfilling Effect）

粉煤灰的颗粒尺寸较小，可以填充水泥颗粒间的空隙，从而减小孔隙率，增加混凝土的致密性，提高其抗渗性和抗冻融性。

3. 水化热调节效应（Thermal Regulation Effect）

与传统水泥相比，粉煤灰的水化速度较慢，因此在水泥水化过程中释放的热量较少。这样可以减缓混凝土内部的温度升高，减小因温度梯度引起的热应力，从而降低裂缝产生的风险，特别适用于大体积混凝土结构。并且，粉煤灰水泥浆体中有相当数量未反应的粉煤灰颗粒，而粉煤灰是煅烧的产物，其颗粒本身就具有很高的强度。这些坚固的颗粒一旦共同参与承受外力，就能起到很好的"内核"作用，即产生"微集料效应"。粉煤灰的主要性能特点及其对新拌混凝土性能的影响如下：

（1）主要性能特点

1）物理性能

① 细度：粉煤灰的细度是指其颗粒大小的分布情况，通常用比表面积或者粒径分布来表示。粉煤灰的比表面积是指单位质量粉煤灰所具有的表面积，通常用平方米每千克（m^2/kg）来表示。粒径分布则描述了粉煤灰中不同粒径颗粒的比例。粉煤灰的细度会直接影响其在混凝土中的行为，包括填充作用、水化反应和最终混凝土的性能。一般来说，粉煤灰的比表面积越大，表明其颗粒越细小，填充效果越好，能够改善混凝土的工作性和密实性。细度可作为评价粉煤灰的首要指标。

② 烧失量：粉煤灰的烧失量是指粉煤灰中未燃尽的碳分含量，它反映了粉煤灰中有机物质燃烧的完全程度。烧失量通常通过将粉煤灰加热到一定温度（通常为 850℃ 或 900℃）并保持一段时间后，测量加热前后粉煤灰质量的变化来确定。烧失量的测定方法

应遵循相应的国家或国际标准，烧失量的结果通常以百分比表示，计算公式为：

$$烧失量（\%）=\frac{初始质量-加热后质量}{初始质量}\times100\%\qquad(3-2)$$

烧失量是评价粉煤灰质量的重要参数之一。低烧失量意味着粉煤灰中未燃尽的碳含量低，粉煤灰的纯净度高，通常具有更好的工程应用性能；相反，高烧失量则可能导致粉煤灰的颜色变暗，强度发展不良，且容易影响混凝土的颜色和耐久性。因此，在使用粉煤灰作为混凝土掺合料前，需要对其烧失量进行准确测定，确保其满足工程要求。

③ 需水量：粉煤灰的需水量是指制备混凝土或其他建筑材料时，与不添加粉煤灰的基准混凝土相比，达到相同的工作性额外需要的水量。粉煤灰的需水量受到多个因素的影响，包括粉煤灰的细度、颗粒形状、化学成分以及与水泥的相容性等。

粉煤灰颗粒较细，表面能较高，这使得它在混凝土中的分散性好，但同时也增加了混凝土的需水量。然而，粉煤灰在水泥水化过程中能够与水泥产生的钙羟基反应生成 C-S-H 凝胶，这个过程可以在一定程度上补偿由于粉煤灰增加的需水量。为了确定粉煤灰混凝土的需水量，通常需要进行试验，通过比较基准混凝土和含有粉煤灰的混凝土的坍落度等工作性指标来确定。在实际应用中，还需要考虑混凝土的其他性能要求，如强度、耐久性等，并对配合比进行优化，以确保混凝土的整体性能符合设计要求。在工程实践中，粉煤灰的需水量通常通过调整水胶比来实现，以保证混凝土的流动性和工作性。同时，为了减少粉煤灰对需水量的影响，可以使用外加剂，如减水剂或高效减水剂，来提高混凝土的工作性，同时保持较低的水胶比，以提高混凝土的强度和耐久性。

2）化学性能

① 化学组成：粉煤灰的化学组成主要取决于原始煤的种类和燃烧时的条件。一般来说，粉煤灰中的氧化硅、氧化铝和氧化铁含量可达 70% 以上，同时还含有少量镁和硫化合物，有些时候还含有比较高的氧化钙。除此之外，还含有砷、镉等微量元素。并且，粉煤灰中的化学组成会影响其在混凝土中的活性。例如，氧化硅和氧化铝含量较高的粉煤灰具有较好的火山灰活性，能够在水泥水化过程中与之反应，生成额外的水化产物，从而改善混凝土的性能；氧化钙的含量影响粉煤灰的碱性，进而影响其与酸性物质的反应。

② 火山灰活性：粉煤灰的火山灰活性是指粉煤灰在水泥水化体系中与水泥中的钙离子反应，生成新的水化产物的能力。这种活性对混凝土的长期强度和耐久性具有积极影响。粉煤灰火山灰活性的高低受到多种因素的影响，包括粉煤灰的化学成分、细度、反应条件（如温度、湿度）以及与水泥的相容性等。化学成分中，氧化硅和氧化铝的含量较高且玻璃态物质含量丰富的粉煤灰具有较好的火山灰活性。这些成分与水泥中的钙离子反应，形成 C-S-H 凝胶和 C-A-H 凝胶等产物，从而提高混凝土的密实性和强度。细度也是影响粉煤灰火山灰活性的重要因素，细度过细的粉煤灰具有更大的比表面积，可以提供更多的反应界面，从而加大火山灰反应的速率。

（2）对新拌混凝土性能的影响

粉煤灰对新拌混凝土性能的影响主要体现在以下方面：

1）流动性

粉煤灰由于其较细的颗粒，能够填充水泥颗粒间的空隙，从而提高混凝土的流动性。然而，粉煤灰也具有吸水性，可能会导致混凝土混合物的需水量增加，除非相应调整水胶比或使用减水剂来维持或改善流动性。

2）凝结时间

粉煤灰会延长混凝土的凝结时间，这对于大体积混凝土浇筑是有益的，因为它有助于控制温度升高和减少热应力。

3）保水性

粉煤灰的保水性较差，可能会导致混凝土在硬化过程中出现塑性收缩裂缝。为了解决这个问题，可以适当增加保水剂的用量。

4）强度发展

粉煤灰混凝土的早期强度增长较慢，但随着养护时间的增加，长期强度往往优于不掺粉煤灰的混凝土，这是由于粉煤灰在水泥水化过程中二次水化反应开始时间晚，持续时间长，生成额外的水化产物，从而提高了混凝土的密实度和强度。

5）工作性

粉煤灰可以改善混凝土的工作性，使其更加易于搅拌、运输和浇筑。

6）耐久性

粉煤灰混凝土因其较低的渗透性和较好的抗化学腐蚀性，通常具有更高的耐久性。

7）热发展

粉煤灰混凝土的水化放热量较低，有利于减少温度升高和减小热裂缝产生的风险。

8）抗渗性

粉煤灰能够提高混凝土的致密性，从而提高其抗渗性。

为了充分利用粉煤灰对新拌混凝土性能的积极影响，需要对粉煤灰的品质、掺量以及混凝土配合比进行仔细地设计和优化。

3.2.3 硅灰

硅灰是一种非常细小的无机粉末，主要由硅和氧元素组成，通常来自于硅质材料，比如石英砂、硅石或工业废料等的熔融过程。硅灰的颗粒大小一般小于 $10\mu m$，具有极高的比表面积，因此在混凝土和其他建筑材料中具有很好的填充效应和潜在的活性。硅灰在混凝土中的应用主要是作为一种高性能掺合料。它可以显著提高混凝土的强度、耐久性和密实性，其主要特点及其对新拌混凝土性能的影响如下。

1. 主要性能特点

（1）物理性能

1）颗粒尺寸：硅灰的颗粒尺寸非常细小，通常小于 $10\mu m$，有的甚至达到纳米级别。

2）比表面积：由于硅灰的颗粒尺寸极小，其比表面积非常高，一般为 $15000 \sim 30000 m^2/kg$，这有助于提高其与水泥浆体的反应活性。

3）化学纯度：硅灰的化学成分主要是二氧化硅，纯度高，杂质含量低。

4）密度：硅灰的堆积密度一般为 $2.2 \sim 2.3 g/cm^3$，密度则为 $2.6 \sim 2.7 g/cm^3$。

5）颜色：硅灰的颜色通常为灰色或深灰色。

6）形状：硅灰的颗粒形状多样，从近乎球形到不规则形状都有。

7）吸水性：硅灰具有一定的吸水性，这会影响混凝土的保水性和凝结时间。

8）稳定性：硅灰在干燥状态下稳定，不易发生分解或变质。

以上物理性能使得硅灰成为一种优质的混凝土掺合料，能够显著改善混凝土的力学性能和耐久性。

（2）化学性能

1）化学成分：硅灰主要由二氧化硅组成，通常含量在 90% 以上，其余成分可能包括氧化铝、氧化铁、氧化钙和氧化镁等。

2）活性：硅灰中的非晶形二氧化硅在与水泥水化产物反应时表现出活性，能够参与形成额外的 C-S-H 凝胶，从而提高混凝土的强度和耐久性。

3）微填效应：硅灰的微小颗粒能够填充水泥颗粒间的空隙，减小孔隙率，提高混凝土的密实性。

4）水化反应：硅灰的加入会影响水泥的水化过程，延长凝结时间，但也有利于减少混凝土的热发展和温差裂缝。

5）抗化学侵蚀：硅灰混凝土具有较好的抗硫酸盐侵蚀和抗碱-骨料反应能力，提高了混凝土的耐久性。

6）pH：硅灰本身接近中性，不会显著改变混凝土的酸碱环境。

7）耐热性：硅灰混凝土具有较好的耐热性，能够承受较高的温度而不会显著降低其强度。

硅灰的化学性能使其成为一种优良的混凝土掺合料，特别是在高性能混凝土、自密实混凝土和预制构件中有着广泛的应用。

2. 对新拌混凝土性能的影响

硅灰对新拌混凝土性能的影响主要体现在以下几个方面：

（1）流动性

硅灰可以提高混凝土的流动性，使混凝土更易于搅拌、运输和浇筑。这是由于硅灰的细小颗粒能够填充水泥颗粒之间的空隙，减小摩擦阻力。

（2）凝结时间

硅灰会延长混凝土的凝结时间，这有利于大体积混凝土的施工，可以控制温升并减小热应力。

（3）强度

虽然硅灰会延迟混凝土的早期强度发展，但长期来看，硅灰混凝土的强度往往高于不掺硅灰的混凝土。这是因为硅灰参与水泥水化反应，生成额外的 C-S-H 凝胶，提高了混凝土的密实性和强度。

（4）耐久性

硅灰提高了混凝土的致密性，减小了孔隙率，从而增强了其抗渗性和抗化学侵蚀能力。此外，硅灰还能降低混凝土的碱-骨料反应倾向。

（5）工作性

由于硅灰的微填效应，混凝土的工作性得到改善，即使在降低水胶比的情况下，也能保持良好的可操作性。

（6）热发展

硅灰混凝土由于水化放热量较低，有助于减少混凝土内部的温度升高，降低热应力和裂缝风险。

为了充分发挥硅灰对新拌混凝土性能的积极影响，需要根据混凝土的具体要求和工程条件来确定硅灰的掺量和配合比，并进行相应的试验和调整。

3.2.4 石灰石粉

石灰石粉是由天然石灰石经过破碎、磨粉等加工工序制成的细粉。石灰石粉主要由碳酸钙组成，还可能含有少量的镁、硅、铝和铁等杂质。石灰石粉常替代部分水泥熟料中的碳酸钙成分，从而降低水泥生产成本，其主要特点及其对新拌混凝土性能的影响如下。

1. 主要性能特点

（1）物理性能

1）粒度：石灰石粉的粒度大小对其应用有重要影响。粒度越小，表面积越大，反应活性越高，适用于高性能混凝土和水泥的制备。

2）吸水率：石灰石粉的吸水率相对较低，但如果表面孔隙较大或含有可溶性盐分，吸水率可能会增加。

3）化学稳定性：石灰石粉在干燥条件下相对稳定，但在潮湿或酸性条件下可能会发生化学反应，如与二氧化碳反应形成碳酸钙。

4）流动性：石灰石粉的流动性较好，能够在混凝土和水泥浆体中均匀分散。

这些物理性能使石灰石粉在建筑材料、塑料、橡胶、涂料等多个领域中有着广泛的应用。在使用时，需要根据具体的应用需求选择合适的粒度和纯度的石灰石粉。

（2）化学性能

1）可溶性：石灰石粉在水中的溶解度较低，但在酸性溶液中可以溶解形成相应的钙盐和二氧化碳。

2）热稳定性：石灰石粉在加热时会发生分解反应，产生氧化钙和二氧化碳。这个过程称为煅烧，是生产生石灰石粉的基本工艺。

3）碱性：石灰石粉在水中的溶解度虽然低，但溶解的碳酸钙会使溶液呈弱碱性。当与强酸反应时，会中和酸，生成盐和水，表现出碱性。

4）反应活性：石灰石粉在与某些物质反应时表现出一定的活性，如与硅酸盐水泥混合时，可以促进水化反应的进行，提高混凝土的强度。

5）缓冲能力：石灰石粉由于其碱性特性，可以用作缓冲剂，调节溶液的 pH，防止溶液酸性过强。

6）吸附性：石灰石粉具有一定的吸附能力，能够吸附水分和一些有机物质。

7）光化学反应：在光照条件下，石灰石粉可能会参与光化学反应，尤其是在含有某些催化剂的作用下。

石灰石粉的这些化学性能使其在许多工业领域中作为原料或添加剂发挥着重要作用。在应用时，需要根据具体的化学性质来确定其适用范围和处理方式。

2. 对新拌混凝土性能的影响

（1）流动性

适量的石灰石粉可以改善混凝土的工作性，提高其流动性，使得混凝土更容易搅拌、运输和浇筑。

（2）保水性

由于石灰石粉具有一定的吸水性，过量添加可能会导致混凝土的保水性下降，从而影响混凝土的均匀性和硬化过程。

（3）凝结时间

石灰石粉的加入会延长混凝土的凝结时间，有助于施工操作，特别是在高温环境下。

（4）强度发展

石灰石粉对混凝土早期强度的影响不大，甚至可能略有降低，但在后期可以通过填料效应和微填充作用提高混凝土的力学性能。

（5）耐久性

石灰石粉可以提高混凝土的抗渗性，减少硫酸盐侵蚀，从而提高混凝土的耐久性。

（6）收缩性

石灰石粉的加入可能会增加混凝土的干缩性，但同时也有助于减少塑性收缩和温度收缩，从而降低裂缝风险。

（7）色泽

石灰石粉的颜色可能会影响混凝土的最终外观，尤其是在装饰混凝土中。

（8）环境影响

石灰石粉的使用可以减少水泥的用量，从而减少二氧化碳的排放，有利于环境保护。

在实际应用中，石灰石粉的用量、粒度和品质都会对混凝土的性能产生影响，因此需要根据具体的工程要求和施工条件进行优化设计。

3.2.5　偏高岭石

无机黏土中，由于蒙脱石和伊利石因在纯度、白度、热稳定性和低膨胀性方面不如偏高岭石，且偏高岭石具有较强的吸水性和离子交换能力，使得偏高岭石在需要高纯度、高白度、耐高温和低热膨胀的建筑材料中更受青睐。

偏高岭石是一种介于高岭石和蒙脱石之间的黏土矿物，具有两者的一些特性。它的化学式通常为 $Al_2Si_2O_5(OH)_4$，与高岭石相同，但其晶体结构不同，导致了不同的物理和化学性质。偏高岭石的晶体结构比高岭石更为有序，但不如蒙脱石那样层状结构发达。

1. 在建筑材料方面，偏高岭石的应用优势

（1）适中的塑性

偏高岭石具有一定的塑性，可在一定程度上改善混凝土的加工性能。

（2）良好的结合性

它能在建筑材料中起到良好的结合剂作用，增强材料的整体性。

（3）热稳定性

偏高岭石的热稳定性较好，高温下保持稳定，适用于耐火材料的制备。

（4）较低的吸水性

偏高岭石的吸水性较低，有利于提高建筑材料的耐水性。

（5）化学稳定性

偏高岭石化学稳定性强，不易与其他物质反应，适用于多种环境下的建筑材料。

（6）绝缘性

作为电绝缘材料，偏高岭石也表现出良好的绝缘性。

（7）较小的粒径

作为黏土矿物，偏高岭石的粒子通常很细小，粒径一般在微米级别，使其能够填充水泥颗粒间的空隙，减小孔隙率，提高混凝土的密实性。

（8）较大的比表面积

较小的粒径决定了偏高岭石具有较大的比表面积，这使得它具有较强的吸附能力。

综上所述，偏高岭石可以提供一定的塑性和结合性，同时保持了较高的热稳定性和化学稳定性，适用于制造耐火材料、陶瓷制品及作为混凝土添加剂等。

2. 对新拌混凝土性能的影响

（1）工作性

偏高岭石的加入会增加混凝土的塑性和流动性，因为它的细小颗粒可以作为填充材料，填补水泥颗粒间的空隙，减小水泥浆体的黏度，从而改善混凝土的工作性。

（2）保水性

由于偏高岭石的吸水性，新拌混凝土的保水性可能会受到一定影响，这可能导致混凝土在硬化过程中水分蒸发过快，影响水泥的水化反应和最终的强度发展。

（3）凝结时间

偏高岭石的加入可能会延长混凝土的凝结时间，因为其细小颗粒会吸收一部分水分，延缓水泥浆体的凝固进程。

（4）强度

在适当的掺量和良好的工作性条件下，偏高岭石可以提高混凝土的抗压强度。这是因为它的水化反应可以生成额外的水化产物，如 C-S-H 凝胶，这些产物有助于增强混凝土结构的整体性。

（5）耐久性

偏高岭石可以提高混凝土的耐久性，因为它的火山灰活性可以促进水泥的密实化，减小孔隙率，从而提高混凝土抵抗硫酸盐侵蚀、冻融循环和其他化学侵蚀的能力。

（6）收缩性

由于偏高岭石的微细颗粒可以填充水泥颗粒间的空隙，可能会降低混凝土的干缩和湿胀，减少裂缝的产生。

（7）热发量

偏高岭石的加入会影响混凝土的水化热，可能会减少水泥水化反应放出的热量，有利于大型结构的温度控制。

总之，偏高岭石对新拌混凝土性能的正面影响主要体现在改善工作性、提高强度和耐久性等方面，但同时也可能带来保水性差和凝结时间延长的问题。因此，在使用偏高岭石作为混凝土掺合料时，需要综合考虑其掺量、细度和混凝土配比，以确保达到预期的工程性能。

3.3 案例库

天安门地面仿古砖——定性＋新技术＋附加功能

天安门地面改造工程南起天安门北侧基石，北至端门南侧基石，施工总面积约为 1.32 万 m^2，主要是更换 1999 年铺装的混凝土仿古砖以解决地面防滑和破损问题。此次改造工程要求地面铺装材料不仅具有高性能，还要保持砖材质的传统特色，与故宫院内地面的规格、颜色等协调一致。经过比选后最终确定选用具有超高强度、高耐久性的新型绿色高性能材料 RPC 制作仿古砖（图 3-5）。

活性粉末混凝土（Reactive Powder Concrete，简称 RPC），作为一类新型混凝土，不仅具有 200MPa 或 800MPa 的超高抗压强度，而且具有 30～60MPa 的抗折强度，有效地克服了普通高性能混凝土的高脆性。RPC 是由水泥、石英粉、细石英砂、高效减水剂、硅灰等掺合料，细钢纤维和水拌合而成。因 RPC 中没有掺加粗骨料，所以其内部没有砂浆界面与粗骨料之间的应力集中，且可消除构件内部的微裂缝。与普通混凝土相比较，RPC 不仅可以大量减少材料用量，降低建筑成本，节约资源，减少生产、运输和施工能耗，还具备很多现有的高性能混凝土不具备的优越性。

RPC 仿古砖在天安门地面改造工程中的成功应用，体现了这种新材料的优越性。随着我国国民经济的迅速发展，高层建筑、高速铁路、桥梁等工程日新月异，为 RPC 的应用提供了巨大的市场。

图 3-5 RPC 仿古砖的施工和应用效果

第 4 章　硅酸盐水泥水化

4.1　硅酸盐水泥

硅酸盐水泥的主要成分包括硅酸盐、铝酸盐和铁酸盐等矿物质。这些成分大多来自石灰石和黏土，在生产过程中经过高温煅烧形成水泥熟料。熟料中的主要化学成分有三种硅酸盐（C_3S，C_2S，C_3A）、两种铝酸盐（C_4AF，C_2AF），统称为水泥矿物，它们是水泥水化并最终硬化成骨料的关键物质。此外，水泥中还可能包含少量的石膏或其他添加剂，用于调节凝结时间和改善性能。水泥的化学组成和矿物组成对其性能有着决定性的影响，包括强度、耐久性和环境适应性。

硅酸盐水泥（图 4-1）是一种广泛使用的通用水泥类型，其主要成分是由石灰石和黏土原料在高温下煅烧而成的水泥熟料，表 4-1 是普通硅酸盐水泥的主要成分、各自的含量以及主要作用。硅酸盐水泥的特点是其熟料中含有较高比例的硅酸盐矿物，尤其是硅酸三钙（C_3S）和硅酸二钙（C_2S）。这些硅酸盐矿物在与水反应过程中，即水化过程中，能够迅速释放出潜热，促进水泥的硬化，并随着时间的推移逐渐发展出高的"机械强度"。硅酸盐水泥在建筑行业中被广泛应用于各种结构的构造，例如住宅、桥梁、道路和隧道等。它的优点在于凝结时间可控、早期强度发展快以及最终强度高，这使得硅酸盐水泥成为快速施工的理想选择。然而，由于其水化放热较多，在大体积浇筑时需采取措施以防温度过高导致产生裂缝。

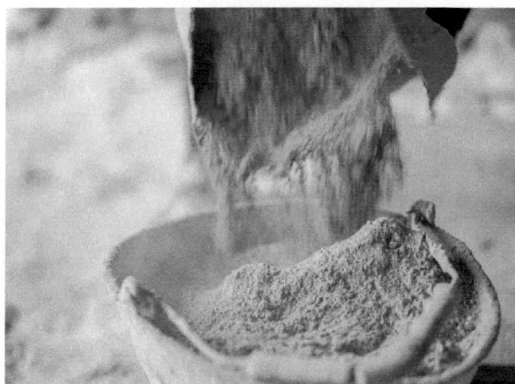

图 4-1　硅酸盐水泥

除了硅酸盐矿物外，硅酸盐水泥的熟料中通常还包括铝酸钙（C_4AF 和 C_3A）等其他矿物，这些矿物也对水泥的性能有显著影响。例如，铝酸钙含量较高时，水泥的凝结速度会更快，但同时也可能增加对硫酸盐的敏感性，导致膨胀问题。在生产硅酸盐水泥的过程中，还可能加入一些辅助成分，如石膏，用以调节水泥的凝结时间。此外，根据不同的工程需求和环境条件，可能会添加矿物掺合料（如粉煤灰和矿渣等）和化学添加剂来调整水泥的性质，例如提高其耐久性或减轻对环境的影响。

总体而言，硅酸盐水泥凭借其优异的性能和广泛的适用性，在全球工程建设中扮演着至关重要的角色。

普通硅酸盐水泥的主要成分、各自的含量以及主要作用　　　　　表 4-1

名称	含量	主要内容
铝酸三钙	通常占水泥的 5%～10%	参与水泥水化反应，促进早期强度的发展。在硬化阶段，可能导致混凝土的膨胀，因此在一些工程中需要控制其含量
硅酸二钙	通常占水泥的 20%～25%	参与水泥水化反应，对强度的贡献较大，尤其在后期阶段。提高混凝土的耐久性，改善其抗化学腐蚀性
硅酸三钙	通常占水泥的 50%～60%	是水泥中最主要的胶凝体形成成分，对早期和中期强度的发展有显著影响
铁铝酸四钙	较低，通常占水泥的 10%～15%	对水泥的颜色和外观有一定影响。在一些情况下，可能对混凝土的性能产生细微的影响。水化速度：铝酸三钙＞硅酸三钙＞铁铝酸四钙＞硅酸二钙

熟料矿物中含有杂质，使三钙化物和二钙化物的水化性能有变化，且几种矿物同时开始水化，存在相互影响。了解硅酸盐水泥的主要成分以及各成分的含量和作用，有助于合理选择水泥类型，并在建筑工程中实现期望的性能和耐久性。普通硅酸盐水泥在应用方面与硅酸盐水泥基本相同，甚至有一些硅酸盐水泥不能应用的地方普通硅酸盐水泥可以用，这使得普通硅酸盐水泥成为建筑行业应用面最广、使用量最大的水泥品种。

4.2　水泥水化测试及分析

水泥水化作为混凝土形成的关键过程，不仅仅决定了混凝土的基本性质，更直接影响了建筑物的安全、稳定和耐久性。深入测试并理解水泥水化对于设计和施工工程师以及混凝土材料研究者而言至关重要，这有助于优化混凝土的性能，提高建筑工程的质量和可靠性。

4.2.1　等温量热测试原理

等温量热测试是一种用于测定混凝土在固化过程中放热情况的试验方法。通过这种测试可以了解混凝土的水化反应速率、水化热释放量以及混凝土的强度发展情况。在进行混凝土等温量热测试时，通常会将混凝土样品放置在一个恒定温度的环境中，并通过测量混凝土样品的温度变化来确定混凝土中水化反应释放的热量。这样可以得到混凝土的水化反应速率曲线和水化热释放曲线，从而分析混凝土的硬化过程和强度发展情况。混凝土等温量热测试可以帮助工程师和设计师更好地了解混凝土的性能特点，指导混凝土的配合比设计和施工过程，确保混凝土结构的质量和耐久性。

量热计是一种专门用于等温量热测试中测量化学反应或物质状态变化中释放或吸收的热量的仪器（图 4-2），其基本结构的主要组成部分如表 4-2 所示。

量热计基本结构的主要组成部分　　表 4-2

组成部分	作用
反应室	这是一个密闭的容器,用于容纳发生热反应的物质,在水泥水化温度试验中,就是用来放置水泥浆体样品的地方
绝热外壳	用于隔绝反应室内的热量交换,确保测量结果仅来自反应本身,而不受外部环境影响
温度计和压力计	用于监测反应室内的温度和压力变化,这些数据对于计算热量变化至关重要
搅拌器	有助于保持反应室内的温度和物质浓度均匀,以确保反应的均匀性
热量传感器	用于实时测量反应中释放或吸收的热量,将其转化为电信号

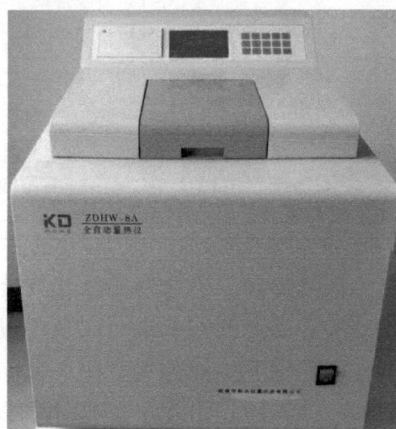

图 4-2　八通道等温量热计

量热计的测量原理是基于热量守恒定律，即在一个封闭系统中，系统与周围环境之间的热量交换总量等于系统内部吸收或释放的热量。共分为以下四种状态，如表 4-3 所示。

量热计测量原理的四种状态　　表 4-3

状态名称	状态描述
初始状态	在反应开始前,将反应室中的样品与环境达到热平衡,记录初始温度
反应进行	当反应开始后,反应室内的温度和压力会发生变化,这些变化被温度计、压力计和热量传感器实时监测和记录
热量计算	通过测量温度变化和实时热量传感器的数据,可以计算出反应中吸收或释放的热量
终态	当反应达到平衡状态或完成后,记录最终状态下的温度

通过量热计测量原理的四种状态，可以生成反应过程中热量的变化曲线，即热量—时间曲线（图 4-3），在水泥水化中，这种曲线被用于分析水泥的水化过程，确定不同阶段的水化速率，以及识别水泥的特性和性能。

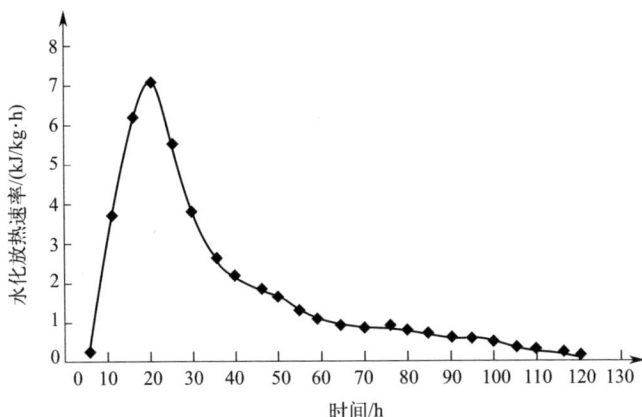

图 4-3　等温量热测试生成反应过程中热量的变化曲线

4.2.2　硅酸盐水泥水化放热速率曲线分析

硅酸盐水泥水化放热速率曲线描述了水泥水化过程中放热行为的过程（图 4-4）。这一曲线通常通过测量水泥浆料中产生的放热功率或温度变化来绘制。表 4-4 介绍了硅酸盐水泥水化放热速率曲线的一般特点。

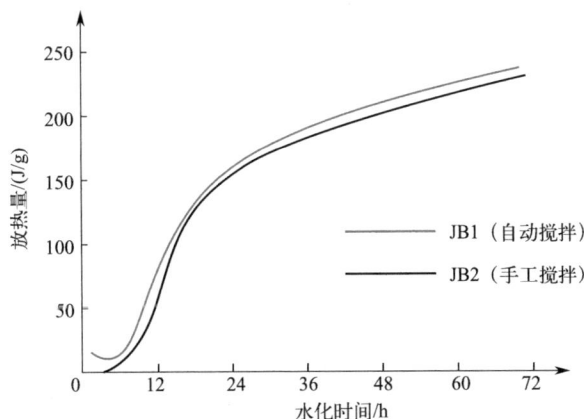

图 4-4　硅酸盐水泥水化放热速率曲线

硅酸盐水泥水化放热速率曲线的一般特点　　　　　　　　　　　　　　　　表 4-4

阶段	特点
溶解阶段	初始阶段水泥与水混合,硅酸盐矿物开始溶解,产生的放热速率迅速升高; 放热速率曲线呈现出急剧上升的趋势,代表溶解阶段的快速反应
凝聚阶段	随着硅酸盐凝胶和其他胶体的形成,放热速率逐渐减缓,但仍处于相对较高的水平; 放热速率曲线逐渐趋于平稳,代表凝聚阶段的渐进反应
水化初期	在硅酸盐凝胶形成的同时,水化初期的其他反应(如钙水石的生成)逐渐加入,使得放热速率再次上升; 曲线呈现出一个小的峰值,表示水化初期的加速反应
水化后期	后期水泥水化反应的次生水化阶段,如堇青石和水石的生成,使得放热速率再次下降; 曲线逐渐趋于平稳,代表混凝土的进一步硬化
总体趋势	放热速率曲线呈现出明显的三个阶段,分别对应溶解阶段、凝聚阶段和水化后期

曲线的总体趋势反映了水泥水化过程中的不同反应阶段及其对放热速率的影响。这些特点描绘了硅酸盐水泥水化过程中放热速率曲线的一般轮廓。该曲线的分析有助于理解水泥水化的动力学特性，为混凝土设计和施工提供重要信息。

4.3 硅酸盐水泥的水化过程

4.3.1 硅酸盐水泥水化的基本步骤

硅酸盐水泥水化是水泥中各组分和水之间发生的化学过程。水化具有物理和机械作用，影响水泥材料的工程性能，即新拌浆体的流变性能、凝结和硬化、徐变、水化放热、微观结构和耐久性等。水泥水化过程可分为四个主要阶段：初始反应期（第一阶段）、潜伏期（第二阶段）、凝结期（第三阶段）和硬化期（第四阶段）。每个阶段都具有独特的反应特点和时间范围，如图 4-5 所示。

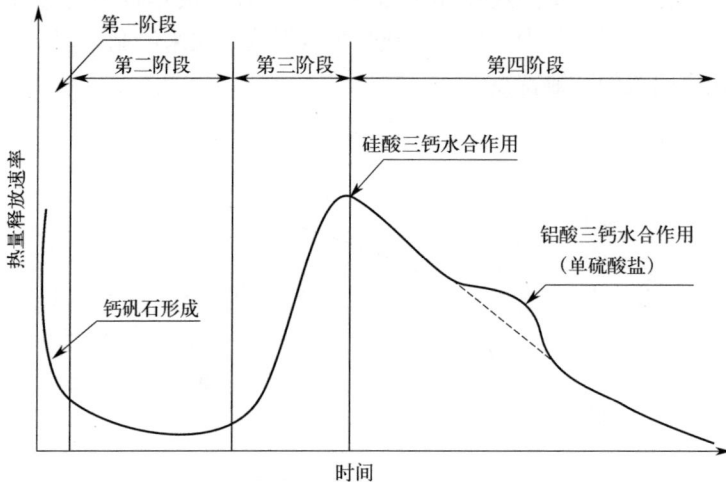

图 4-5 硅酸盐水泥水化过程图

1. 初始反应期

暴露在水泥颗粒表面的铝酸三钙表现最为活跃，遇水立即发生反应，与溶于水的石膏反应生成钙矾石即三硫型 C-A-S-H 凝胶晶体析出，是导致水泥水化第一放热高峰的主要原因，因此这个阶段也可称之为钙矾石形成期；在石膏掺量极少的情况下，钙矾石会转化为单硫型 C-A-S-H 凝胶。硅酸三钙也很快开始水化，硅酸三钙水化生成的 C-S-H 凝胶和氢氧化钙晶体附着在水泥颗粒表面阻止了水泥颗粒与水的接触，水泥水化进入潜伏期。初始反应期大约经过 10min，约有 1% 的水泥发生水化。

2. 潜伏期

由于水化产物的生成阻止了水泥颗粒与水的接触，因此这一阶段水化产物增加不多，水泥浆体仍保持塑性。根据水化放热过程的测量结果得知，水泥水化开始 6h 后结束潜伏期，水泥水化开始加速进行；在此期间形成的水化产物刚开始成核生长并相互搭接，使塑性浆体逐渐失去流动性。

3. 凝结期

在潜伏期，由于水缓慢穿透水泥颗粒表面包裹膜与矿物成分发生水化反应，而水化生成物穿透膜层的速度小于水分渗入膜层的速度，形成渗透压，导致水泥颗粒表面膜层破裂，使暴露出来的矿物进一步水化，结束了潜伏期，进入凝结期，即水泥水化剧烈进行阶段。有文献对凝结期的描述为：水泥水化开始后 6h 到 1d 是水泥水化反应剧烈进行的阶段，水化产物迅速增加，硬化浆体结构基本形成。水泥在凝结期硅酸三钙开始迅速水化，大量放热形成第二放热高峰，因此这个阶段也可称之为硅酸三钙水化期。硅酸三钙水化生成的大量水化产物填充在水泥颗粒间的孔隙，水的消耗与水化产物的填充使水泥浆逐渐变稠失去可塑性而凝结。

4. 硬化期

进入硬化期后，水泥水化反应继续进行，使结构更加密实，但水化速度逐渐下降，一般认为以后的水化反应是以固相反应的形式进行。在适当的温、湿度条件下，水泥的水化过程可持续若干年。在第二放热高峰上出现一个峰肩，有时会是第三个放热高峰，一般认为是由于钙矾石转化成单硫型水化硫铝（铁）酸钙而引起的。

总体而言，硅酸盐水泥的水化过程是一个连续的、动态的过程，涉及多个矿物质的反应和胶凝体的形成。深入了解水化步骤有助于理解水泥对混凝土性能的影响，从而更好地应用于建筑和基础设施工程中。

4.3.2　影响硅酸盐水泥水化的主要因素

硅酸盐水泥水化过程是硅酸盐水泥逐渐凝结硬化的过程，是由表及里，由快到慢的过程。

影响水泥水化的因素有水泥熟料矿物的组成、水泥细度、石膏掺量、水胶比、温湿度、养护龄期以及所掺外加剂等（图 4-6），而水泥的水化过程直接影响硬化后的水泥浆体结构，进而影响水泥浆体的宏观力学性能、渗透性和耐久性等。

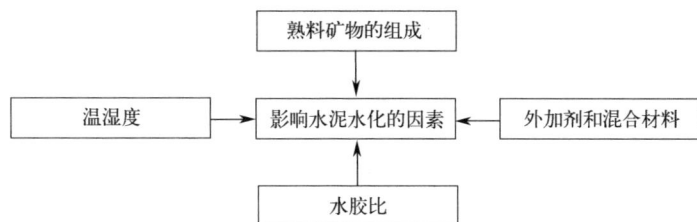

图 4-6　影响水泥水化的主要因素

水泥水化速率受水泥中各个组分的水化速率的影响。硅酸三钙和铝酸三钙控制着水泥的水化速率。各相的化学和矿物组成、水化环境同样影响水泥的水化速率。粉体结构影响水泥的水化速率。外加剂可大幅度改变水泥的水化途径和速率。在深入了解水泥水化的各个影响因素后，我们明白了这个复杂过程的敏感性和多面性。水泥水化不仅关系到混凝土的基本性能，也受到多方面因素的影响。在实际应用中，我们需精心考虑温度、水胶比、熟料性质等多个要素。

通过优化这些因素,我们可以更好地掌握水泥水化过程,从而确保混凝土在施工和使用中达到最佳性能。这个理解对于建筑工程的质量和耐久性至关重要。未来,随着技术的不断发展,对水泥水化影响因素的深入认知将为建筑材料和工程技术的不断创新提供更多可能。

4.4 硅酸盐水泥水化的阶段及其特征

4.4.1 早期龄期与水泥水化初期

水泥的水化过程可以简单地概括为水泥中各个矿物相的溶解与水化产物的沉淀过程,即溶解沉淀过程。这其中包含着一系列化学物理变化,主要有硅相和铝相的反应。硅相反应主要包括了硅酸三钙水化生成 C-S-H 凝胶和硅酸二钙水化生成氢氧化钙这两个过程;早期水化中铝相反应则包括硫酸盐和铝酸三钙的溶解以及 AFt 的沉淀过程。当我们深入研究硅酸盐水泥的早期龄期和水泥水化的初期,我们可以进一步详细描述各个阶段的化学过程和特征。

1. 硅酸盐水泥早期龄期

(1)溶解阶段

离子释放:三钙硅酸盐和双钙硅酸盐是硅酸盐水泥的主要组分。它们在水中溶解释放出钙离子(Ca^{2+})和硅酸根离子(SiO_4^{2-})。

(2)凝聚阶段

水化反应:溶解产物中的硅酸根离子与水中的钙离子发生反应,形成硅酸盐凝胶。这是早期强度发展的初步阶段。

钙水石形成:部分水化产物也包括钙水石。这是水泥水化反应中的一个副产物,但对早期强度发展有一定贡献。

(3)早期强度发展

初步胶结:通过凝胶的形成,水泥颗粒开始胶结在一起,形成初步的硬化结构,导致混凝土的早期强度发展。

钙水石贡献:随着钙水石的形成,其晶体结构也对早期强度提供了一些贡献。

2. 水泥水化初期

(1)凝胶形成

硅酸盐凝胶:在水泥水化初期,硅酸盐凝胶是主要的水化产物。这种凝胶是无定形的,通过胶结水泥颗粒,初步形成水泥石结构。

钙水石转变:部分硅酸盐凝胶会逐渐转变为钙水石,这是一种更稳定的晶体结构。

(2)钙矾石生成

水化产物演变:随着水化反应的继续,硅酸盐凝胶和其他水化产物逐渐转化为稳定的晶体,如钙矾石。这一过程对水泥的强度发展有重要影响。

(3)硬化开始

浆料状态变化:在水泥水化初期,水泥浆料逐渐从液体状态变为半固体状态,表示为硬化的开始。

初步强度：水泥石的形成和硬化过程使混凝土产生初步的强度，使其适合特定的工程用途。

（4）水泥石的形成

水泥石结构：在水泥水化初期，水泥石的形成是整个水泥水化反应的关键。水泥石的结构稳定性直接影响混凝土的最终性能。

上述内容详细描述了硅酸盐水泥早期龄期和水泥水化初期的化学和物理过程，这些过程的深入理解对于设计优化的混凝土配方以及预测混凝土性能具有重要意义。

4.4.2　后期水泥水化及其影响

后期水泥水化是水泥混凝土发展的阶段，它主要指水泥水化反应在较长时间内（数周至数月）继续进行的过程。在这个阶段，水泥混凝土的强度和耐久性将进一步提高，同时一些次生水化产物可能会形成，将对混凝土的性能产生影响。

（1）次生水化反应

在后期水泥水化中，氢氧化铝凝胶的形成主要由硅酸盐水泥中的铝矾土矿物质引起。这种凝胶能够填充混凝土微观孔隙，提高混凝土的密实性和抗渗透性。硅酸盐凝胶继续转变为稳定的晶体结构，如堇青石和水石；这些产物具有更高的强度和耐久性。

（2）后期强度发展

后期水泥水化的强度发展是一个持续的过程，通常在数周至数月内进行。这个阶段的强度提高可能会使混凝土更适用于需要更高强度的工程。后期水泥水化反应有助于提高混凝土的抗压强度，增强混凝土的结构性能。

（3）耐久性提高

后期水泥水化有助于填充混凝土内部孔隙，降低渗透性，提高抗渗透性能。次生水化产物的形成提高了混凝土的化学稳定性，减缓了水泥石的溶解速度，降低了混凝土对化学侵蚀的敏感性。

（4）微观结构发展

后期水泥水化导致硅酸盐凝胶等水化产物逐渐晶化，形成更加稳定的晶体结构，增加混凝土的硬度和耐久性。次生凝胶的形成改善了凝胶的连通性，有助于形成一个更为均匀的硬化水泥石结构。

（5）热量释放

后期水泥水化仍然会释放热量，但相对于早期水化，这一过程的热量释放相对较小。这对大体积混凝土结构的热裂缝控制至关重要。

（6）防止龄期退化

后期水泥水化有助于防止混凝土龄期退化，即混凝土在时间推移中失去强度和耐久性的情况。

了解后期水泥水化的细节对于设计和施工阶段的优化非常重要，以确保混凝土结构在长期使用中保持优异的性能。深入了解这个阶段的水化过程和次生水化反应有助于工程师更好地预测混凝土的性能，制定合适的施工和维护策略。

4.4.3 水泥水化阶段的反应特点总结

水泥水化是一个复杂的过程，涉及多个阶段和反应。表4-5是水泥水化阶段的反应特点的总结。

水泥水化阶段的反应特点 表 4-5

阶段		特点
初始阶段	溶解阶段	水泥中的硅酸盐矿物质(如三钙硅酸盐、双钙硅酸盐)溶解，释放出水溶性的离子。钙离子(Ca^{2+})和硅酸根离子(SiO_4^{2-})是主要的溶解产物
	凝聚阶段	溶解产物发生化学反应，形成初步的凝胶和胶体，硅酸盐凝胶的形成是早期强度发展的初步阶段之一
	早期强度发展阶段	凝胶和胶体负责水泥的初步强度发展，水泥浆料从液体状态逐渐过渡到半固体状态，形成初步硬化结构
水泥水化初期	凝胶形成阶段	硅酸盐凝胶是主要的水化产物，起初是无定形的，硅酸盐凝胶胶结水泥颗粒，初步形成水泥石结构
	钙矾石生成阶段	钙矾石是水泥水化的副产物，有助于初期强度发展，钙矾石的形成对水泥石的强度提供一定贡献
	硬化开始阶段	水泥浆料逐渐从液体状态变为半固体状态，初步强度发展与水泥石的形成密切相关
	水泥石的形成阶段	水泥石结构对混凝土的最终性能产生深远影响
水泥水化后期	次生水化反应阶段	董青石和水石的形成进一步提高混凝土的强度和耐久性，氢氧化铝凝胶的生成有助于填充混凝土孔隙，提高密实性
	后期强度发展阶段	后期水泥水化的强度发展是时间依赖的，混凝土的抗压强度逐渐增加，结构性能得到进一步改善
	耐久性提高阶段	次生水化产物的形成提高了混凝土的抗渗透性，化学稳定性提高，降低混凝土对化学侵蚀的敏感性
	微观结构发展阶段	晶体结构进一步发展，水泥石更加坚固，次生凝胶的形成改善了凝胶的连通性
	防止龄期退化阶段	后期水泥水化有助于防止混凝土龄期退化，提高混凝土在长期使用中的稳定性
总体特点	时间依赖性	水泥水化是一个时间依赖的过程，强度和性能随着时间的推移逐渐提高
	综合影响	水泥水化的各个阶段综合影响混凝土的强度、耐久性、抗渗透性和化学稳定性

深入理解这些水泥水化阶段的反应特点对于优化混凝土设计和施工过程、预测混凝土性能以及制定维护策略都至关重要。在总体上，硅酸盐水泥水化过程的显著特点包括早期强度的迅速发展、凝胶和胶体的形成，以及后期次生水化反应的参与。这一系列反应共同塑造了水泥石的微观结构，为混凝土的力学性能和耐久性提供了坚实的基础。深入理解硅酸盐水泥水化的这些独特特征对于优化混凝土设计和确保工程质量至关重要。

4.5 案例库

北京第一高楼中信大厦底板大体积混凝土水化放热。

中信大厦, 耸立于北京市朝阳区 CBD 核心区, 是一座标志性的高层建筑 (图 4-7)。其底板混凝土强度等级为 C50, 抗渗等级为 P12, 是一项工程难度颇高的建筑。本节将围绕中信大厦的混凝土水化放热过程展开详细地案例分析, 深入探讨混凝土内部温度的管理和水化放热措施。

图 4-7 北京第一高楼中信大厦

1. 工程概况

中信大厦的底板施工总面积达 1.1 万 m^2, 基础形式采用桩筏基础。塔楼底板厚度达 6.5m, 而纯地下室部分底板厚度则为 2.5m, 两者之间的过渡区底板厚度为 4.5m。底板混凝土一次浇筑的最大体量约为 5.6 万 m^3。这庞大的混凝土结构在施工中面临着水化放热所带来的温度升高问题。

2. 水化放热过程

中信大厦的底板采用 C50 强度等级的混凝土, 这意味着水泥的水化放热较为显著。施工现场测试显示, 混凝土内部的最高温度达到 72.8℃, 而在浇筑 60d 后, 混凝土内部中心温度仍在 55℃左右, 由此可见水化放热过程长时间且具有持续性。

3. 温度管理的挑战

混凝土在水化过程中的温度升高可能导致一系列问题, 尤其是对于大体积混凝土结构, 如中信大厦的底板。温度过高可能引发裂缝产生, 减弱混凝土的力学性能, 甚至影响整个建筑的结构安全。因此, 科学有效地温度管理成为中信大厦工程建设中的难题。

4. 水化放热的控制措施

(1) 混凝土配方优化

中信大厦的设计阶段就对混凝土的水化放热特性进行了精心考虑。通过调整水泥的种类和混合掺合材料的比例, 可以有效降低水化放热速率, 减缓温度的上升。

(2) 分段浇筑

针对巨大的底板, 采用分段浇筑的策略, 有助于减缓水化反应的速度, 避免一次性大量浇筑导致放热过快, 从而控制混凝土温度。

(3) 温度监测

实施了系统的温度监测措施, 及时获取混凝土内部的温度数据。中信大厦工程在浇筑后的 60d 内，深入监测混凝土内部温度，确保温度过高时及时采取措施。

通过水化放热控制措施的实施，中信大厦的底板混凝土在浇筑 60d 后，内部中心温度控制在 55℃左右，成功应对了水化放热过程带来的挑战。这为未来类似工程提供了宝贵的经验，也为大体积混凝土结构的施工提供了参考。未来，随着建筑工程的不断发展，对于水化放热的研究和管理将持续深入，为高层建筑的安全可靠性提供更为科学的保障。

第5章　水泥基材料水化动力学

5.1　水泥水化动力学原理

5.1.1　水泥水化动力学理论基础

在现代混凝土工程中，胶凝材料的选择和组成对于混凝土的性能至关重要。除了硅酸盐水泥外，胶凝材料中还包括多种矿物掺合料和化学外加剂，这些组分的添加能够调节混凝土的性能，从而使其具备不同的特性。然而，由于各种组分之间的水化活性存在差异，使得胶凝材料的水化过程和反应机理变得极为复杂，这些水化反应直接影响胶凝材料的水化放热量和放热速率，进而影响着硬化胶凝材料浆体的微观结构和混凝土的各种力学性能。除了影响混凝土的强度和耐久性外，这些因素还会对混凝土的抗裂性能、收缩性能以及化学稳定性等方面产生重要影响。因此，为了全面了解混凝土中复合胶凝材料的水化硬化机理，需要对其水化反应的过程以及反应速率进行详细研究和分析。

水化动力学是以动态的观点研究化学反应，分析化学反应过程中的内因（反应物的状态、结构）和外因（催化剂）对于反应速率和反应方向的影响，从而揭示化学反应的宏观和微观机理。在相同条件下水泥的水化产物与单个组成矿物的水化产物在化学和物理性质上相当接近，进一步推广到水泥熟料矿物的独立水化假设：相同条件下，水泥的水化反应是各种熟料组分单独反应的综合反应；根据水泥的矿物组成，可在一定基础上描述各种水泥的水化特征。但是复合胶凝材料中的矿物掺合料的水化反应需要硅酸盐水泥水化提供碱性环境，是多相多级、相互关联的复杂反应，其水化动力学过程极为复杂，各组分独立水化的假设不成立。

水泥基材料的水化反应有 3 个基本阶段：结晶成核与晶体生长（NG）、相边界反应（I）和扩散（D），3 个阶段可同时发生，但是水化过程的整体发展取决于其中最慢的一个反应阶段。基于 Krstulovic-Dabic 模型，本章根据等温水化放热测定结果，提出了确定复合胶凝材料的水化反应机理，获得相应的动力学参数的一般方法。

5.1.2　化学反应动力学原理

化学反应动力学是研究化学反应过程的速率和反应机理的物理化学分支学科，它的研究对象是物质性质随时间变化的非平衡的动态体系。时间是化学反应动力学的一个重要变量。

化学反应动力学的研究方法主要有两种：一种是唯象动力学研究方法，也称经典化学反应动力学研究方法，它是从化学反应动力学的原始实验数据——浓度与时间的关系出发，经过分析获得某些反应动力学参数——反应速率常数、活化能、指前因子等。用这些参数可以表征化学反应体系的速率，化学反应动力学参数是探讨反应机理的有效依据。化学反应动力学是以动态的观点，研究化学反应过程，从而揭示化学反应过程的宏观和微观机理的一门科学。定温条件下均相反应的动力学方程如式(5-1) 所示：

$$\mathrm{d}c/\mathrm{d}t = k(T) \cdot f(c) \tag{5-1}$$

式中：c——浓度；

$\quad T$——热力学温度；

$\ k(T)$——反应速率常数；

$\ f(c)$——反应机理函数。

到 19 世纪末，热分析法在上述基础上开始来研究不定温条件下非均相反应，浓度 c 在非均相体系中不再适用，因而用（反应物向产物）转化度 α 来表示。反应速率常数可用 Arrhenius 定理 $k(T) = Ae^{-\frac{E_a}{RT}} f(\alpha)$ 确定，从而得到非均相体系中的等温动力学方程，如式(5-2) 所示：

$$\mathrm{d}\alpha/\mathrm{d}t = k(T) \cdot f(\alpha) = Ae^{-\frac{E_a}{RT}} f(\alpha) \tag{5-2}$$

式中：A——指前因子；

$\quad E_a$——表观活化能（kJ/mol）；

$\quad R$——Avogadro 常数；

$\quad T$——热力学温度；

$\ f(\alpha)$——反应机理函数；

$\quad t$——反应时间。

针对常用的等速升温法（即非定温条件中的简单情况），可令 $\beta = \mathrm{d}T/\mathrm{d}t$，从而得到非均相体系中的非等温动力学方程，如式(5-3) 所示：

$$\mathrm{d}\alpha/\mathrm{d}t = k(T) \cdot f(\alpha) = \frac{A}{\beta} e^{-\frac{E_a}{RT}} f(\alpha) \tag{5-3}$$

化学反应动力学研究的目的就是通过求出上述方程中的动力学参数，表征和模拟反应过程，探求反应机理。

5.2　水泥基材料的水化动力学模型与动力学分析

5.2.1　水泥基材料的等温水化放热曲线

水泥水化过程中放出的热量称为水泥水化热。在冬期施工中，水化热有助于混凝土的保温。但在大体积混凝土结构中，由于混凝土的导热能力很低，水泥发出的热量聚集在结构物内部长期不易散失。因此，往往在大体积混凝土中形成巨大的温差和温度应力，易引起温度裂缝，给工程带来不同程度的危害，应予以特别重视。

目前水泥基材料水化反应动力学研究最常用的试验方法是测定水泥基材料的等温水化放热曲线。根据水化放热特性，水泥基材料的水化过程一般可以划分为 5 个阶段

（图 5-1）：快速反应期，这一阶段通常在水化反应初期出现，对应着放热速率曲线上的第一个放热峰，代表着水泥基材料中水化反应的初步启动和快速进行；诱导期，也称为静止期，此阶段水化反应相对不活跃，放热速率较低，主要由于水泥颗粒表面的水化产物层限制了进一步的反应；加速期和减速期，这两个阶段构成了放热速率曲线上的第二个放热峰，在加速期，水化反应进入活跃阶段，放热速率显著增加，反应程度加剧，而在减速期，放热速率逐渐减缓，反应进程趋于稳定；衰退（结束）期，放热速率逐渐趋近于 0，水化反应接近尾声，水泥基材料的水化过程基本结束。

这些阶段的出现和演变和多种因素有关，包括水泥矿物组成、水泥细度、水胶比、温度、矿物掺合料和外加剂等。这些因素在不同阶段对水化反应的速率和持续时间产生不同程度的影响，进而影响水泥基材料的水化特性和最终性能。通过深入理解每个阶段的特性和相关因素的作用机制，可以更好地理解水泥基材料的水化动力学放热规律。

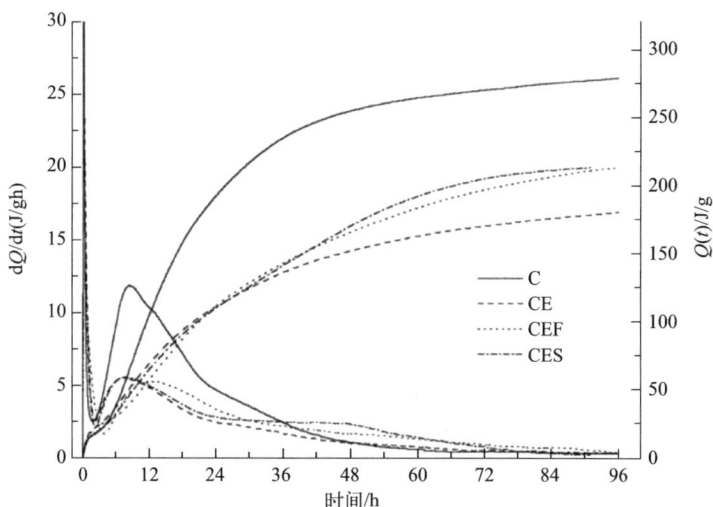

图 5-1　水泥基材料的水化放热速率与放热量

注：C 代表硅酸盐水泥，CE 代表掺 8％膨胀剂的硅酸盐水泥，CEF 代表掺 8％膨胀剂的粉煤灰硅酸盐水泥，CES 代表掺 8％膨胀剂的矿渣硅酸盐水泥。

由于诱导期结束之前的放热量（即放热速率曲线下第一放热峰所涵盖的面积）一般仅占总放热量的 5％左右，相对于整个水化过程可以忽略。在实际工程中，混凝土拌合与浇筑之间的时间间隔往往在 0.5h 以上，其中的水泥基材料的水化已进入诱导期。第一放热峰的影响可隐含在混凝土初始浇筑温度之中，在研究中通常忽略第一放热峰的影响，即从诱导期结束开始讨论。

5.2.2　水泥基材料水化动力学方程

水泥基材料水化反应的 Krstulovic-Dabic 模型中，表述水化程度与反应时间之间关系的动力学方程可写为：

（1）结晶成核与晶体生长方程，用字母 NG 表示，如式（5-4）所示：

$$[-\ln(1-\alpha)]^{1/n} = K_1(t-t_0) = K_1'(t-t_0) \tag{5-4}$$

（2）相边界反应方程，用字母 I 表示，如式(5-5) 所示：

$$[1-(1-\alpha)^{1/3}]^1=K_2r^{-1}(t-t_0)=K_2'(t-t_0) \tag{5-5}$$

（3）扩散方程，用字母 D 表示，如式(5-6) 所示：

$$[1-(1-\alpha)^{1/3}]^2=K_3r^{-2}(t-t_0)=K_3'(t-t_0) \tag{5-6}$$

对式(5-4)～式(5-6)微分，可得到动力学方程式(5-7)～式(5-9)，分别表示 NG，I 和 D 过程的水化速率：

（4）NG 过程微分式，如式(5-7) 所示：

$$d\alpha/dt=F_1(\alpha)=K_1'n(1-\alpha)[-\ln(1-\alpha)]^{(n-1)/n} \tag{5-7}$$

（5）I 过程微分式，如式(5-8) 所示：

$$d\alpha/dt=F_2(\alpha)=K_2' \cdot 3(1-\alpha)^{2/3} \tag{5-8}$$

（6）D 过程微分式，如式(5-9) 所示：

$$d\alpha/dt=F_3(\alpha)=K_3' \cdot 3(1-\alpha)^{2/3}/[2-2(1-\alpha)^{1/3}] \tag{5-9}$$

式中：　　　　　　　　　α——水化度；

$K_1(K_1'),K_2(K_2'),K_3(K_3')$——3 个水化反应过程的反应速率常数；

t_0——诱导期结束的时间；

n——反应级数；

r——参与反应的颗粒直径。

5.2.3　水泥水化过程的动力学分析

用等温量热法可以得到水泥基材料的水化放热速率 dQ/dt 和水化放热量 Q 与时间 t 的关系（图 5-1），并可根据式(5-10) 和式(5-11)，将水化热数据转化为动力学模型需要的水化度 α 和水化速率 $d\alpha/dt$。

$$\alpha(t)=Q(t)/Q_{max} \tag{5-10}$$

$$d\alpha/dt=dQ/dt \cdot \frac{1}{Q_{max}} \tag{5-11}$$

$$\frac{1}{Q}=\frac{1}{Q_{max}}+\frac{t_{50}}{Q_{max}(t-t_0)} \tag{5-12}$$

式中：Q_{max}——∞龄期时胶凝材料的水化放热量；

t_0——诱导期结束时间；

t_{50}——放热量达到最大值 Q_{max} 的 50％的时间。

用 TONI 等温量热仪测量了不同组成的水泥基材料的水化放热曲线（图 5-2）。TONI 等温量热仪附带的软件可直接确定 Q_{max}，也可由 Knudsen 外推方程，式(5-12) 确定。经比较两种方法所得 Q_{max} 几乎没有差别。由于固定水胶比并没有外部水分补充，放热量测时胶凝材料不可能全部水化，所以所得 Q_{max} 为试验过程中所能水化的胶凝材料部分放出的热量，而不是理论放热量。实际工程中，混凝土内的胶凝材料也不可能全部水化，这样处理是与实际条件相符的。

把由量热试验数据计算得到的水化度 α 代入式(5-4)，绘出 $\ln[-\ln(1-\alpha)]-\ln(t-t_0)$ 双对数曲线，然后通过线性拟合可得到 NG 过程的动力学参数 n 和 K_1'（图 5-3）。同理，利用式(5-5)和式(5-6)进行线性拟合，可得到 K_2' 和 K_3'，把得到的动力学参数代入式

(5-7)~式(5-9)，分别得到表征 NG、I 和 D 过程的反应速率 $F_1(\alpha)$、$F_2(\alpha)$ 和 $F_3(\alpha)$ 与反应度 α 之间的动力学关系曲线。将 $F_1(\alpha)$、$F_2(\alpha)$、$F_3(\alpha)$、$d\alpha/dt$ 与 α 的关系绘图，如图 5-4 和图 5-5 所示。图 5-4、图 5-5 为两个不同特征的水泥基材料的水化过程。

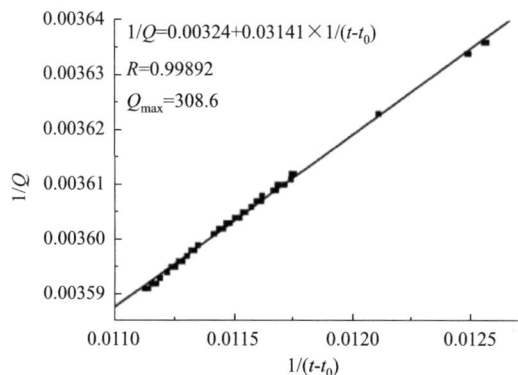

图 5-2　不同组成的水泥基材料的水化放热曲线

$1/Q = 0.00324 + 0.03141 \times 1/(t-t_0)$
$R = 0.99892$
$Q_{max} = 308.6$

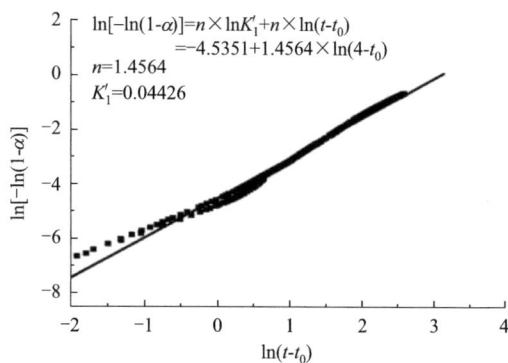

图 5-3　NG 动力学参数

$\ln[-\ln(1-\alpha)] = n \times \ln K_1' + n \times \ln(t-t_0)$
$\quad = -4.5351 + 1.4564 \times \ln(4-t_0)$
$n = 1.4564$
$K_1' = 0.04426$

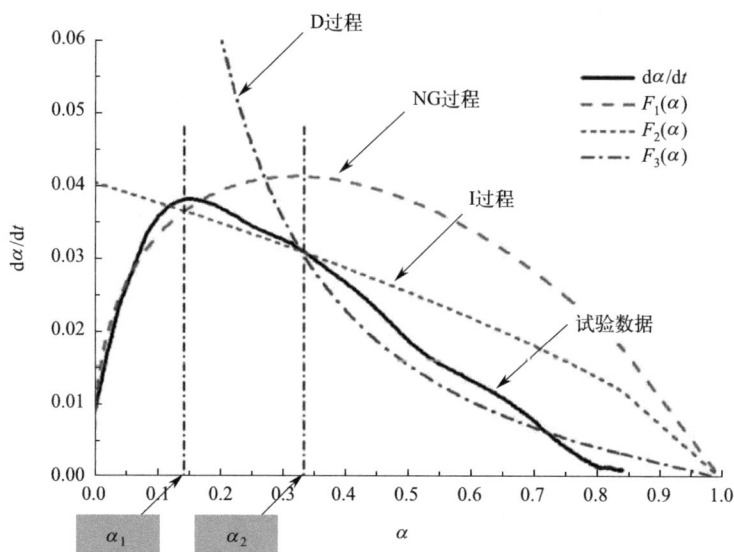

图 5-4　具有 NG-I-D 的水化反应的速率曲线

由图 5-4 和图 5-5 可见，曲线 $F_1(\alpha)$、$F_2(\alpha)$ 和 $F_3(\alpha)$ 能较好地分段模拟由量热试验得到的水泥基材料实际水化速率 $d\alpha/dt$ 曲线。这说明水泥基材料的水化反应不是单一的反应过程，而是具有多种反应机制的复杂过程。在不同的反应阶段，其控制因素有所不同。在水化初期，水分供应比较充足，水化产物较少时，结晶成核与晶体生长（NG）起主导作用；随着水化时间延长，水化产物越来越多，离子迁移变得困难，水化反应转由相边界反应或扩散控制。水化反应机制的转变可能有两种情况：一种是结晶成核与晶体生长控制过程转变为相边界反应控制过程，然后由相边界反应控制过程转变为扩散控制过程，图 5-4 显示 3 条曲线各有一段与试验曲线吻合较好，是对应时段的主要控制因素，$F_2(\alpha)$ 曲线分别与 $F_1(\alpha)$ 和 $F_3(\alpha)$ 相交，其交点对应的水化度 α_1 表示 NG 到 I 的转变点；α_2

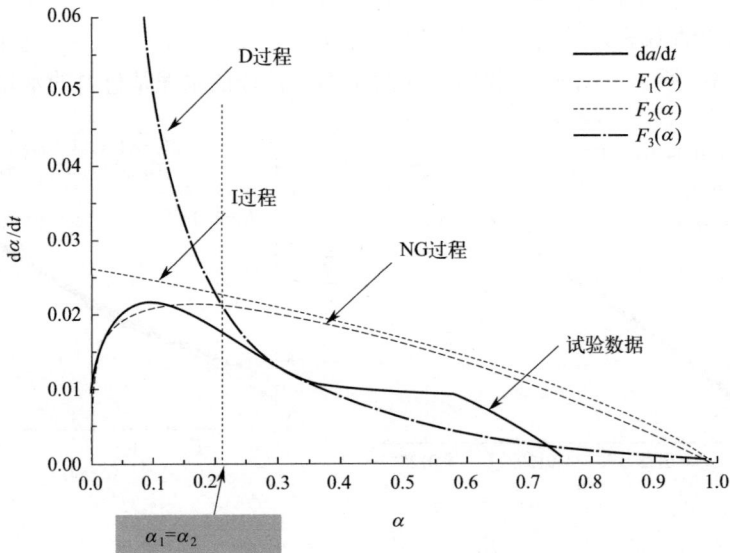

图 5-5　具有 NG-D 的水化反应的速率曲线

表示 I 到 D 的转变点；另一种是反应不经历相边界反应控制过程，直接由成核与晶体生长控制过程转变为扩散控制过程。此时 $F_2(\alpha)$ 曲线在所有时段与试验曲线相差都很大，3 条曲线只有一个交点，$\alpha_1=\alpha_2$ 表示 NG 到 D 的转变点（图 5-5）。第一种情况通常出现在反应比较和缓、持续时间较长的水化过程中，此时水化产物逐渐生成，浆体结构平稳变化，使得水化反应控制机制的转变也比较平稳，例如常温条件下硅酸盐水泥的水化；第二种情况则出现在反应剧烈且持续时间短的水化过程中。在短时间内水化产物大量生成，离子迁移的势垒急剧增大，反应很快进入由扩散控制的阶段，例如高温条件下复合胶凝材料的水化。通过对不同条件下获得的水泥基材料的水化反应动力学曲线进行分析，可深入地探讨各种水泥基材料的水化硬化机理。

在不同温度 T_1 和 T_2 测定水泥基材料的水化放热曲线，假设不同温度下 t_{50} 与 K 成反比，即：

$$\frac{K_1}{K_2}=\frac{t_{50_2}}{t_{50_1}}=\exp\left[\frac{E_a(T_1-T_2)}{RT_1T_2}\right] \tag{5-13}$$

式中，t_{50_1}、t_{50_2} 分别为 T_1、T_2 时水化放热量达到最大值 50% 的时间。

比较不同的水泥基材料的活化能大小，可判断其水化反应进行的难易程度；也可代入混凝土的等效龄期公式，预测其物理力学性能的发展。

5.3　掺氧化镁膨胀剂水泥基材料水化动力学研究实例

混凝土是当前世界上用量最大建筑材料之一。在中国，混凝土行业更是国民经济发展的支柱产业。收缩是混凝土的固有属性，混凝土的收缩往往会产生裂缝，混凝土的收缩裂缝是降低混凝土结构安全和耐久性的关键因素。近年来，随着高层、超高层建筑的发展，大体积混凝土的范围已不局限于大体积的基础厚底板，大体积剪力墙、大体积柱等较为常见。很多厚度不大的剪力墙，因为混凝土强度高、温升大，而混凝土保温保湿措施不到位，加之剪力墙所受约束大，开裂现象也较为普遍。我国著名裂缝专家王铁梦教授研究表明，混凝土结构产生的裂缝中，由于变形引起的占 80% 以上，在大体积混凝土中由于温降收缩而造成的开裂问题尤为常见。

针对大体积混凝土开裂问题，在水泥混凝土中掺加氧化镁膨胀剂和粉煤灰等矿物掺合料是减轻大体积混凝土开裂的有效措施。氧化镁膨胀剂虽然还未列入现行国家标准《混凝土膨胀剂》GB/T 23439 中，但与硫铝酸钙类、氧化钙类传统膨胀剂相比，具有水化需水量少、膨胀性水化产物稳定、能补偿混凝土后期收缩等优势，目前主要应用于水工大体积混凝土中补偿收缩。粉煤灰等矿物掺合料的合理掺加可减小混凝土的水化温升，从而减少大体积混凝土因温度收缩产生的收缩裂缝。目前研究中对氧化镁膨胀剂-粉煤灰-水泥补偿收缩复合胶凝体系的水化过程和水化动力学研究较少，对复合胶凝体系水化程度、微观结构和宏观性能发展之间的联系缺乏科学的认识。

然而，氧化镁膨胀剂和粉煤灰的掺加不可避免地会对水泥基材料性能产生影响，水泥水化过程涉及复杂且相互依赖的机制，这使得研究单个机制及其反应速率变得困难，同时合理的配合比设计需要对水化机理有全面的了解。为了更好地掌握该复合胶凝体系的水化过程和反应机理，有必要开展氧化镁膨胀剂-粉煤灰-水泥补偿收缩复合胶凝体系的水化特性及水化动力学研究。

本节参考相关试验，将理论运用于实际，通过等温量热法，开展该复合胶凝体系水化热性能的试验研究，基于 Krstulovic-Dabic 模型模拟复合胶凝材料的水化过程，分析水化动力学参数，以研究不同影响因素在早期（≤3d）水化过程中的作用机理。水化热试验所用仪器为美国 Calmetrix 公司生产的 I-Cal 8000HPC 八通道等温量热仪，如图 5-6 所示。该量热仪是专门为测量水泥水化热设计的仪器，在 72h 内不间断地测量胶凝材料在水化过程中的放热速率 dQ/dt 以及放热量 Q，试验温度为 20℃ 和 45℃。

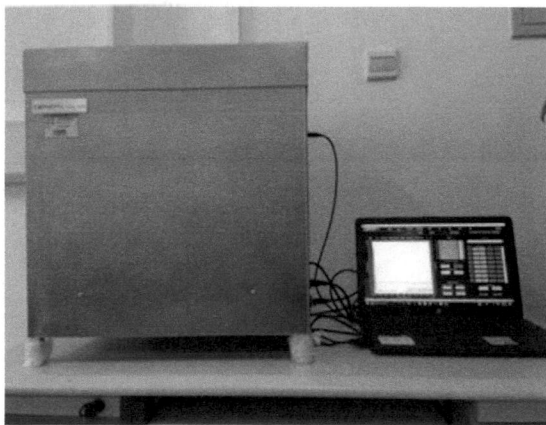

图 5-6　I-Cal 8000HPC 八通道等温量热仪

根据氧化镁活性及掺量、粉煤灰掺量、水化温度、水胶比等影响因素，水化热试验共设计 15 个试验组，各组配合比详如表 5-1 所示。试验时以 50g 胶凝材料为基准，各组分按内掺比例进行计算称量，并混合均匀。按照试验水胶比计算水的用量，将水与胶凝材料手工搅拌均匀。将搅匀后的胶凝材料迅速转移到等温量热仪相应的通道内,开始水化热测试。试验所用搅拌杯如图 5-7 所示。

水化热试验组配合比 表 5-1

序号	编号	水胶比	温度(℃)	粉煤灰掺量(%)	氧化镁 活性	氧化镁 掺量(%)
1	M9-F20-20-0.4			20	M	9
2	F20-20-0.4			20	无	0
3	M6-F40-20-0.4					6
4	M9-F40-20-0.4		20		M	9
5	M12-F40-20-0.4			40		12
6	S9-F40-20-0.4				S	9
7	F40-20-0.4	0.4			无	0
8	M20-F80-25-0.4		25	80	M	20
9	M40-F60-25-0.4			60	M	40
10	M9-F20-45-0.4			20	M	9
11	M9-F40-45-0.4		45		M	9
12	S9-F40-45-0.4			40	S	9
13	F40-45-0.4				无	0
14	M9-F40-20-0.3	0.3	20	40	M	9
15	M9-F40-20-0.5	0.5	20	40	M	9

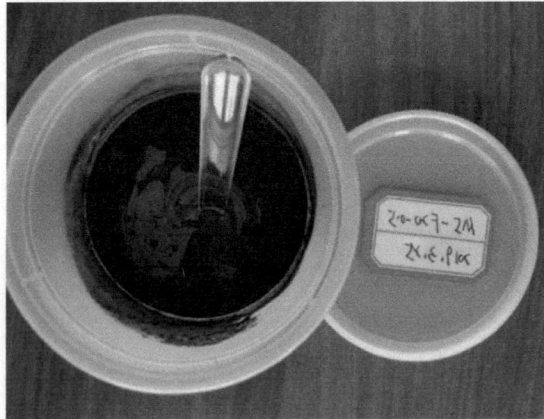

图 5-7　水化热试验所用搅拌杯

图 5-8(a)和(b)分别为等温量热仪测量的不同氧化镁膨胀剂掺量条件下氧化镁膨胀剂-粉煤灰-水泥复合胶凝体系在 20℃时的水化放热速率曲线和水化放热量曲线。

将水化热数据代入式(5-12),通过线性拟合求得最终放热量 Q_{max} 和半衰期 t_{50}[图 5-9(a)],把 Q_{max} 代入式(5-10)和式(5-11),可求得水化程度 α 和实际水化速率 $d\alpha/dt$。把 α 代入式(5-4)、式(5-5)、式(5-6),通过线性拟合可得到 n、K_1'、K_2' 和 K_3'[图 5-9(b)~(d)]。

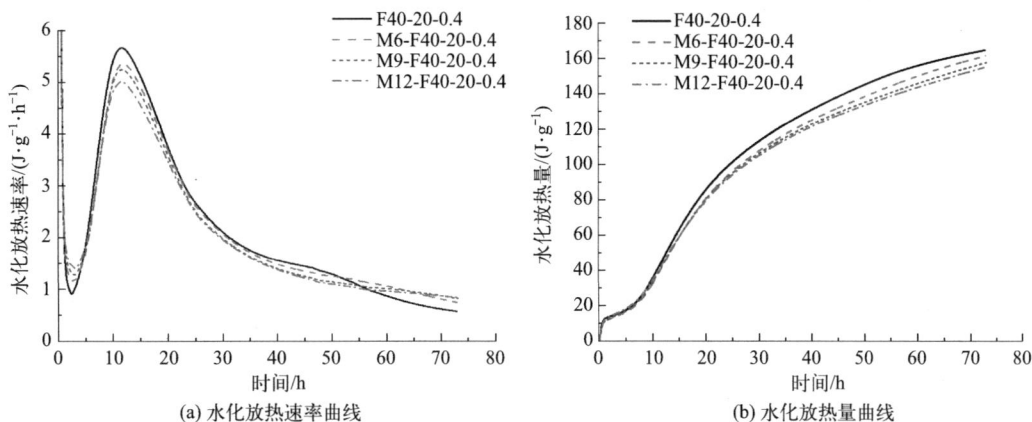

(a) 水化放热速率曲线　　　　　　　　　　(b) 水化放热量曲线

图 5-8　氧化镁膨胀剂-粉煤灰-水泥复合胶凝体系在 20℃时的水化放热特性曲线

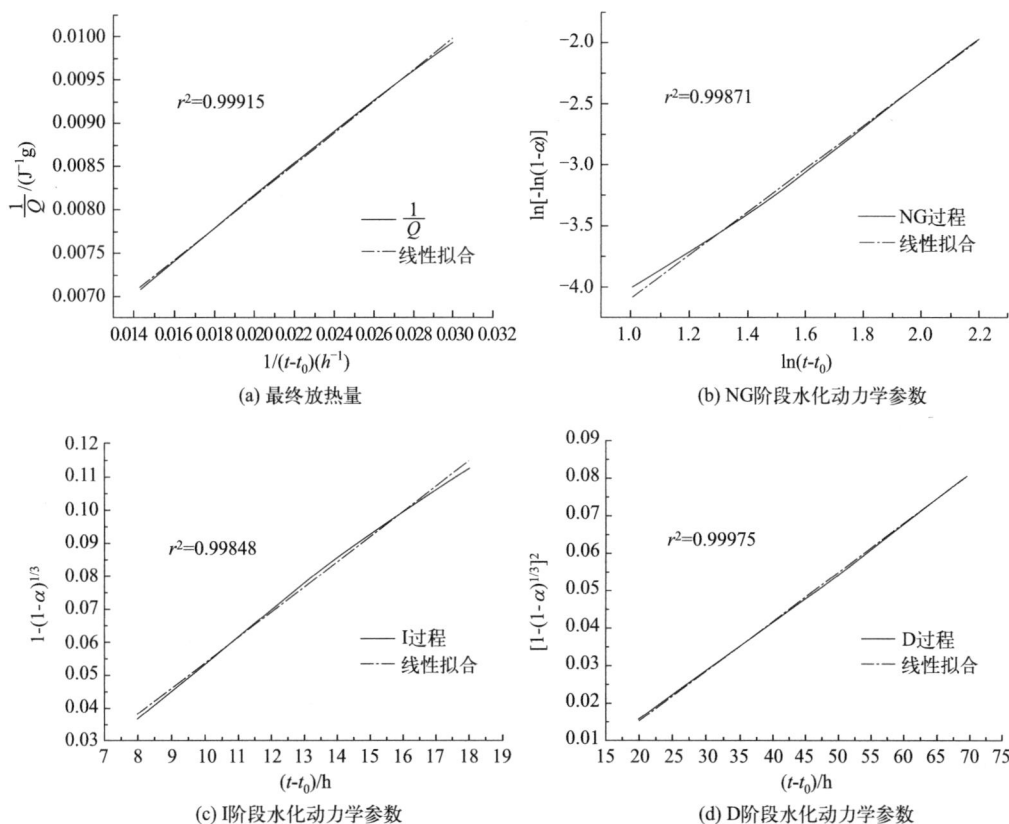

(a) 最终放热量　　　　　　　　　　(b) NG阶段水化动力学参数

(c) I阶段水化动力学参数　　　　　　　　　　(d) D阶段水化动力学参数

图 5-9　线性拟合求复合胶凝体系水化动力学参数

　　将得到的动力学参数代入式(5-7)、式(5-8)、式(5-9)，分别得到表征 NG、I 和 D 阶段的反应速率 $F_1(\alpha)$、$F_2(\alpha)$ 和 $F_3(\alpha)$ 与水化度 α 之间的关系，就可将 $F_1(\alpha)$、$F_2(\alpha)$、$F_3(\alpha)$、$d\alpha/dt$ 和 α 的关系绘图，从而分析复合胶凝材料水化机理。

　　图 5-10 为氧化镁膨胀剂-粉煤灰-水泥复合胶凝体系水化速率反应曲线及由公式计算得到的拟合曲线。从图 5-10 中可看出，该模型可以分段拟合不同变量条件下的复合胶凝体

系的水化过程，水化过程均包含结晶成核与晶体生长、相边界反应、扩散三个水化阶段，这说明氧化镁膨胀剂-粉煤灰-水泥胶凝体系的水化也是多相机制控制。

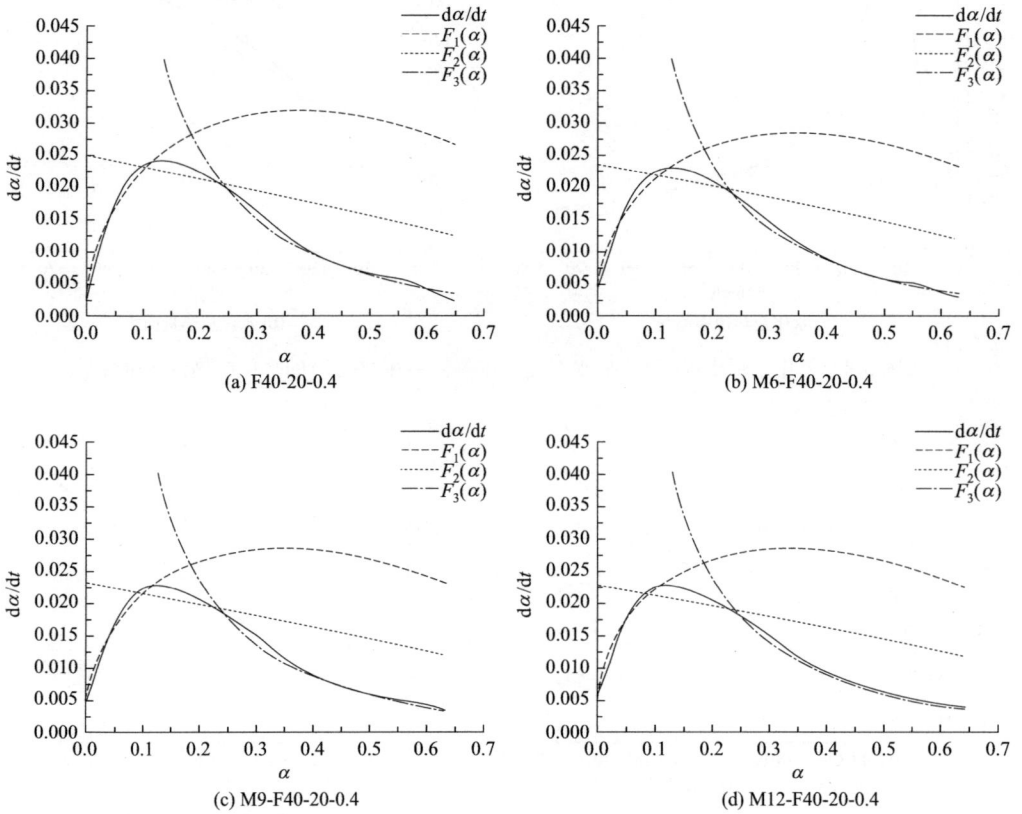

图 5-10　氧化镁膨胀剂-粉煤灰-水泥复合胶凝体系水化速率反应曲线及由公式计算得到的拟合曲线

由图 5-10(a)～(d)可以得到，20℃时氧化镁掺量的增加，反应速率拟合曲线拟合度较高，说明在一定范围内（6%～12%）改变氧化镁掺量，热谱重构曲线拟合度依然良好，该模型依然适用于复合水泥基胶凝材料水化速率曲线的拟合。从 3d 水化度来说，氧化镁掺量的增加，对其水化度影响不大，体系水化度在 0.65 左右。

表 5-2 为不同氧化镁膨胀剂掺量下复合胶凝材料水化动力学参数，结晶成核与晶体生长过程的反应速率约为相边界反应过程的 5 倍，约为扩散过程的 27 倍。原因是 NG 过程为受水泥体系成核控制的自身催化反应，此时反应受化学反应控制，随着水化的继续进行，反应进入 I 过程，此时越来越多的水化产物在未水化组分周围生成，随着水化产物层的增加及生长空间的减小，反应进入 D 过程，此时离子和水分缓慢迁移至体系中未水化组分的表面进行反应，此时反应进入扩散控制。相较于对照组，试验组 K_1'、K_2' 和 K_3' 的增大值均减小，说明氧化镁等量替代水泥，减缓了体系结晶成核与晶体生长过程、相边界反应过程和扩散过程的水化速率，减慢了受成核控制的自催化反应，体系结构形成更加平稳，后期扩散速度减慢。相较于对照组，试验组拟合曲线 α_1 值减小，即试验组 NG 过程结束时间提前，说明体系中掺入更多的氧化镁后，加快了体系由 NG 过程向 I 过程的转变。试验 $\alpha_2 - \alpha_1$ 区间延长，说明掺氧化镁组 I 过程的水化产物生成平缓，浆体结构变化

平稳，反应更加趋于和缓。α_2 值相差不大，两组进入扩散反应的水化度相差不大。

不同氧化镁膨胀剂掺量下复合胶凝材料水化动力学参数　　　表 5-2

编号	n	K_1'	K_2'	K_3'	水化机制	α_1	α_2	$\alpha_2-\alpha_1$
F40-0.4-20	1.90728	0.03854	0.00829	0.00142	NG—I—D	0.122	0.238	0.116
M6-F40-0.4-20	1.77951	0.03582	0.00778	0.00133	NG—I—D	0.107	0.230	0.123
M9-F40-0.4-20	1.75817	0.03562	0.00766	0.00130	NG—I—D	0.100	0.234	0.134
M12-F40-0.4-20	1.70898	0.03553	0.00758	0.00129	NG—I—D	0.091	0.24	0.149

5.4　案例库

重庆来福士广场形象名为"朝天扬帆"，位于两江汇流的朝天门，由世界知名建筑大师摩西·萨夫迪设计，由新加坡凯德集团投资，投资总额超过 240 亿元，总建筑面积超过 110 万 m^2，是新加坡目前在华最大的投资项目，将于 2019 年分阶段投入使用。整个项目寓意"扬帆远航"的重庆精神，诠释了"古渝雄关"的壮美气势，建成后将成为重庆的标志性建筑。其中，6 座塔楼设计理念源于重庆的航运文化，分别以 350m 及 250m 的高度，化形为江面上强劲的风帆。而项目设计的亮点是连接 4 座塔楼、位于 60 层楼高空、长达 400m 的"水晶廊桥"，其晶莹剔透的玻璃构造，将公共空间及城市花园带到重庆的上空，身处廊桥内，重庆江景、山景将尽收眼底。来福士广场是重庆的新地标、新形象，除了为购物休闲提供硬件支持，还有助于提升重庆的文化设施水平，大大推动了重庆经济的发展速度，该广场是一个集住宅、办公楼、商场、服务公寓、酒店、餐饮会所于一体的城市综合体，为重庆市重点工程。其中 T3N 塔楼建成后将以 356m 的高度成为重庆市的新地标（图 5-11）。

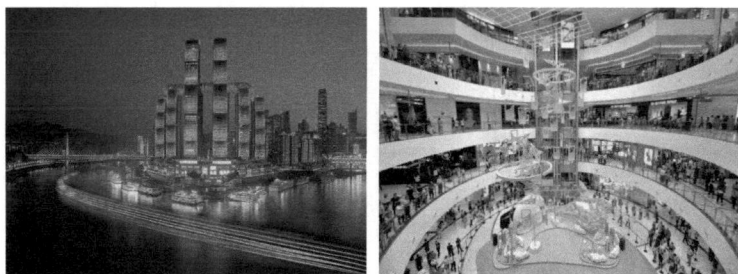

图 5-11　重庆来福士广场

重庆来福士广场 T3N 塔楼由外框架（巨柱＋腰桁架）＋核心筒＋混合伸臂组成，塔楼主体筏形基础混凝土强度等级为 C35，60d 龄期评定，抗渗等级 P8，耐久性设计年限为 100 年。混凝土总体需求量为 9000m^3，分两次浇筑：第一次浇筑 3000m^3，第二次浇筑 6000m^3。该筏形基础最厚处达 8m，平均厚度为 4m，属于大体积、易开裂混凝土工程。

原材料选择

（1）水泥：采用 P·O42.5 水泥。

（2）矿物掺合料。

粉煤灰：Ⅱ级粉煤灰。

矿渣粉：S75级。

细骨料：混合砂。

（3）粗骨料：选用粒径 5～10mm 与 10～20mm 的两级配碎石。

（4）减水剂：缓凝型高性能聚羧酸减水剂。

（5）膨胀剂：ZY-1。

（6）拌合用水：自来水。

混凝土配合比

原 C40 大体积混凝土配合比及性能检测指标如表 5-3、表 5-4 所示。

C40 大体积混凝土配合比（kg/m³） 表 5-3

强度等级	水泥	粉煤灰	矿渣粉	细骨料	粗骨料	外加剂	水	表观密度
C40	245	95	40	724	1140	6.0	150	240

C40 大体积混凝土性能检测指标 表 5-4

强度等级	坍落度（mm）	扩展度（mm）	表观密度（mm）	绝热温升（℃）	7d 抗压强度	28d 抗压强度	60d 抗压强度
C40	245	95	40	724	1140	6.0	150

在上述配合比基础上，降低水泥用量，增大掺合料掺量，适当增大用水量，进行大体积混凝土性能的试配验证试验，性能检测指标如表 5-5 所示，混凝土拌合物坍落度与扩展度检测如图 5-12 所示。

大体积混凝土试配试验性能检测指标 表 5-5

强度等级	坍落度（mm）	扩展度（mm）	表观密度（kg/m³）	绝热温升（℃）	抗渗等级	28d 抗压强度（MPa）	60d 抗压强度（MPa）
C40	245	95	40	724	1140	6.0	150

(a) 坍落度检测　　　　　　　　(b) 扩展度检测

图 5-12　混凝土拌合物坍落度与扩展度检测

混凝土最大单次方量为 6000m³，采用 2 台车泵和 1 台车载泵同时进行泵送浇筑，浇筑时间控制在 50h 内。混凝土浇筑完成后，采用薄膜覆盖，同时在混凝土表面蓄水 10～20cm 的方式进行养护，保证混凝土内外温差在 25℃ 以内。

　　该混凝土工作性能较好、入模浇筑顺利；其表观质量优良，无明显温度裂缝产生；经出厂混凝土留样检测，28d 强度平均值达到 133%，强度保证率 100%，较好地保证了工程质量。

　　来福士广场的设计利用了大体积混凝土优异的力学性能。在工程中应用的大体积混凝土满足本工程实际结构较为复杂、使用功能较为特殊的各项指标，满足了本工程结构混凝土的整体性、强度、抗裂、抗渗、耐久性的要求。与普通混凝土相比，大体积混凝土整体性好、抗震等级高、浇筑方便。

　　大体积混凝土的应用不仅满足了来福士广场在结构设计上的需求，同时也与水化动力学理论联系密切。在混凝土浇筑后，水化过程开始，水泥颗粒与水发生化学反应，释放出热量。对于大体积混凝土而言，由于其体积较大，水化反应的热量释放更为集中，可能导致温度梯度较大，从而产生裂缝。因此，在设计大体积混凝土结构时，需要考虑水化热释放对混凝土温度的影响，采取适当的措施来控制温度梯度，如添加延缓剂或采用合适的散热措施。这样可以保证混凝土的整体性和抗裂性，在满足工程设计要求的同时，保证结构的长期稳定性和耐久性。

第6章　微观结构测试方法

6.1　引言

理解材料的微观结构是理解其性能的关键，同时对理解材料性能和制备工艺参数之间的关系也非常重要。然而，水泥基材料的微观结构表征面临着许多挑战。第一，水泥基材料的表征尺度跨度极大，小到原子尺度，大到米级尺度；第二，水是胶凝材料重要的组成部分，但是很多表征技术需要去除材料中的水分；第三，构成硬化水泥浆体的主要相结晶度差。

在过去的几十年里，表征水泥基材料微观结构的技术和方法均得了长足的进步，特别是在定量表征方面的进步尤为突出。由于大多数商用水泥的成分大致相似，因此定量表征是必不可少的。遗憾的是，直到今天研究人员仍然无法像力学性能测试那样，对水泥基材料的微观结构进行精确表征，更精确的量化表征依赖于良好的试验方法和对不同方法工作原理的理解。

大多数胶凝材料的微观结构表征技术属于材料科学专业，土木工程专业研究人员对这些材料科学知识了解较少，而在水泥基材料领域的研究人员当中，具有土木工程专业背景的则占了绝大部分。同样地，材料科学专业的大多数研究人员对水泥基材料的性能和特点知之甚少。这种情况常常会导致得到的表征结果质量低下。本章提供实用的技术信息，以帮助研究人员通过采取合适的微观结构表征方法获得最佳的试验结果。本章会论述这些表征技术中常见的使用和操作误区，并就如何最好地使用各种表征技术以及解释表征结果提供指导。

6.2　X射线衍射分析技术

6.2.1　X射线衍射测试的基本原理

X射线衍射（Xray diffraction，XRD）是表征水泥基材料（胶凝材料）的一种重要测试技术，具有快捷、方便、无损、样品制备简单等特点，其基本原理为：高速运动的电子与物质相撞时，伴随电子动能的消失与转化，产生X射线。X射线具有能量大，波长短、穿透力强的特点。实验室用的X射线通常由X射线发生装置产生。X射线发生装置主要由X射线管、高压变压器、电压和电流调节、稳定系统等构成，其中，X射线管是X射线发生装置的核心部分，其结构示意图如图6-1所示。

应用 XRD 技术研究晶体结构时，主要是利用 X 射线在晶体中产生的衍射现象进行的。X 射线的波长和晶体内部原子面之间的间距相近，当一束 X 射线照射到物体上时，受到物体中原子的散射，每个原子都产生散射波，不同原子散射的 X 射线相互干涉，衍射波叠加的结果使射线的强度在某些方向上加强，在其他方向上减弱。衍射线在空间分布的方位和强度，与晶体结构密切相关，衍射线空间方位与晶体结构的关系可用布拉格方程，式(6-1) 表示。

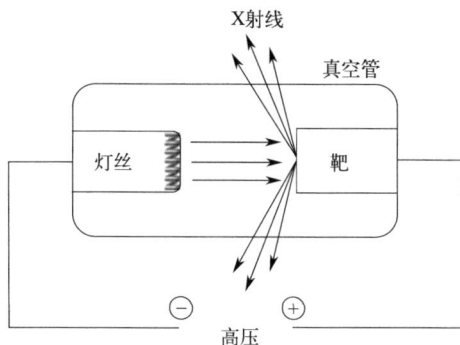

图 6-1　X 射线管结构示意图

$$n\lambda = 2d\sin\theta \tag{6-1}$$

式中：n——整数，称为反射级数；

　　　λ——波长；

　　　d——晶面距；

　　　θ——入射角，称为布拉格角或半衍射角。

现代 XRD 技术普遍采用粉末衍射法。粉末样品被单色 X 射线光束以角度 θ 照射，在衍射仪连动扫描的过程中，多晶样品中的小晶粒数量众多且取向随机，因此总会存在许多满足布拉格方程的同名晶面及其等同晶面，在一定的条件下产生强烈的干涉且发出强烈的信号。信号被在仪器另一侧的测角仪中的探测器以同样的角度 θ 接收并记录。由于衍射图谱是 X 射线在特定结构的晶体中衍射产生的，X 射线连续扫描粉末样品得到的特征衍射图谱包含晶体的结构信息。一个衍射图谱一般包含两方面的信息：一是衍射线在空间的分布规律；二是衍射线束的强度。衍射线在空间的分布规律主要反映了晶胞的形状和大小，而衍射线的强度则取决于晶胞中原子的种类和位置。基于以上原理，利用 X 射线衍射方法，可以确定材料由哪些组成（定性分析），即确定物质中所包含的结晶物质以何种结晶状态存在，并可进一步确定各相的含量（定量分析）。X 射线扫描样品过程示意图如图 6-2 所示。

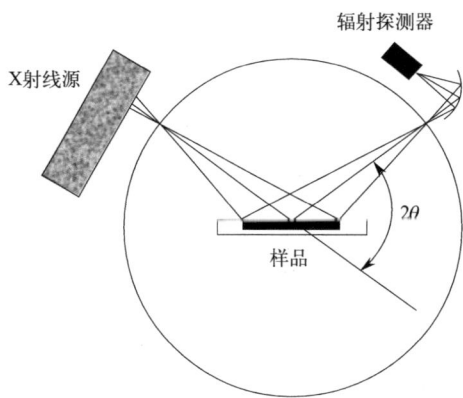

图 6-2　X 射线扫描样品过程示意图

6.2.2　XRD 技术测试制样及注意事项

采用 XRD 技术可以对水泥水化各个阶段的样品进行分析，包括未反应的水泥、水化中的水泥浆体和已经终止水化的水泥浆体等。当然，对于不同阶段的样品的制备方法也不尽相同。未水化的水泥样品，一般研磨后就可以直接进行 XRD 技术分析。水化中水泥浆体，可以制成薄片状试样进行分析，也可以在加水搅拌制备成浆体后就对其进行分析。已经终止水化的水泥浆体，同样也可以制成薄片状，或者研磨成粉末后进行分析。

（1）粉末类样品

水泥粉末类样品一般有：未水化样品和已经终止水化的样品。对于这类样品一般需要经过研磨（用研磨机或者玛瑙研钵手磨），将少量样品逐步放进试样填充区，重复这种操作，使粉末试样在样品架里均匀分布并压实。要求试样面与玻璃表面齐平。在粉末装填过程中没压紧、过度压紧或者在铺平过程中单向移动，都会导致择优取向。

（2）新拌样品

新拌样品的制样方法如下：先在样品架里面喷一层 teflon 膜，然后将搅拌后的新拌样品置于样品架中，压实后在表面喷一层 kapton 膜（膜厚度约为 $4\mu m$）。对于这类样品，可以直接观察到水泥（胶凝材料）水化过程中各物相的变化情况。在合理地设置试验参数的前提下，能够在 8min 内得到足够清晰的衍射图谱用于 Rietveld 方法定量分析。对于新拌水泥浆体一般每隔 15min 观察一次，可以观察到较好的 AFt 和 AFm 峰。

（3）薄片样品

无论是水化进行中或已经终止水化反应的样品，都可以制成薄片状进行分析。具体方法如下：将搅拌好的水泥浆体灌注到圆柱体模具中（模具的直径应与 X 射线衍射仪样品夹相匹配），浆体凝结后加入少量的水，密封养护。在规定的龄期将成型的圆柱体切割成 $3\sim4mm$ 厚的薄片，并马上用异丙醇冲洗干燥表面。制成的薄片放入样品夹中，使用 1200 号的砂纸对其进行研磨。未经干燥处理的水泥薄片可以获得较好的 AFt 和 AFm 峰，但是如果测量时间较长，样品可能会碳化。干燥过的样品会产生较强的择优取向，并且使用有机溶剂，如异丙醇处理后的样品 AFt 和 AFm 的峰强度会降低。

新拌样品水化产物波动较小，但是薄片的表面趋于干燥，很大程度上改变了水的含量，很难定量测试水分的损失，且新拌样品很容易碳化。

干燥样品因为经过真空干燥，其中 AFt 和 AFm 衍射减小，并且经异丙醇处理后对 AFt 和 AFm 相有影响，但是干燥样品容易保存，碳化可能性较小，且其中的结合水能够使用 TGA 方法（或烧失量法）测定。XRD 样品制备的目的有以下两点：

（1）获得一系列的晶体衍射，确保每个衍射都足够清晰，以获取可重复强度的峰值，并且避免出现点状线衍射图。

（2）减少晶体的择优取向，然而要满足这两个目的并不容易，这对样品的颗粒尺寸、装载方式、终止水化方式以及样品的碳化都有一定的要求。

1）颗粒尺寸

X 射线具有一定的材料穿透性，不同波长的 X 射线在相同的材料中具有不同的辐射深度；相同波长的 X 射线在不同材料中也具有不同的辐射深度。在通常的衍射分析条件下，其辐射深度在几微米至几十微米以内。在没有系统消光的前提下，多晶样品的辐射范围内凡是满足衍射矢量方程的晶粒都会产生衍射。以 CuK_{α} 辐射为例，其在样品中的穿透深度的数量级为 $100\mu m$，为了保证有足够多的小晶体颗粒参与衍射，颗粒尺寸应该足够小。因此，使用粉末样品进行 XRD 技术分析时，粉末太粗会导致峰强度不准确，从而影响分析结果。为了提高粉末样品 XRD 峰强度的准确性，其颗粒尺寸一般最大不超过 $10\mu m$，理想尺寸为 $1\sim5\mu m$。

在粉末研磨过程中，要确保样品不会因剧烈研磨而导致物相转化或者晶体破坏。剧烈的干磨可能会导致物相的变形，因此在处理样品时最好是采用湿磨的方法。在湿磨时，将

4g 样品和 15ml 丙酮（异丙醇）混合研磨，使用研磨机或者玛瑙研钵研细。并且为了避免与空气接触，样品需放在真空干燥器内进行干燥。

2）装载方式

颗粒由于解理和晶体习性都有趋向于某一种形态的特征，这显然违背了多晶样品中的小晶粒数量众多且取向随机的粉末衍射的前提。择优取向会增强某一特定相的衍射峰，并且减小其他衍射峰的强度。因此，在实际测试中应该尽量避免样品产生择优取向。粉末样品的装填方式有多种，如正装载、背装载等方式。在装填过程中一个关键的标准就是，粉末样品被压实在样品架中且必须随机分布。这种影响必须在分析过程中就修正过来，否则后期很难处理。因此必须在一开始就尽可能地减少择优取向的发生。粉末样品不能压太实，也不能留有空隙。背面装填技术能够有效地抑制被衍射样品的失真，并且能够尽可能地减少择优取向。

3）终止水化方式

终止水化的目标是移除掉样品中的自由水，并且保存（冻结）样品内部的微观结构。在早期水化阶段，因为水化反应快，需要采用各种方法终止水化。在水化进行一个月或者更长时间后，水化变得十分缓慢。终止水化一般通过移除掉样品中的自由孔溶液（TGA、MIP 等样品）来实现。对于 XRD 技术而言，长龄期样品终止水化过程严格来说不是必须的，但是一般仍然会去执行，主要是为了减少碳化。对于 XRD 样品，无论是通过直接干燥（真空干燥、冰冻干燥等），还是溶剂交换来终止水化，都会对样品有一定的影响。直接干燥会移除掉样品中的自由水，并可能使 AFt 和 AFm 分解，而溶剂交换时，溶剂可能会和水化产物反应，尤其是 AFt。

4）样品的碳化

因为空气中 CO_2 的存在，样品中的水化产物容易与其反应生成 $CaCO_3$，导致样品碳化。无论是新鲜样品还是干燥后的样品，在空气中暴露都容易碳化。因此，在样品制备时应该采取措施避免样品碳化。如果试样为直接切割获得的片状试样，试样切割后应尽快进行 XRD 图谱的采集。终止水化的试样干燥后放置在真空干燥器中保存，试样研磨成粉末后也要尽快进行 XRD 试验。

6.2.3　物相定性分析

物相定性分析是一种基于已知晶相 XRD 衍射图谱的定性分析手段，通过将未知物质衍射图谱中的峰位与已知图谱进行比较，可分析得到样品中物相种类信息。物相定性分析也就是"物相检索"，未知物相定性分析的基本原理基于以下三条原则：（1）任何一种物相都有其特征的衍射谱。（2）任何两种物相的衍射谱不可能完全相同。（3）多相样品的衍射峰是各物相的机械叠加。因此，通过试验测量或理论计算，建立一个"已知物相的卡片库"，将所测样品的图谱与 PDF 卡片库中的"标准卡片"一一对照就能检索出样品中的全部物相。

现代 XRD 衍射仪已经将 XRD 图谱进行数据化处理，不同仪器公司使用的数据格式不一，但可以进行转化，输出为文本文件供后期处理。数据化 XRD 图谱使计算机物相鉴定成为可能。采用计算机软件进行物相鉴定前需要对图谱进行处理，这些处理包括 XRD 数据文件导入、背景检测与扣除、$K_{\alpha}2$ 衍射分离（部分软件可以在物相检索时自动匹配）、寻峰等处理。进行这些处理后即可进行下一步的物相检索。

背景是衍射谱中必然包含的，它是由样品产生的荧光、探测器的噪声、样品的热漫散射、非相干散射、样品中的无序和非晶体部分、空气和狭缝等造成的散射混合而成。如何正确测定背景强度，从实测强度中减去背景强度以得到正确的衍射强度，也是保证全谱拟合得以成功的一个重要因素。

物相检索的步骤包括：（1）给出检索条件，包括检索子库，有机还是无机、矿物还是金属等，样品中可能存在的元素等。（2）计算机按照给定的检索条件进行检索，将最可能存在的物相列出。（3）从列表中检定出一定存在的物相。

一般来说，判断一个相是否存在有三个条件：（1）标准卡片中的峰位与测量峰的峰位是否匹配，换句话说，一般情况下标准卡片中出现峰的位置，样品谱中必须有相应的峰与之对应，即使三条强线对应得非常好，但有另一条较强线位置没有出现衍射峰，也不能确定存在该相，如果样品存在明显的择优取向时也可能导致这种情况，此时需要另外考虑择优取向问题。（2）标准卡片的峰强比与测量峰的峰强比要大致相同，择优取向会导致峰强比不一致，因此峰强比仅可作参考。（3）检索出来的物相包含的元素在样品中必须存在。如果水泥水化试样中检索出一个含锂元素相，但样品中根本不可能存在高浓度的锂元素，即使其他条件完全吻合，也不能确定样品中存在该相。

鉴别水泥中所有物相并不复杂，但了解材料的相关信息对于物相鉴别非常有帮助：（1）显微镜观察。（2）样品的化学性质，如了解试样的化学成分可以辅助从计算机检索结果中排除不可能存在的物相。（3）材料的来源，如水泥中掺有粉煤灰作为混合材，则水泥样品或水化试样中可存在赤铁矿（FeO）、金红石（TiO_2）、莫来石等物相。（4）使用选择性溶解增强物相，这对鉴别微量物相非常有用。（5）通过迭代程序对衍射图谱进行匹配和识别，这个方法有助于认出水泥中的微量物相。物相定性分析流程图如图 6-3 所示：

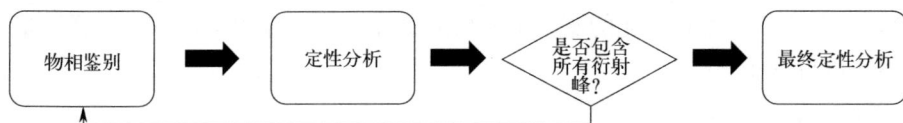

图 6-3　物相定性分析流程图

水泥基材料主要物相包括：主要水泥熟料的物相、次要水泥熟料物相（以硫酸盐形式存在的碱金属化合物及其他氧化物）、各种石膏相、常用的混合材（天然火山灰除外）、水化产物和碳酸盐等。自动识别模式下，许多物相都是通过软件检索数据库后提供的，很难找到一些含量较少的匹配物相。这时可以根据水泥化学知识及水泥基材料中常见物相，输入可能存在的物相编号（ICDD号）进行匹配，实现快速手动鉴别物相。氢氧化钙、硅酸钙是最容易被软件自动识别的物相。

由于普通硅酸盐水泥是一个复杂的多相系统，在其衍射图谱中许多物相之间的重叠十分严重，如果不加处理，可能会漏掉一些次要物相的衍射峰。因此为了更好地识别衍射图谱，可以选择性地溶解掉部分物相，凸显另外的物相。选择性溶解能够提高识别以及定量测试的检测上限，现在常用的选择性溶解有两种，它们对于 Rietveld 分析有十分重要的作用：（1）使用 Salicylic acid/methanol（SAM），可以溶解掉样品中的硅酸盐物相和游离石灰，剩下了 C_3A、C_4AF 以及硫酸盐物相。（2）使用 KOH/sugar，可以溶解掉铝酸盐物相和铁酸盐物相，剩下 C_3S、C_2S。

6.2.4 物相定量分析

物相定量分析给出的是晶体物相的质量分数，且总和为 100%。如果样品中存在无定形的物相，则只能得到结晶相含量的相对含量，因此所得的结晶相的含量高于其在试样中的实际含量。为了测量物相的绝对含量，解释潜在的无定形或者次要的未识别的晶相，有一系列 XRD 技术可以使用。如果材料衍射图因非晶体的散射导致衍射图不能被清晰地识别，物相含量通常会与一种已知的标准晶体材料比较重新进行计算。这种相关的材料或者与材料混合作为一种内标物，或者作为一种外标物在相同条件下分别测试。所有的方法都是间接从不同的绝对物相之和中，估算出无定形或者未知晶物相的含量。

应用物相定量分析方法对物相的进行定量的前提：（1）被定量的物相为晶体物相。（2）物相的晶体结构已知。只有满足以上条件，分析软件才能对样品的衍射图进行计算拟合。

1. 物相定量分析流程

依据在全谱拟合过程中所用的已知参量的不同，可以将定量分析方法分为两大类，一类需要知道有关物相的晶体结构数据，即 Rietveld 方法；另一类不需知道有关物相的晶体结构数据，但需知道各物相纯态时的标准谱。图 6-4 为水泥基材料物相定量分析子流程。

2. 内标法的计算方法

水化试样中，C-S-H 凝胶是无定形相。在 XRD 谱中，C-S-H 凝胶往往呈现弥散的衍射峰，通常作为背景加以处理，难以通过全谱拟合法得到其含量。此外粉煤灰、硅粉、矿渣等矿物材料也含有大量的无定形相或其整体以无定形态存在。因此需要通过内标法或外标法来进行修正。

对待分析试样的 XRD 图谱进行全谱拟合和部分参数的精修后，分析软件根据式(6-2)可直接计算出样品中各物相的质量分数。

$$w_k = \frac{(ZMV)_k S_k}{(ZMV)_s S_s} w_s \frac{1+f_s}{f_s} \tag{6-2}$$

式中：Z——晶胞内化学式个数；

    M——化学式相对分子量；

    V——物相的晶胞体积；

    S——标度因子；

    w_k——内标物的结晶度；

    f_s——标准物在样品中的质量分数。

Reitveld 法计算得到的各物相质量百分数是指各物相占该样品中总晶体物相的质量分数。当样品中含有无定形相时，Reitveld 法计算得到的各晶体物相含量并不是样品中的实际含量。因此需要借助内标物的实际含量和 Reitveld 法计算结果的比值按照式(6-3)进行相应的换算。

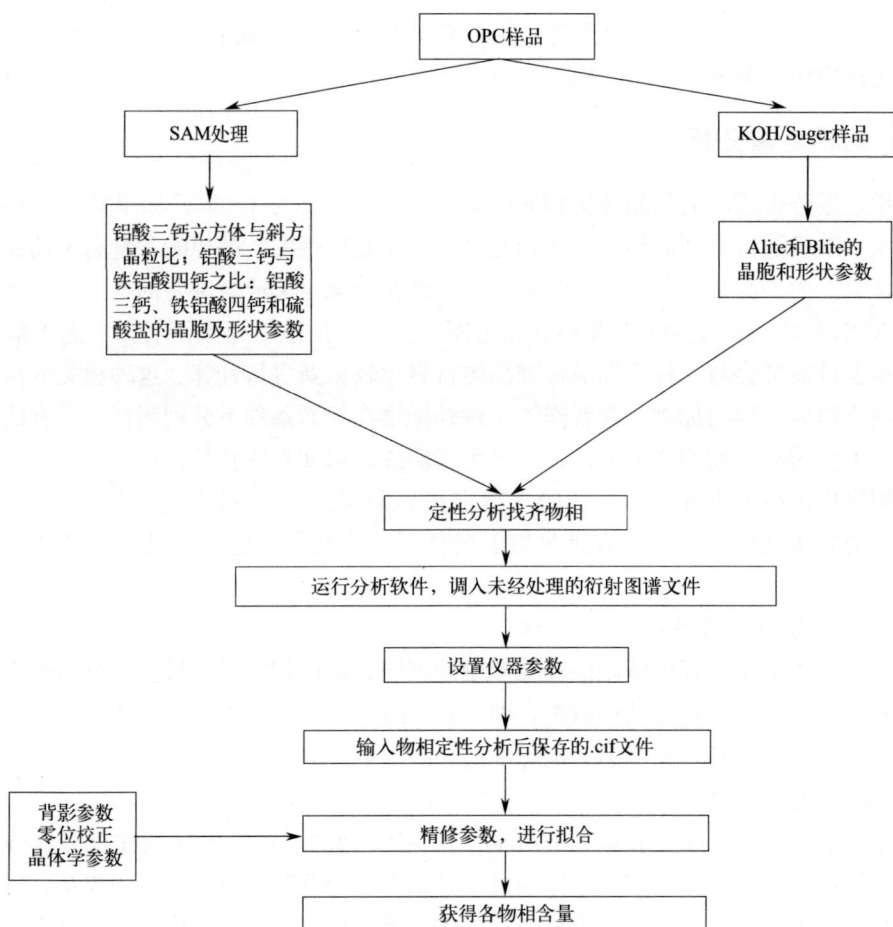

图 6-4　水泥基材料物相定量分析子流程

$$w_k = \frac{Cacl.\,PhaseCont.\,k}{Cacl.\,PhaseCont.\,Std} \times \frac{\%\,of\,Std.\,Added}{\%\,of\,Sample} \times 100\% \tag{6-3}$$

$Cacl.\,PhaseCont.\,k$ 为由 Reitveld 法计算得到各物相质量分数；$Cacl.\,PhaseCont.\,Std$ 为由 Reitveld 法计算得到标准物质量分数；$\%\,of\,Std.\,Added$ 为标准物的质量；$\%\,of\,Sample$ 为样品的质量。

那么样品中无定形物相的总含量可以表示为式（6-4）：

$$w_{Amorphous} = 1 - \sum_n W_n \tag{6-4}$$

3. 外标法的计算方法

物相的质量分数计算方法如式（6-5）所示：

$$w_k = \frac{(ZMV)_k S_k}{(ZMV)_s S_s} w_s \frac{\mu_m}{\mu_{ms}} = \frac{(\rho V^2)_k}{(\rho V^2)_s} w_s \frac{\mu_m}{\mu_{ms}} \tag{6-5}$$

式中：μ_m、μ_s——样品和标准物的质量衰减系数；

$\dot{V}$——晶胞体积。

同样，样品中无定形物相的含量可以表示为式(6-6)：

$$w_{\text{Amorphous}} = 1 - \sum_n W_n \tag{6-6}$$

试样质量衰变系数（MAC）根据试样的化学组成（氧化物组成）计算，计算如式(6-7)：

$$MAC_{\text{SAMPLE}} = \sum_i W_i MAC_i \tag{6-7}$$

对于未水化水泥及原材料，可以根据原材料的化学成分直接计算。对于切片法制备的片状水化试样，切割后立即进行 XRD 数据采集且试样为密封养护的情况下，可以直接根据水胶比计算浆体中水的含量。如果试样经过了干燥和水化中止处理，则用 TGA 法或烧失量法测得浆体中结合水的含量。水的质量衰变系数很低，因此水泥浆体的质量衰变系数会比未水化水泥低很多。

4. 内标法和外标法的比较

内标法是在 XRD 数据采集时，在待测试样中加入一定已知质量分数的外标物质，通常在样品研磨时和待测样品进行混磨，使内标物在试样中均匀分布。内标法除了 XRD 数据采集外，其他流程不需要知道样品的化学成分。

当选择的标准物没有与样品混合均匀，或者样品与标准物之间存在重要的吸收衬度导致微吸收，或者没有选择适当的标准物，内标法测试结果可能就会出现一些问题。研究表明内标物的加入对确定无定形含量的精度有较大的影响。无定形相含量越低，则需要加入更多的标准物来提高测试的精度。当样品中无定形相含量低于 5% 时，就很难使用内标法来测量，尤其是当内标物含量也较低时（少于 $20wt\%$）。

外标法采用的标准物质不需要与待测样品混合，但需要在相同的测试条件下获得标准物质的 XRD 数据进行全谱拟合以获得标准物质的标度因子，再通过相应的公式计算各物相含量。计算时需要修正样品和标准物之间质量衰变系数的差异。而质量衰变系数则是根据待测试样和标准物质的化学组成来计算的，因此需要对测试样品的化学成分进行测试。对于水化试样，还要根据 TGA 或烧失量法确定样品中结合水的含量。外标法则避免了均匀化和比例的问题，并且不受样品和标准物之间吸收衬度的影响。同时外标法的精度和无定形相的存在是无关的，因此对于无定形相较少的材料的测试有更高的精度。

6.3　傅里叶变换红外光谱分析技术

6.3.1　傅里叶变换红外光谱的基本原理

红外光位于可见光区和微波光区之间，通常按频率划分为 3 个波区：近红外光（4000～13000cm^{-1}），中红外光（400～4000cm^{-1}）和远红外光（100～400cm^{-1}）。红外光谱（Infrared spectroscopy，JIR）是由于红外光中的某些频率的光子能量与分子发生能级跃迁所需要的能量相等时，被分子所吸收而产生的吸收光谱。红外光谱被广泛应用于分子结构和物质化学组成的研究中。根据分子对红外光吸收后得到的谱带频率的位置、强度、形状以及吸收谱带和温度、聚集状态等的关系，便可确定分子的空间构型，求出化学键的力学常数、键长和键角。红外光谱技术被广泛地用于水泥和混凝土领域，包括不同的水泥熟料、水泥水化、外加剂、地聚物混凝土、碱-骨料反应等。

20 世纪 70 年代，傅里叶变换技术被引进红外光谱仪中。傅里叶变换红外光谱（Fourier Transform Infrared Spectroscopy，FT-IR）利用干涉图和光谱图之间的对应关系，通过测量干涉图和对干涉图利用两者之间的对应关系进行傅里叶积分变换的方法来测定和研究红外光谱图。与传统的色散型光谱仪相比较，傅里叶变换红外光谱仪能够以更高的效率采集辐射，从而具有高得多的信噪比和分辨率。正是由于这些优点，傅里叶变换红外光谱成为中红外光和远红外光波段中最有力的光谱工具。

FT-IR 光谱仪由 3 部分组成：红外光学台、计算机和打印机。红外光学台是红外光谱仪的主要部分，由红外光源、光阑、干涉仪、样品室、检测器以及各种红外反射镜等组成，如图 6-5 所示。

红外光源发出的红外光经反射镜 M_1 收集和反射，反射光通过光阑后到达准直镜 M_2，从准直镜反射出来的平行反射光射向干涉仪，从干涉仪出来的平行干涉光经准直镜 M_3，反射后射向样品室，透过样品的红外光经聚光镜 M_4 聚焦后到达检测器。一些红外光谱仪还会有两个以上外接红外光源输出或发射光源输入口，可以连接红外显微镜附件和 FT-Raman 附件，可以和气相色谱仪接口、热重分析仪接口等连接。下面分别讨论组成和光学系统的各个零件的结构和性能。

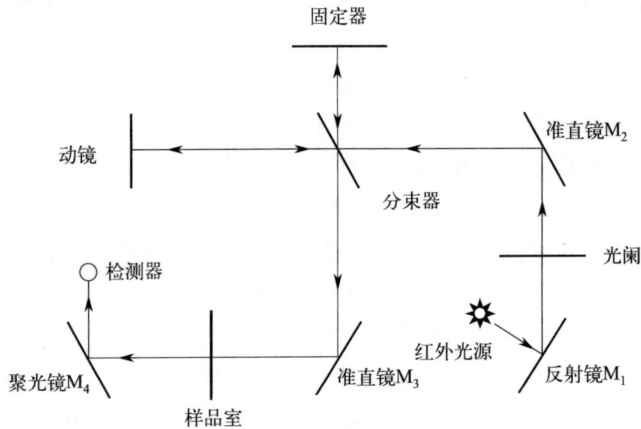

图 6-5 红外光谱的光学系统示意图

1. 红外光源

光源是 FT-IR 光谱仪的关键部件之一，红外辐射的能量高低直接影响检测的灵敏度。理想的红外光源是能够测试整个红外波段，即远红外、中红外和近红外光谱，但目前仍不能做到，要测试整个红外波段至少需要更换 3 种光源。红外光谱中使用最多的是中红外光源。目前常用的红外光源在远红外区低频段可以测到 $50cm^{-1}$。因为 $50cm^{-1}$ 以下的远红外区主要是气体分子的转动光谱区，基本上不出现分子的振动谱带。

2. 光阑

光阑的作用是控制光通量的大小。加大光阑孔径，光通量增大，有利于提高检测灵敏度，反之亦然。中红外光谱的光阑孔径分为两种，一种是连续可变孔径的光阑，它的孔径可以连续变化；另一种是固定孔径的光阑，它是在可转动的圆板上打几个直径不同的圆孔，根据测定光谱所需的分辨率，选择不同直径的圆孔。光阑孔径的选择还与检测器有关，只要检测器的能量不溢出，光阑孔径可尽量设定大些，有利于提高光谱的信噪比；若检测器能量溢出，必须缩小光阑；若在缩小光阑后，能量仍溢出，必须在光路中插入光通量衰减器。连续可变光阑则不需要在光路中插入光通量衰减器。在使用 DTGS 检测器时，光阑通常选择适中的位置，使用灵敏度很高的 MCT/A 检测器时，应将光阑孔径调小，使用红外附件测试样品时，如 ATR、漫反射等，应将光阑孔径设置在最大位置，尽量获取最大的光通量。

3. 干涉仪

干涉仪是 FT-IR 光谱仪光学系统中的核心部分。FT-IR 光谱仪的最高分辨率和其他性能指标主要由干涉仪决定。随着技术的发展，FT-IR 光谱仪的干涉仪主要有：空气轴承干涉仪、机械轴承干涉仪、双动镜机械摆动式干涉仪、双角镜耦合动镜扭摆式干涉仪、角镜型迈克尔逊干涉仪等。假定分束器是一个不吸收光的薄膜，它的反射率和透射率各为 50%。当光照射到分束器上后，50% 的光放射到固定镜，又从固定镜反射回到分束器；另外 50% 的光透射过分束器到达动镜，又从动镜反射到分束器。这两束光从离开分束器到重新回到分束器所走过的距离的差值叫作光程差。光程差 $\delta=2d$，d 代表动镜离开原点的距离与定镜和原点距离之差。动镜通过移动产生光程差，光程差产生干涉信号，得到干涉图。由于移动速度 v_m 一定，光程差与时间有关。假设动镜移动 $\lambda/2$ 距离需要 t 秒，则：

$$v_m t = \lambda/2 \tag{6-8}$$

调制频率 f 为：

$$f=1/t=v_m v/c \tag{6-9}$$

式中，v 为光源频率，若 v_m 为 1.5m/s，则 $f=10^{-10}v$，即调制后的频率大大降低。干涉信号的强度是光程差 δ 和时间的函数，可表示为：

$$I(\delta)=\frac{1}{2}I(\overline{v})\cos 2\pi ft \tag{6-10}$$

若考虑分束器分光并非绝对均等，检测器的响应也与频率有关，则式(6-10)变为：

$$I(\delta)=B(\overline{v})\cos 2\pi ft \tag{6-11}$$

$B(\overline{v})$ 和 $I(\overline{v})$ 有关。将 $f=2v_m$，$v_m=\delta/2$ 代入式(6-11)，则：

$$I(\delta)=B(\overline{v})\cos 2\pi\delta\overline{v} \tag{6-12}$$

式(6-12)表明，干涉信号强度是光程差和入射光波数的函数。

对于 $\overline{v}_1$，$\overline{v}_2$ 两束光，其干涉结果为：

$$I(\delta)=B_1(\overline{v})\cos 2\pi\delta\overline{v}_1+B_2(\overline{v})\cos 2\pi\delta\overline{v}_2 \tag{6-13}$$

对连续光，则需要对整个波段积分，即：

$$I(\delta)=\int_{-\infty}^{+\infty}B(\overline{v})\cos 2\pi\delta\overline{v}d\overline{v} \tag{6-14}$$

傅里叶红外光谱将上式的时域谱转换为频域谱，即：

$$B(\overline{v}) = \int_{-\infty}^{+\infty} I(\delta)\cos 2\pi\delta\overline{v}\mathrm{d}\delta \qquad (6\text{-}15)$$

检测器的作用是检测红外干涉光通过红外样品后的能量。因此对使用的检测器有四点要求：检测灵敏度高、噪声低、响应速度快和具有较宽的测量范围。FT-IR 光谱仪使用的检测器种类很多，但目前还没有一种检测器能够检测整个红外波段。测定不同波段的红外光谱仍需要使用不同类型的检测器。目前中红外光谱仪使用的检测器可以分为两类：一类是由氘代硫酸三苷肽晶体制成的 DTGS 检测器，另一类是由宽频带的半导体碲化镉和半金属化合物碲化汞混合制成的 MCT 检测器。DTGS 检测器比 MCT 检测器灵敏度低得多，噪声也大得多，响应速度也慢，但检测范围较 MCT 宽。

6.3.2　制样及注意事项

红外光谱的优点之一是应用范围广，几乎可测出任何物质的红外光谱，但要得到高质量的谱图，除需要好的仪器、合适的操作条件外，样品的制备技术非常重要。红外吸收谱带的位置、强度和形状随着测定时样品的物理状态及制样方法而变化。本章针对水泥基材料的红外透射光谱测试，因此只介绍固体粉末样品的制备常用的压片法。压片法只需要稀释剂、玛瑙研钵、压片磨具和压片机，不需要其他红外附件。

对于固体粉末样品，散射的影响很大，如直接用粉末进行测量，则大部分红外光由于散射而损失，往往使图谱失真。因此需要将样品分散在具有与样品相近折射率的基质中，散射可大大降低，可得到很好的光谱。最常用稀释剂是溴化钾，它在高压下可变成透明的锭片。市售的光谱纯溴化钾可满足一般红外分析的要求，但溴化钾极易吸水，使用前需 120℃充分干燥，且操作环境的相对湿度应小于 50%。溴化钾压片法需要干燥的粉末样品 1mg 左右，溴化钾粉末用量 100mg 左右。为了得到更好的光谱，粉末样品最好用万分之一的天平称量，以保证光谱的吸光率/透射率在合适的范围内。光谱最强吸收峰的吸光度在 0.5～1.4，透射率在 4%～30% 较合适。溴化钾粉末一般不需要称量，但用量太少时压出的锭片容易破碎，而溴化钾用量太多时，锭片的透明度较难保证。

将样品和溴化钾一起置于玛瑙研钵中，一边转动研钵一边研磨，使样品和溴化钾充分混合均匀。普通样品研磨时间为 4～5min，非常坚硬的样品，可先研磨样品，然后再加入溴化钾一起研磨。研磨时间过长，样品和溴化钾容易吸附空气中的水汽；研磨时间过短，不能将样品和溴化钾研细。

样品和溴化钾混合物要求研磨颗粒尺寸为 2.5～25μm，否则就会引起中红外光的散射。光的散射与光的波长有关，当颗粒大于光的波长时，光线照射到颗粒上就会发生散射。研磨后的颗粒粒度不可能完全一致，光散射的程度与粒度分布有关。混合物研磨得不够细时，在中红外光谱的高频段容易出现光散射现象，使光谱的高频段基线太高，因此检查混合物是否研磨得足够细的标准是看测得的光谱基线是否倾斜。此外，当出现光散射时，吸收峰的强度会降低，因此对于固体样品的定量分析，必须将混合物研磨得足够细，使测得的光谱基线平坦。

压片需要压片模具（图 6-6），除了顶模、柱塞和底座，将压片模具的其他部件装配好，并将研磨好的混合物均匀地放入模具，再插入柱塞并轻轻旋转，以使样品平铺，再依

次放入顶模、柱塞和底座，并将模具放入
压力机中，在 $10\sim20\mathrm{MPa}$ 的压力下压 $1\sim$
$2\min$ 即可。压力越高，锭片越透明，但压
力过高易损坏模具。模具带有抽气口，可
在施压前抽真空。抽真空可除去研磨过程
中溴化钾粉末吸附的一部分水汽，压出的
锭片更透明些。压片模具在使用后需要清
洗并干燥，否则残留的溴化钾会腐蚀模具。

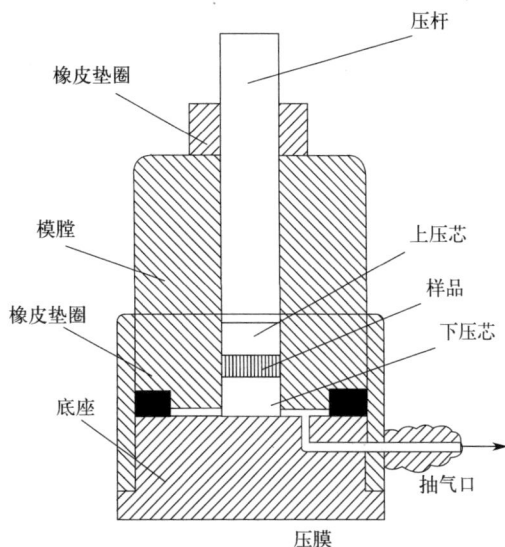

图 6-6　压片模具示意图

6.3.3　数据处理和结果解释

1. 坐标变换

红外光谱纵坐标有两种常用的表示方
法，即透过率 T 和吸光度 A。透过率 T 是
红外光透过样品的光强与入射光强的比值，
吸光度 A 是吸收率的对数，即：

$$T=\frac{I}{I_0}\times100\%\tag{6-16}$$

$$A=\lg\frac{I_0}{I}=\lg\frac{1}{T}\tag{6-17}$$

式中：I_0——红外光的入射光强；

　　　I——红外光的透过样品的光强。

这两种表示法各有应用特点，以透射率表示的红外图谱是标准图谱采用的普遍格式，
可以直观地看出样品对红外光的吸收情况。而以吸光度表示的图谱的优点是，吸光度值在
一定范围内与样品的厚度和浓度成正比关系。根据朗伯-比耳（Lambert-Beer）定律，可
以通过样品吸收峰的面积求出样品的浓度，计算公式为式(6-18)。因此，采用吸光度为纵
坐标利于定量分析。

$$A=KCL\tag{6-18}$$

式中：C——样品浓度；

　　　K——比例常数；

　　　L——样品厚度。

2. 基线校正

采用溴化钾压片法测得的红外光谱，由于颗粒研磨不够细、压出的锭片不够透明等而
发生的红外散射现象，使得光谱的基线出现漂移或倾斜。在使用红外显微镜或其他红外附
件时还会出现干涉条纹，因此需要进行基线校正。对于基线校正，有两种方法：一种是自
动基线校正，另一种是人为基线校正。对于倾斜或漂移的基线两种方法皆适用，而对于出
现干涉条纹的基线只能人为逐点校正。基线校正后吸收峰的峰位基本不变，但峰面积会有
较大变化，且基线越倾斜，变化越明显。因此，在利用红外光谱进行定量分析时，最好将
吸光度光谱进行基线校正。

3. 光谱平滑

利用光谱平滑可以降低光谱的噪声，达到改善光谱形状的目的。通过平滑可以看清楚被噪声掩盖的真正峰谱。目前红外光谱的平滑技术是对数据点的纵坐标值进行数学平均计算，通常采用 Savitsky-Golay 算法。红外软件中通常提供两种光谱平滑方法：手动平滑和自动平滑。手动平滑时，需要设定平滑程度，而自动平滑仪器会自动根据选定的光谱进行平滑，不需要设定平滑程度。平滑一般从较低的平滑程度开始，比较平滑前后的波形，主要观察肩峰的形状，如果肩峰没有消失，光谱分辨率没有下降，就可以继续提高平滑程度至信噪比满足要求。

4. 光谱差减

在数值上将两个光谱相减，得到的光谱称为差减光谱。根据朗伯-比耳定律，吸光度有加和性。在混合物光谱中，某一波段处的总吸光度是该体系中各组分在该处产生的吸光度的总和。在测试样品的红外光谱时，需要扣除背景光谱，以排除二氧化碳、水汽和仪器等因素的影响。此外，光谱的差减还能够分析混合物光谱中的未知成分。例如，一个混合物包含已知组分 1 和未知组分 2，从混合物的光谱中减去组分 1 的光谱，就能得到组分 2 的光谱，然后对此光谱进行检索，确定未知物质。但组分的含量往往是未知的，因此在差减时，需要对组分 1 的光谱乘以一个差减因子。选择差减因子的原则为使差减光谱中组分 1 的参考峰减到基线为止。

$$A(v) = \sum_{i=1}^{N} a_i(v) b c_i \tag{6-19}$$

5. 定量分析

外光谱的定量分析是依据朗伯-比耳定律，对于溴化钾压片法制备的样品，式（6-19）中 bc_i 可用样品的质量表示。因此，在红外光谱中，特征吸收峰的强度主要与基团振动频率的吸光度系数和基团数目有关。通常，红外光谱的定量分析有两种方法，一种是测量吸收峰的峰高，另一种是测量吸收峰的峰面积。采用峰面积进行定量分析往往比采用峰高更加准确，因为红外吸收光谱的峰高受样品和仪器因素影响更大。红外分析软件一般都能直接测量峰高和峰面积，但红外光谱吸收峰的形状是多种多样的。有独立存在的、非常对称的吸收峰；也有些吸收峰靠在一起，有相互重叠的部分但互相干扰不是非常严重；也有些吸收峰是由两个或两个以上的吸收峰重叠在一起。对于由多个吸收峰叠加起来的谱带，可以通过软件对峰进行分峰，分出重叠着的子峰。分峰拟合是将重叠在一起的各个子峰通过计算机拟合，将它们分解成洛伦茨（Lorentzian）函数或高斯（Gaussian）函数分布的各个子峰。洛伦茨函数分布峰形较宽，而高斯函数分布是一种正态分布，峰形偏细高。在拟合时，需要设定四个参数：峰位、峰高、半高宽和峰形。曲线拟合法用于多组分分析时需要仔细，并不是每一个组分都能用一个对称的峰形来表征，因此可能会产生误差。此外，曲线拟合的参数多，子峰数目常常不能确切知道，因此最好能用其他方法校核，也可在分峰前先用导数光谱求出子峰的峰位。

6. 典型水化产物：C-S-H 凝胶

C-S-H 凝胶是硅酸盐水泥的主要水化产物和主要胶凝物质。根据红外光谱的吸收峰，能够检测 C-S-H 凝胶的微观结构。C-S-H 凝胶的中红外光谱与托贝莫来石（tobermorite）和硅钙石（jennite）相似，都具有 $800 \sim 1200 \text{cm}^{-1}$ 的范围内帘谱带（对应于 Si-O 键的不对称和对称伸缩振动)、在 $660cm^{-1}$ 附近的 Si-O-Si 弯曲振动吸收峰和由于 SiO_4 四面体的变形引起的 $400\sim500cm^{-1}$ 的吸收峰。C-S-H 凝胶与 1.4nm 托贝莫来石的红外光谱最相似,都表示为 Q^2。四面体中 Si-O 的伸缩振动的吸收峰在 $970cm^{-1}$ 附近,此吸收峰随着 Ca/Si 的变化而略有波动,在 Ca/Si$<$1.2 时,Q^2 四面体中 Si-O 的伸缩振动的吸收峰随着 Ca/Si 的增加而向低频率移动,C-S-H 凝胶的聚合度降低;而表示 Q^1 四面体中 Si-O 的伸缩振动的吸收峰的峰高($810cm^{-1}$ 附近)则随着 Ca/Si 的增加而增加。对 Ca/Si$=$0.41 的 C-S-H 凝胶,其 Si-O 吸收谱带很宽,且吸收峰峰位频率更高,说明其聚合度更高,还有更多的 Q_3 和 Q_4 四面体单元。在 $670cm^{-1}$ 附近的 Si-O-Si 弯曲振动带的强度在 Ca/Si$\geqslant$ 1.19 时降低,而宽度增加。此波段的吸收峰受到 Si-O-Si 的键角和相邻四面体单元的影响,因此宽度的增加表明 Si-O-Si 键角的增加和聚合度的增加。对于 Ca/Si$<$0.88 的样品,此吸收峰的分辨度随着 Ca/Si 的降低而降低,而 SiO_4 四面体的内部变形引起的吸收峰($500cm^{-1}$)则随着 Ca/Si 的增加而增加。在 $1640cm^{-1}$ 附近的谱带是由水分子中 H-O-H 的弯曲振动引起的;在 $2800\sim3700cm^{-1}$ 范围内的宽谱带是由水和氢氧化物中的 O-H 基团的伸缩振动引起的。在 O-H 伸缩振动区域中,Ca/Si$\leqslant$1.32 的 C-S-H 凝胶与 1.4nm 托贝莫来石相似,但 Ca/Si 较大的 C-S-H 凝胶有 $3600cm^{-1}$ 和 $3300cm^{-1}$ 两个峰,更接近于 1.1nm 托贝莫来石和低分辨率的硅钙石。在 $3600cm^{-1}$ 的吸收峰显示强氢键层间水或氢氧化钙的存在,在 $3300cm^{-1}$ 的吸收峰主要由于水分子造成的。从红外光谱可知,C-S-H 凝胶中的含水量随着 Ca/Si 的增加而降低。当 Ca/Si$\leqslant$1.32 时,层间水较多,因此该区域的红外光谱接近 1.4nm 托贝莫来石,当 Ca/Si 增大后,层间水分子减少,而氢氧化钙分子增加。

6.4 热重分析技术

6.4.1 热重分析技术的基本原理

热分析技术是在程序控制温度条件下,测量材料物理性质与温度之间关系的一种技术,主要用于测量和分析温度变化过程中材料物理性质的变化,从而对材料的结构、组成进行定性、定量的分析。应用热分析技术能快速准确地测定物质的晶型转变、熔融、升华、吸附、脱水、分解等变化,在无机、有机及高分子材料的物理及化学性能方面,是重要的测试手段。

热分析技术在水泥基材料研究中的应用主要分两个方面:水泥熟料化学和水泥水化化学的研究,尤其在后一方面的应用更为广泛。在水泥水化研究方面,热分析主要用于水泥浆体的非蒸发水量,水化产物物相的定性、定量测试。其中,热重分析(Thermogravimetric Analysis,TG 或 TGA)应用最广泛,是目前测定水化浆体中非蒸发水量和氢氧化钙含量较准确的手段。热重分析技术是对试样的质量随温度的变化,或对等温条件下随时间变化而发生的改变量进行测量的一种动态技术。TG 所记录的质量随温度变化的关系曲线称为热重曲线(TG 曲线),它表示过程失重的累积量。根据 TG 曲线可以得到试样组成、热稳定性、热分解温度、热分解产物和热分解动力学等方面的信息或数据。定量性强是热重分析的主要特点，能准确地测量待测物质的质量变化及变化速率。微商热重法，又称导数热重法（Derivative Thermo-gravimetry，简称 DTG），它是 TG 曲线对温度（或时间）的一阶导数。DTG 曲线能精确地显示物质微小质量变化和变化率、变化的起始温度和终止温度。DTG 曲线上二阶微商为零的拐点处，失重速率最大。DTG 曲线可以获得 TG 曲线上难以看出的信息。

在进行水化物相分析时，TG 经常与 XRD 相结合，二者可以相互验证和补充，从而取得较好的效果。

热重分析所用的仪器是热重分析仪（热天平），主要由天平、炉子、程序控温系统、记录系统等部分构成。水平布置结构和垂直布置结构是热重分析仪两种典型的结构。在测试过程中，热重分析仪将样品重量变化所引起的天平位移量转化成电磁量，这个微小的电量经过放大器放大后，送入记录仪记录；而电量的大小正比于样品的重量变化量。当被测物质在加热过程中升华、汽化、分解出气体或失去结晶水时，被测物质的质量就会发生变化，这时 TG 曲线不是水平而是有所下降。通过分析 TG 曲线，就可以知道被测物质在产生变化时的温度，以及损失的质量（如 $CaSO_4 \cdot 2H_2O$ 中的结晶水）。热重分析仪最常用的测量的原理有两种，即变位法和零位法。根据天平梁倾斜度与质量变化成比例的关系，用差动变压器等检知倾斜度，并自动记录，这就是变位法；采用差动变压器法、光学法测定天平梁的倾斜度，然后去调整安装在天平系统和磁场中线圈的电流，使线圈转动恢复天平梁的倾斜，即所谓零位法。线圈转动所施加的力与质量变化成比例，这个力又与线圈中的电流成比例，因此只需测量并记录电流的变化，便可得到质量变化的曲线。

6.4.2 热重分析制样及注意事项

热重分析样品制备比较复杂，需要考虑很多因素，下面是水泥基材料样品制备过程需要考虑的因素：

1. 终止水化及干燥方式

水化试样进行 TG 分析前首先进行的处理就是终止水化和进行干燥。水泥基材料的 TG 结果对试样的水化终止及干燥方式很敏感。目前用于水化试样终止水化和干燥的方法可分为直接干燥法和间接法两大类；直接干燥法包括升温干燥法（≤105℃）、微波干燥法、D-干燥、P-干燥以及冷冻干燥法。间接法主要是采用各种溶剂（乙醇、甲醇、异丙醇、丙酮等）将试样中的水置换出来，从而达到终止水化和干燥的目的，之后抽真空处理使溶剂从试样中挥发出来。

冷冻干燥法是最适用于热分析试样的直接干燥法，但这种方法对设备的要求高。干燥时，首先将待干燥试样直接浸入液氮（-196℃）中，或者先将试样放入容器中，再将容器浸入液氮中。在液氮中浸泡约 15min 后，将试样转移到冷冻干燥器中，在低温（-78℃）、低压（4Pa）中继续干燥 24h。

间接法能够较好地保持试样的微观结构，但在浸泡的过程和随后的热分析过程中，有机溶剂可和水化产物产生化学反应，从而导致水化产物组成的改变，例如：加热时有机溶剂和 C-S-H 凝胶反应，释放 CO_2，甲醇可以和水化产物 CH 反应，形成类碳酸盐产物。这些作用均影响到热重分析的结果。目前所使用的有机溶剂中，异丙醇对水化产物的碳化作用最小。因此，进行热分析结果分析时或发表热分析数据时，需要注明试样的干燥处理方法。

2. 样品代表性

对于水化样品，可取约 5g 的试样研磨成热重分析测试所需的粉状样品。若试样量太大，会延长制样时间，而试样量太小，则影响试样的代表性。

3. 样品碳化及避免

水泥基材料，尤其是水化样品，磨细后非常容易碳化，干扰试验结果，因此在制备样品时要特别注意防止碳化。采用溶剂取代法终止水化和干燥过的水化样品，应该在进行热重分析前的几个小时前进行研磨，减少样品碳化的可能性。样品研磨时宜采用手工研磨，如果采用制样仪器进行研磨，应采用湿式方法即和有机溶剂一起进行研磨，但样品需要重新干燥（溶剂与试样之间可能产生反应），以免研磨时因机械冲击作用下温度上升而导致水化产物脱水。研磨好的粉末样品进行热重分析前要放置于真空干燥器中保存，最大可能地避免碳化。样品制备过程中还要注意避免样品污染。采用的研钵要注意清洗，研钵不用时应浸泡在稀磷酸溶液中。使用前用纯净水进行清洗，采用乙醇、异丙醇等有机溶剂进行干燥，用干燥的压缩空气吹干后再使用。收集试样使用的毛刷最好采用超声波清洗后再进行有机溶剂的清洗和干燥。每研磨好一个样品后需要按上述方法对使用过的研钵进行清洗。样品制备方法应该是一致和可重复的，只有一致的样品制备方法才能获得可对比的热重分析数据。

4. 样品量

样品量不足会影响测试结果的精确度和代表性。尤其是物质挥发成分非常小或者样品均匀性差时，更应该加入足够的样品量。但样品量越大，试样内部存在的温度梯度也越显著，尤其是对于导热性较差的样品而言更甚。另外，样品分解产生的气体（水蒸气、二氧化碳）向外扩散的速率与样品量有关，样品量越大，气体越不容易扩散。综上考虑，样品一般称取约 50mg。

5. 样品形态

制备过程中，需考虑样品形态的影响。样品的形状和颗粒大小不同，对热重分析的气体产物扩散影响亦不同。一般来说，大片状样品的分解温度比颗粒状的分解温度高，粗颗粒的分解温度比细颗粒高。对建筑材料来说，一般要求全部通过 0.08mm 的方孔。

6. 样品装填方法

样品装填越紧密、样品间接触越好，热传导性就越好，降低了温度滞后现象。但是装填紧密不利于气体与颗粒接触，阻碍气体分解扩散或溢出。因此可以在样品放入坩埚之后，轻轻敲一敲，使之形成均匀薄层。

6.4.3　水泥基体系中典型固相物质的热重分析数据

热重分析的结果以 TG 曲线的形式表示，仪器通常也会给出 DTG 曲线。DTG 曲线有两种表达形式，即以物质的质量变化速率（对温度或时间）作图，即得 DTG 曲线，可以根据 DTG 的单位加以区别。如果仪器不能给出 DTG 曲线，可以采用数据处理软件对热重曲线对温度或时间求导获得。

热重曲线和 DTG 曲线可以定性识别水泥石中的物相，定量测定水化试样中各种形式水的量及 CH 的含量。水泥石中的热重曲线、DTG 曲线可以分两阶段，代表两类反应。

室温～300℃为第一个阶段，C-S-H 凝胶，C-A-H 凝胶、AFm 相等水化产物失水分解；这个阶段，热重曲线上可能出现几个失重台阶，DTG 曲线上相应的峰会相互重叠；第二个阶段，氢氧化钙（350～550℃）及碳酸盐分解（＞600℃）。需要指出的是 C-S-H 凝胶分解可在整个测试的温度范围内进行，因此水化试样的热重曲线不会出现明显的水平段。

1. 化学结合水、非蒸发水量

水泥水化的实质就是各种熟料矿物和活性成分在水化过程中与水反应，把自由水以不同形态固定到不同的水化产物中。而在热分析过程中，这些水化产物分解，把固定的水重新释放出来。如果忽略未水化试样本身的烧失量，热重分析中质量损失就是被结合水的总量。在介绍热重分析法定量测试水化浆体中化学结合水、非蒸发水量之前，需要明确化学结合水、非蒸发水的概念。Powerst 等所提出水泥石浆体的结构模型中，认为硬化浆体是由水化产物、毛细孔水及未水化水泥三部分组成，而水化产物中又包括化学结合水。Taylor 认为化学结合水是存在于层间孔隙、更加牢固结合的水，但不包括层间孔隙中的水分。化学结合水包括非蒸发水、AFt、AFm 结构中的水以及部分 C-S-H 凝胶层间孔中的水。非蒸发水：经过 D-干燥后仍然保留在硬化浆体中的水，所谓 D-干燥方法即试样在连续抽真空的情况下，与 79℃干冰-乙醇混合物达到平衡的干燥方法。经过 D-干燥后大部分存在于 C-S-H 凝胶、AFm 相及水滑石类型物相的层间结构中的水，以及大部分存在于 AFt 晶体结构中的化学结合水被脱出，而仍然保留在水化产物结构中的水则为非蒸发水。硅酸盐水泥完全水化的非蒸发水量为恒定值，约为 23％，因此非蒸发水量通常用来估算水泥的水化程度。

化学结合水的测定方法：（1）测定湿度 11％下试样达到平衡时保留在浆体中的水。（2）经有机溶剂浸泡的试样，真空泵连续抽真空 1h 后，测定保留在浆体中的水分。利用热重分析法测定化学结合水量时，一般认为从室温开始至 CH 分解结束后的质量变化量即为化学结合水量。如果试样没有明显的碳化，或者试样初始组成中没有碳酸钙组分（如石灰石粉），也可以取整个试验温度范围内的质量损失为化学结合水量。计算化学结合水量时，需要注明计算所取的温度范围。

非蒸发水量测试方法：在实践中往往采用与 D-干燥相当的干燥方法测定非蒸发水的数量。其一是灼烧法，即将试样在 105℃、无 CO_2、湿度不控制的条件下干燥至恒重。经 105℃干燥的试样于 950℃下灼烧至恒重，测得试样的烧失量，校正干基物料在相同灼烧温度下的烧失量，换算成单位质量干基物料的烧失量即得非蒸发水量 W_n。

在典型的试验条件下（干燥、无 CO_2 的 N_2 流中，升温速度 10℃/min），热重曲线上温度为 145℃以上的质量损失占干基物料的质量分数近似等于非蒸发水量。也可以根据实际需要进行试验时的参数设定，下面是根据试验参数计算非蒸发水量和水化程度的例子，水化程度可以通过热重分析法测量浆体的质量损失来计算：

50mg 磨细样品以下面的升温方式加热：（1）在 28℃下放置 10min。（2）以 5℃/min 的速度加热至 105℃。（3）保持 30min。（4）以 5℃/min 的速度加热到 1000℃。为了保证样品不受污染，在试验过程中以 20ml/min 的速度持续通高纯度的干燥氮气。

W_n 是水化样品的质量损失，通过式（6-20）得到：

$$W_n = \frac{W_{150℃} - W_{1000℃}}{W_{1000℃}} \tag{6-20}$$

式中：W_T——在温度 T 时的分级质量损失；

　　　n——非蒸发水的总质量分数，可通过其组成使用列表系数计算得到。

Class H 水泥和白色硅酸盐水泥是 0.23，I 型水泥是 0.25。水化程度 α 使用式（6-21）计算：

$$\alpha = \frac{W_n}{n} - LOI \tag{6-21}$$

式中：n——完全水化水泥浆体中非蒸发水的质量分数；

　　　LOI——未水化水泥的质量。

如果样品因暴露在空气中碳化，计算水化程度的质量损失必须考虑到碳酸钙和氢氧化钙的分子量。但当样品已经进行溶剂交换后，此修正也就变得不可信，因为碳化物对质量损失的性质是未知的。

2. CH 含量及碳化校正

用化学法分析 CH 含量时，往往会因为同时检出 f-CaO，使结果偏大，而应用热重分析法测定 CH，具有较高的精度。应用热重分析法测试 CH 含量是用 CH 热分解的化学反应式来计算的。

如果初始胶凝体系中未含有碳酸钙，但热重曲线和 DTG 曲线上出现了明显的碳酸钙分解峰，表明试样在制备、制样、储存期间产生了碳化。此时，需要计算出分解的碳酸钙，根据碳酸钙和氢氧化钙的分子量对 CH 的量进行校正。但如果样品采用有机溶剂进行交换干燥处理，此修正也就变得不可信。因为在机溶剂进行置换处理时，有机溶剂可能与 AFt、AFm 相反应，吸附于 C-S-H 凝胶中，甚至与 C-S-H 凝胶反应形成碳酸盐，此时化合物对质量损失的性质是未知的。

6.5　高分辨固体核磁共振波谱技术

6.5.1　高分辨固体核磁共振波谱技术的基本原理

高分辨核磁共振波谱技术作为一种重要的研究工具，在水泥以及水泥基材料的性能表征和结构分析等方面得到了广泛应用。高分辨核磁共振波谱技术可以选择的自旋原子核种类众多，任何具有核自旋性质的元素同位素（如 ^1H、^{11}B、^{18}F、^{27}Al、^{29}Si）一旦被检测到，就可以得到简单而又信息丰富的特征光谱，因此该技术适用于复杂的多相材料，如水泥基材料等的研究。由核自旋所引起的共振对局部结构秩序和动态效应极为敏感说明其不仅适用于晶体相的研究，也适用于非晶体相的研究，如波兰特水泥水化过程中生成的 C-S-H 凝胶。因此，高分辨核磁共振波谱技术能够有效弥补其他一些只能够检测有序的结晶相或原材料化学特性的相关技术的不足。

1945 年，物理学家首次发现了核磁共振这一现象。1948 年，Pake 最早将这一技术应用于水泥材料的研究，得到了二水石膏晶体的 ^1H-NMR 谱。此后，^1H-NMR 光谱开始逐渐被用于波兰特水泥的水化研究，通过测定 ^1H 原子核的自旋-自旋弛豫时间（spin-spin relaxation）和自旋-晶格弛豫时间（spin-lattice relaxation time）的变化来确定水化体系中的存在形态。进入 21 世纪后，人们借助 ^1H-NMR 技术可以研究硬化水泥体系中的固态水和自由水的特征，进而对硬化水泥基材料中的孔隙结构、孔尺寸、孔连通性以及水分子扩散特征有了新的认识。其中，^{1}H-NMR 属于低分辨率 NMR 技术，由于所需的磁场强度很低，大约为 0.5～1.4T（对应的^{1}H 原子核的共振频率为 20～60MHz），因此低分辨率 NMR 技术的^{1}H-NMR 的一个优点是成本较低。比较而言，高分辨率 NMR 技术则需要由超导磁体提供非常高的磁场强度（4.7～23.5T，对应的^{1}H 原子核的共振频率为 2000～1000MHz），使用成本较高。

魔角旋转（magic-angle spinning，MAS）是一项使 NMR 在固体研究中实现高分辨率的重要技术。20 世纪 80 年代早期，这一技术的日趋完善，使 NMR 可用于除^{1}H 和^{13}C 之外更多种类的元素，特别是^{27}Al 和^{29}Si，这大大扩展了 NMR 技术在无机材料领域的应用。Lippmaa 等首次利用^{29}Si MAS-NMR 技术研究了沸石和铝波特兰矿物，研究表明，^{29}Si 的化学位移可以反映硅氧四面体的缩合程度。这种化学位移和缩合程度的对应关系同样在硅酸钙以及无定形的 C-S-H 凝胶中被发现。目前，它已成为^{29}Si MAS-NMR 结构和定量研究的重要依据，被广泛应用于波特兰水泥以及掺加富含波特兰和铝波特兰掺合料的混合水泥的水化研究。Muller 等使用^{27}Al MAS-NMR 技术发现四面体配位结构中的铝原子和八面体配位结构中的铝原子可以非常容易地通过二者^{27}Al 的化学位移差（50～60ppm）进行区别。铝酸盐矿物中的铝原子是四面体配位，而其水化产物中的铝原子是八面体配位，Muller 等根据这一发现利用^{27}Al MAS-NMR 对铝酸钙、高铝水泥以及波特兰水泥中的铝酸三钙矿物的水化进行了研究。但是，^{27}Al（自旋量子数 $I=5/2$）是一种具有电四极矩的原子，并且其在配位体中的位点存在骨架扭曲，所以共振时会出现谱线变宽现象，降低分辨率，而 MAS 技术仅可以部分缓解这一问题。Skibsted 等研究铝酸三钙时发现四极矩相互作用的二级效应和磁场强度成反比，因此可以通过提高磁场强度和 MAS 旋转速度的方法来提高^{27}Al NMR 技术的分辨率。20 世纪 90 年代中期，随着多量子（multiple-quantum，MQ）射频脉冲序列技术的发展，NMR 技术在量子数为半整数的元素（如^{17}O、^{27}Al）上的应用得以突破。在 MAS 中，这一技术可以通过关联多量子和单量子的相干性，消除原子共振时产生的四极矩二级相互作用，得到二维的 MAS 谱线。

目前，一系列利用同/异核偶极相互作用或 J 耦合相互作用的固体 NMR 射频脉冲序列被用于水泥材料的研究，以探测自旋原子对（spin pairs）之间的连接特性以及原子间距。例如，Brunet 等将双量子相干滤波脉冲序列用于 2D ^{29}Si-^{29}Si 相干性实验中，研究了 C-S-H 凝胶中的硅氧四面体的连接方式。Rawal 等将这一脉冲序列用于 2D ^{29}Si $\{^1$H$\}$ 交叉极化实验中，研究了 C-S-H 凝胶中^{1}H-^{29}Si 的连接特性。

虽然目前固体 NMR 在水泥科学中的应用主要集中在^{27}Al 和^{29}Si MAS-NMR 上，但是还有许多其他具有自旋特性的元素（如^{1}H、^{13}C、^{17}O、^{19}F、^{23}Na、^{25}Mg、^{31}P 和^{43}Ca）的 NMR 应用研究也已经展开。通过对这些元素的 NMR 研究可以得到一些非常有价值的信息，如客体离子在主要的水泥矿物中的结合方式、水泥和外加剂（如减水剂）之间的反应、硬化水泥浆体所处环境对其孔溶液的影响等。

目前，多种 NMR 技术已经在和水泥相关的研究中得到了广泛应用，包括用于水泥矿物以及水化产物化学和结构探测的多核固体 NMR 技术，用于水泥水化体系中孔隙特征和水分传输研究的低磁场^{1}H-NMR 技术，用于微米/毫米尺度试样的水化、孔隙、裂缝以及水扩散特征研究的立体解析 NMR 技术等。

核磁共振研究的是具有自旋的原子核，如 ^1H、^{19}F、^{31}P、^{23}Na、^{13}C 等。自旋原子核有自旋量子数 I 和磁矩 μ，其自旋动量 P 和磁矩 μ 为：

$$P=\frac{h}{2\pi}\sqrt{I(I+1)} \tag{6-22}$$

$$\mu=\gamma P \tag{6-23}$$

式中：γ——旋磁比，对于 ^1H 而言，$\gamma=42.58MHz/T$；

　　　h——普朗克常数。

自旋量子数 $I\neq0$ 的原子核，处于恒定的外磁场 H_0 中，核磁矩 μ 与 H_0 相互作用，则 μ 要发生一定的取向与进动；进动的频率 ω_0 称为拉莫尔频率：

$$\omega_0=\gamma H_0 \tag{6-24}$$

对于被磁化后的核自旋系统，如果在垂直于静磁场的方向加一个射频场，而且让其频率 $\omega=\omega_0$，那么，根据量子力学原理，核自旋系统将发生共振吸收现象，即处于低能态的核自旋将通过吸收射频场提供的能量，跃迁到高能态。这种现象被称为核磁共振。

自旋-晶格弛豫和自旋-自旋弛豫现象：弛豫现象是自旋原子核在不同能级间跃迁的结果，由原子核之间的局部相互作用波动所引起。因此，弛豫的过程主要由自旋相互作用的强度和波动次数决定，其中，波动次数和动态过程有关，如原子或分子的运动和振动。因此，弛豫时间对自旋原子核所在的环境非常敏感，如温度、分子运动以及杂质离子等。弛豫时间 T_1 和 T_2 经常被用于区分自旋原子所处的不同的物理、化学环境。对一个刚性固体而言，当温度降低时其弛豫时间 T_1 和 T_2 会增加，而在样品从非固态（液态）相转变为固态相时，T_1 增加，T_2 减少。

自旋-晶格弛豫时间 T_1 可以通过反转恢复（invertion recovery，IR）实验或饱和恢复（saturation recovery，SR）实验确定。反转恢复实验使用一个 180° 的脉冲反转磁化强度方向，即使 $M_z(t=0)=-M_0$，脉冲过后磁化强度需要一定时间恢复（恢复时间 τ），此时再使用一个 90° 的观察脉冲来探测 FID。通常需要 8～15 次恢复过程来获得一组谱图，在零点交叉（$\tau=T_1\ln2$）前选择 3～5 个数值，其余数值在恢复时间（T）：$\ln2<r<\sim3T_1$ 的范围内选择。对于一个单指数弛豫过程（如单质样品），当 $M_z(t=0)=-M_0$ 时，获得的谱图强度满足布洛赫公式时，其表达式为：

$$M_z(t)=M_0+[M_z(0)-M_0]\exp(-t/T_1) \tag{6-25}$$

式中：$M_z(0)$——脉冲后的 z 向磁化强度。

对于一个 90° 脉冲 $[M_z(0)=0]$，当弛豫延迟时间 d_1 为最大弛豫时间 T_1 的五倍时，通常就可以在图谱中获得定量的精确信号强度。

将 $M_z(t=0)=-M_0$ 带入后得到拟合公式为：

$$M_z(\tau)=M_0[1-2\exp(-t/T_1)] \tag{6-26}$$

IR 实验的一个缺点是需要获得每一次扫描的全弛豫时间（$d_1\sim5T_1$），这就使对于 T_1 很长的实验非常耗时。Canet 等设计的快速 IR 实验可以有效减少实验时间，其弛豫延迟可以降至 $d_1\sim3T_1$，谱线强度可用式（6-27）进行拟合，拟合参数为 M_0，α 和 T_1，其公式为：

$$M_z(\tau)=M_0[1-\alpha\exp(-t/T_1)] \tag{6-27}$$

式（6-27）中出现了新变量 α（一般 $\alpha\leqslant2.0$），引入该参数的目的是用于对不理想的弛豫延迟进行修正以及对 180°、90°脉冲可能存在的轻微缺陷进行补偿。因此，即使是全弛豫时间已知的情况下，拟合时应优先选择该方式。对于弛豫时间很长的实验，还可以通过饱和恢复实验来减少仪器的运行时间。该方法使用几个（一般为 5～20 个）有间隔的脉冲（间隔时间 $\tau_{sat} \ll T_1$）使自旋体系达到饱和，之后经过一个恢复期 τ，使用 90°观察脉冲探测 FID。最开始磁化强度饱和状态时 $M_z(t=0)=0$，得到式（6-28）：

$$M_z(\tau) = M_0[1-\alpha\exp(-t/T_1)] \tag{6-28}$$

此时弛豫时间通过二参数（M_0，T_1）拟合来确定。这种方法的优势是使用的重复延迟时间非常短，$d_1 \approx 0$。然而，谱线强度的分析对 90°观察脉冲的精度非常敏感，所以需要至少一个在 τ 系列的谱图来处理均衡磁化。

对波特兰水泥体系，自旋-晶格弛豫时间通常由自旋原子附近的游离相或结合杂质离子的晶格中存在的顺磁性离子（如 Fe^{3+}）决定。自旋孤电子的旋磁比大约是自旋原子核的 10^3 倍，原子核自旋和顺磁性离子的电子自旋之间存在偶极相互作用，所以可以得到一种非常高效的弛豫机制。考虑到顺磁性离子浓度非常低，假设不存在自旋扩散，可以导出观测强度分别和 IR（$\alpha=2$）实验以及饱和恢复实验的恢复时间的关系，如式（6-29）和式（6-30）所示：

$$M_z(\tau) = M_0[1-\alpha\exp(-\sqrt{\tau/T_1'})] \tag{6-29}$$

$$M_z(\tau) = M_0[1-\exp(-\sqrt{\tau/T_1'})] \tag{6-30}$$

这种关系也被称为广延指数关系，和弛豫时间 T_1' 相关。这一效应已经被成功用于含有少量铁离子的波特兰矿物的 ^{29}Si MAS-NMR 研究当中。此外，这一效应还被用于研究波特兰水泥中阿利特和贝利特矿物中 ^{29}Si 的自旋-晶格弛豫时间研究以及波特兰水泥中阿利特和贝利特中磷元素的结合特性研究。

化学位移和偶极/四级相互作用。使用高分辨率 NMR 光谱仪能够得到物质结构信息的基础就是化学位移，产生化学位移的原因是自旋原子核在外加磁场（由原子核周围的电子运动产生）中存在屏蔽效应。原子核在受到一个有效磁场作用时，其有效磁场场强 $B=(1-\sigma)B_0$，其中，σ 表示屏蔽常数，无量纲，其大小通常为百万分之一。磁场作用会导致共振条件出现一个微小变化，其修正式如式（6-31）所示：

$$h\upsilon = \gamma h(1-\sigma)B_0 \tag{6-31}$$

化学位移需要根据基准样品（ref）的参考值进行相对测量，化学位移差值的表达式为：

$$\delta = \frac{\upsilon_{sample}-\upsilon_{ref}}{\upsilon_{ref}} \times 10^6\,ppm \tag{6-32}$$

由于屏蔽常数非常小，式中分母部分的 υ_{ref} 可以用光谱仪的工作频率 υ_L 替换，这种情况下就可以得到化学位移 δ 和屏蔽常数 σ 之间的关系为：

$$\delta = (\sigma_{ref}-\sigma_{sanple}) \times 10^6\,ppm \tag{6-33}$$

6.5.2　NMR 测试制样及注意事项

MAS-NMR 实验使用的样品通常为干粉状，样品体积根据 NMR 转子的大小决定，通常样品体积为 20～500μL。NMR 技术的一个主要优势就是无损检测（只要样品能够在

$20 \sim 50$℃稳定存在)。如果样品对温度非常敏感,那么可以通过使用 VT MAS 设备在指定的温度下进行 MAS-NMR 实验。实验对样品的粒径尺寸和粒度分布没有严格的要求,最主要的要求就是样品能够均匀地装入 NMR 转子中以确保转子旋转时能够维持稳定。通常,使用玛瑙研钵将硬化的水泥样品磨细获得颗径为 $100\mu m$ 以下的细粉作为样品最为合适。由于转子的直径基本大于 $4mm$,所以样品的装填工具非常简单,装填样品,尤其是对空气敏感的样品的操作可以在手套箱中完成。此外,大多数转子底帽有一个或多个 O 形环,其通常(至少在一个 MAS-NMR 实验期间)是密封完好的。

对于灵敏度较低的元素,尤其是在一些稀自旋原子核元素如[29]Si 的 NMR 研究中,转子直径或样品容量就要尽可能地大。此外,由于灵敏度低,该技术不适用于掺有大量惰性填料的混凝土样品的研究。对于这些实验,应该优先选用水泥浆体样品。关于水化动力学的研究,在进行 NMR 实验前需要对样品进行终止水化并干燥。对于波特兰水泥中主要的波特兰相的水化动力学研究,水化进程可以通过使用有机溶剂(通常为乙醇、异丙醇和丙酮)浸泡的方法去除水化样品中的自由水。终止水化后,过滤掉有机溶剂,并对样品进行反复冲洗后干燥,一般为真空干燥或在氮气保护的干燥器中自然干燥。

样品旋转产生的巨大离心力可能会对原位 MAS 研究水化实验造成影响,因为离心力会导致转子里面样品中的水和固体分布不均匀。此外,离心力还可能会导致调谐探测不稳定,特别是对于湿水泥浆体的[1]H 通道。在一项采用原位[29]Si MAS 和[29]Si{^{1}H} CP/MAS-NMR 对硅酸三钙浆体进行水化研究的实验中,使用了 $7mm$ 直径转子系统,样品旋转速度为 $v_R = 1.5kHz$,使用的硅酸三钙样品纯度接近 100% 以提高 SNR 并缩短实验运行时间。此外,还使用快硬环氧树脂包装对样品进行包裹并装入一个带盖子的内衬为缩醛树脂的转子中进行密封。对比水化 18h 后样品的静态和旋转谱图发现,旋转的硅酸三钙样品水化程度略低,而且在其[29]Si{^{1}H} CP/MAS-NMR 实验中观测到一个额外的共振峰 $[\delta(^{29}Si) = -82.5ppm]$。虽然这个共振峰在[29]Si MAS-NMR 谱图中仅占总强度非常小的一部分,但是它反映出 MAS 技术所产生的巨大离心力对水泥的水化还是有一定影响的。这一现象也同样在一个硬化波特兰水泥浆体样品($5.0MNaCl$ 中浸泡 6 个月)的[27]A1 MAS-NMR 谱图($v_R = 4.2kHz$,$7.5mm$ 直径笔式转子)中被观测到,谱图显示巨大的离心力会导致钙矾石逐渐分解,而弗里德尔盐的共振并不受其影响。

最后,还要注意的是样品中顺磁性成分的含量,其会对样品旋转造成影响,如果其含量非常高,则会导致样品旋转失效或毁掉转子。对于含铁的样品,不建议对氧化铁含量高于 10% 的样品进行分析。对于像粉煤灰这样的不均匀样品,在进行 NMR 实验前需要使用一个强磁铁去除样品中含铁量高的颗粒。

6.5.3　NMR 共振谱拟合

1. 各向同性魔角旋转核磁共振光谱的模拟

在自旋量子数 $I = 1/2$ 原子核的高速 MAS-NMR 谱图中,所有给定结构位点信息的强度都是在中心带共振区域收集的。理想情况下,这些共振峰显示的是一个有一定线宽的对称峰,线宽的主要来源有局部结构的缺陷、外部磁场不均匀以及 T_2 弛豫时间和偶极耦合这样的各向异性相互作用。例如,大多数旋转速度 $v_R = 5 \sim 10kHz$、磁场强度为 $7.1 \sim 14.1T$ 的[29]Si MAS-NMR 实验中都会出现这种情况。对于这样的实验,如果谱图是通过样品中每一组分全部的自旋-晶格弛豫时间获得的，那么观测到的强度就和样品中每一独立组分的摩尔分数成正比。对于精确的谱图，其相对强度的信息可以通过谱图积分的方法得到。然而，在一些例子中会观测到一个非常显著的共振重合，这时候就要使用去卷积法。通常，这些方法会用高斯曲线或洛伦兹曲线对这些峰进行求和或对这些峰形进行结合，考虑包括频率、线宽、强度和峰形（例如高斯或洛伦兹线形部分）等参数的变化来优化实验谱图。去卷积法，包括实验谱图的优化（如最小二乘法）的程序通常是包含在光谱仪分析软件中。

相对而言，实验谱图会打包转移到软件中进行数据处理，软件通常包括峰求和及不同的优化方法。就普遍情况而论，使用者可以按照需要对软件进行升级，以便处理分析大批量相似的谱图。

大多数情况下共振的重叠非常严重，此时很难找到一个完全正确的模型（此时谱图被认为是由一定数量的峰组成，其频率、线宽、强度以及峰形可以不受任何约束而变化）用于实验谱图的最小二乘法拟合。在这种情况下，分析者需要设置一个约束条件下的系统模型，例如，一个可以定义样品中不同组分的数量和可能存在的能够使峰全部变为相同线形和将线宽限制在一定范围内的约束条件。模型中定义优化谱图的输入，如果一个额外的成分需要考虑时，还可以在精修过程中进行调整。

2. 各向异性魔角旋转核磁共振光谱的模拟

不同结构位点的更多结构信息可以通过确定各向异性 NMR 参数获得，这些参数包括自旋量子数 $I=1/2$ 元素的 CSA 参数以及自旋量子数 $T>1/2$ 的元素的四极耦合作用参数等。这些参数可以用来确定特定结构环境对应的共振的归属，例如，与各向同性的化学位移相比，硅酸钙和 C-S-H 凝胶的 ^{29}Si CSA 参数（δ_σ 和 η_σ）对于 Q^0，Q^1 和 Q^2 位点可以给出更准确的信息。对于四极矩的元素，确定每个位点的 C_Q、δ_σ 和 η_σ 参数是定量分析的先决条件，因为中心带的重心是由这些参数和作用磁场共同决定的。所以这一点在对比不同磁场下的谱图时需要着重考虑。自旋量子数 $I=1/2$ 的元素的 CSA 参数可以通过分析 MAS-NMR 谱图中旋转边带强度或对静态粉末 NMR 谱图的线形分析来确定。对于 MAS-NMR 谱图，可以通过使用赫兹菲尔德-伯杰方法这一简单的方法来评估相对自旋边带强度或者使用一级 CSA 相互作用的公式模拟粉末干涉，将所有均匀分布的晶相进行均化。

6.6 压汞法测试技术

6.6.1 MIP 测试的基本原理

水泥基材料的强度和耐久性与其密实程度密切相关。而水泥基材料的密实性除了与孔隙率有关外，和孔结构也具有密切关系。在水泥水化过程中，水化产物填充原来由水占据的空间，随着水化的进行，水化产物数量增加，浆体孔隙率和孔径分布不断变化。因此，测定其孔隙率及孔径分布是水泥基材料（胶凝材料）研究的重要内容。压汞法是目前测试水泥基材料孔结构最常用的方法。

压汞法（MIP，mercury intrusion porosimetry）测孔技术是一种传统的测孔技术，迄今已经有 90 多年的历史。1921 年，Washburn 首先提出了多和孔固体的结构特性可以把非浸润的液体压入其孔中的方法来分析的观点。Washburn 假定迫使非浸润的液体进入半径为 R 的孔所需的最小压力 P 由公式 $P=K/R$ 确定。这个简单的概念就成为现代压汞法测孔的理论基础。最初发展压汞法是为了解决气体吸附法所不能检测到的大孔径（如大于 30nm 的孔径），后来由于新装置可达到很高的压力，从而也能测量到吸附法所及的小孔径区间。在多孔材料的孔隙特性测定方面，压汞法的孔径测试范围可达 5 个数量级，其最小限度约为 2nm，最大孔径可测到几百个微米，同时也可测量孔比表面积、孔隙率和孔道的形状分布。此外，由于汞不能进入多孔材料的封闭孔（"死孔"），因此压汞法只能测量连通孔隙和半通孔，即只能测量开口孔隙。它能够测量的孔径范围为 $5nm\sim360\mu m$。利用 MIP 对水泥基材料进行微孔分布测试，常分为低压测孔和高压测孔两种，低压测孔的最低压力为 0.15MPa，可测孔的直径为 $5\sim750\mu m$；高压测孔的最大压力为 300MPa，可测孔的直径为 $3nm\sim11\mu m$。

利用压汞法在给定的外界压力下将一种非浸润且无反应的液体强制压入多孔材料。根据毛细管现象，若液体对多孔材料不浸润（即浸润角大于 90°），则表面张力将阻止液体浸入孔隙，但对液体施加一定压力后，外力即可克服这种阻力而驱使液体浸入孔隙中。

由于水泥基复合材料中硬化浆体内部是无规则的、随机的孔，而压汞法假设孔为圆柱形，故测得的孔径为"名义孔径"。虽然不能全面反映真实的孔分布，但对于研究水泥基复合材料中各种因素的影响，相对比较各种因素对和孔结构及其分布的影响无疑是可行的。根据 Washburn 方程，外界所施加的压力与毛细孔中液体的表面张力相等，才能使毛细孔中的液体达到平衡，液体进入孔的压力 P（MPa）为：

$$p=-\frac{4\sigma\cos\theta}{d} \tag{6-34}$$

式中：σ——液体的表面张力；

θ——接触角。

由式(6-34)表明，使汞浸入孔隙所需压力取决于汞的表面张力、浸润角和孔径。由式(6-34)可知，一定的压力值对应于一定的孔径值，而相应的汞压入量则相当于该孔径对应的孔体积。所以，在实验中只要测定水泥基材料在各个压力点下的汞压入量，即可求出其孔径分布。

将表面积为 dA 的非浸润性物体浸入汞中，所做的可逆功 dW 为：

$$dW=\sigma\cos\theta\cdot dA \tag{6-35}$$

式中：A——浸入汞的表面积。

$$dW=\int P\cdot dV \tag{6-36}$$

联立可得：

$$A=-\frac{\int P\cdot dV}{\sigma\cos\theta} \tag{6-37}$$

可得：

$$\Delta A=-\frac{\sum\Delta PV}{\sigma\cos\theta} \tag{6-38}$$

联立式(6-34)和式（6-38）可得：

$$d_{mean} = \frac{4V_{tot}}{A_{tot}}$$ (6-39)

式中：d_{mean}——平均孔径（m）；

V_{tot}——总的累积进汞体积（m^3）；

A_{tot}——总的孔表面积（m^2）。

6.6.2　MIP 测试制样及注意事项

样品的制备需考虑取样方法、样品尺寸和样品干燥方法。传统的取样方法包括切割、钻芯取芯和压碎。Kumar 和 Bhattacharjee 等认为压碎和钻芯取样都可以研究混凝土结构，而钻芯取样更能减少误差。Hearn 和 Hooton 等人发现压碎后取样时会导致样品出现二次裂缝，同时还研究了样品尺寸对 MIP 结果的影响，他们发现减小样品尺寸，得到的结果就更趋于真实值。但如果长度尺寸低于临界样本尺寸，则不会影响 MIP 的结果。在开始MIP 测试之前，将样品烘干去除自由水是非常有必要的。这些干燥包括烘箱烘干样品，（温度通常在 50～105℃）、真空干燥、冷冻干燥、溶剂置换干燥、干冰干燥、除湿干燥等。Galle 等对比研究了将样品烘干、真空干燥以及冷冻干燥等不同干燥方法对 MIP 结果的影响，经过研究得出了冷冻干燥是研究水泥基材料最好的干燥方法。

一般采用将样品烘干的方式对样品进行干燥处理。首先取样后用乙醇立即浸泡以停止水化，并脱水。一般应浸泡 24h 以上。取出后在空气中使乙醇充分挥发掉，然后将这些试样放到 60℃真空干燥箱中干燥 48h（干燥箱的温度不能高于 60℃，防止部分水化产物分解），将烘好的试样放到膨胀计玻璃测量管内，之后首先进行低压实验，在低压结束后，把充满汞的玻璃测量管置入高压测量槽内，进行高压实验。与压汞仪相连的计算机控制进汞和出汞，并自动记录孔隙率累积曲线和孔径分布微分曲线。

6.6.3　压汞法分析水泥基材料常用的表征参数

通常，采用压汞法表征水泥基材料孔结构形态的参数通常有比表面积、孔径分布、孔隙率、平均孔径、最可几孔径、临界孔径等。在压汞实验结果中，微分曲线与横轴包纳的面积表示总孔隙体积，在一定的孔径范围内，孔径分布微分曲线峰值越高说明该区间内总孔体积越大。孔径分布微分曲线峰值所对应的孔径物理意义为：混凝土中小于该孔径则不能形成连通的孔道，也会出现概率最大的孔径，称为最可几孔径。临界孔径（Critical pore size diameter）定义为孔隙率曲线（或累积注入汞体积与孔径曲线）上斜率的突变点，指压入汞的体积明显增加时所对应的最大孔径。在压力和压入汞体积曲线上，临界孔径对应于汞体积屈服的末端点压力。临界孔径的理论基础是材料由不同尺寸的孔隙组成，较大的孔隙之间由较小的孔隙连通，临界孔是能将较大的孔隙连通起来的各孔的最大孔级。临界孔径反映的是孔隙的连通性和渗透路线的曲折性，对渗透性的影响最大，也是能检测到的最大孔径。

1. 孔隙率

孔隙率的定义为孔隙的体积与多孔材料表观体积的比值。压汞法中总孔隙率是根据最大压力处的累积进汞体积除以试样的总体积计算得到。

2. 孔径分布

孔径分布是指孔半径为 r 的孔隙体积在多孔试样内所有开口孔隙总体积中所占百分比的孔半径分布函数 $\psi(r)$：

$$\psi(r) = \frac{\mathrm{d}V}{V_{T_0}\mathrm{d}r} = \frac{P}{rV_{T_0}} \times \frac{\mathrm{d}(V_{T_0}-V)}{\mathrm{d}p} \tag{6-40}$$

$$\psi(r) = \frac{P^2}{2\sigma\cos\theta V_{T_0}} \times \frac{\mathrm{d}(V_{T_0}-V)}{\mathrm{d}p} \tag{6-41}$$

式中：$\psi(r)$——孔径分布函数；

V——半径小于 r 的所有开口孔体积；

V_{T_0}——试样的总开口孔体积；

p——将汞压入半径为 r 的孔隙所需压力（即给予的附加压力）；

σ——汞的表面张力；

θ——汞与材料的浸润角。

3. 表面积

进汞曲线表示当压力为 p 时，汞进入孔隙内的体积为 ΔV，孔隙的表面积与压力的关系为：

$$2\pi r l \sigma |\cos\theta| = p\Delta V \tag{6-42}$$

假设孔的两端为开口的圆柱形，则表面积为：

$$s = 2\pi r l \tag{6-43}$$

$$s\sigma|\cos\theta| = p\Delta V \tag{6-44}$$

半径范围为 $\mathrm{d}r$ 的孔所占的体积为 $\mathrm{d}V$，其所占的表面积为：

$$\mathrm{d}s = p\Delta V/\sigma|\cos\theta| \tag{6-45}$$

积分后可得到孔的总比表面积 S 的计算表达式：

$$S = \frac{1}{\sigma|\cos\theta|}\int_0^{V_{\max}} p\,\mathrm{d}V \tag{6-46}$$

式 (6-46) 即为压汞法测定 $P\text{-}V$ 关系曲线来计算表面积的公式（其中积分值直接从试验所得的压力-容积曲线中求得），由此得出质量为 m 的试样的质量比表面积 S_m 为：

$$S_m = \frac{1}{\sigma m\cos\theta}\int_0^{V_{\max}} p\,\mathrm{d}V \tag{6-47}$$

根据孔为开口圆柱体形状的假设计算平均孔径：

$$d_{\mathrm{mean}} = \frac{4V}{S} \tag{6-48}$$

式中：V——累积进汞总体积；

S——总的孔表面积。

4. 孔隙体积分型维数

压汞法是近年来混凝土材料科学研究中常用的孔特征测试评价方法，它是根据压入混凝土中汞的数量与所加压力之间的函数关系，计算孔的直径和不同大小孔的体积。通过孔隙体积与孔径的变化特征，可以直接用压汞测孔的实验数据求出孔隙体积的分型维数。将 $\mathrm{d}V/\mathrm{d}r$ 和 $\mathrm{d}r$ 分别取对数后绘制曲线，通过该曲线的斜率求出孔隙体积的分型维数。

$$p = 2\sigma\cos\theta / r \qquad (6\text{-}49)$$

$$\log[dV_p/dp] - (3-d)\log p \qquad (6\text{-}50)$$

$$\log[-dV_p/dr] - (2-d)\log r \qquad (6\text{-}51)$$

5. 结果分析示例

影响碱激发材料孔结构的因素很多，比如矿渣掺量、碱浓度、碱激发剂模数等。典型的孔隙结构划分表现为，孔隙结构小于 $1\mu m$ 的孔隙划分比较细，因此，试样的孔隙按照孔径的大小分为微孔（$<0.01\mu m$）、过渡孔（$0.01\sim0.1\mu m$）、中孔（$0.1\sim1\mu m$）和大孔（$>1\mu m$）。图 6-7～图 6-9 分别展示了以矿渣掺量、碱浓度和碱激发剂模数为变量碱激发矿渣体系的 MIP 实验结果以及对应的一次微分曲线结果。通过 MIP 实验可以观测到不同矿渣含量、碱浓度、碱激发剂模数的碱激发材料所形成的微观结构存在着巨大差异。

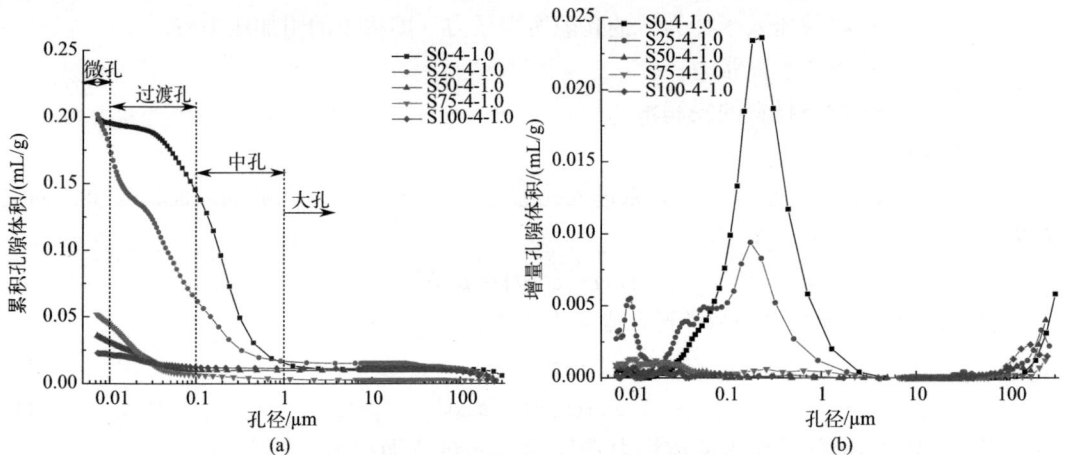

图 6-7 （a）不同矿渣掺量下碱激发材料硬化浆体的累积孔体积曲线
（S50-4-1.0：矿渣含量为 50%，碱浓度为 4%，碱激发剂模数为 1.0；标养 28d）；
（b）为（a）中所示累计孔体积曲线对应的一次微分曲线。

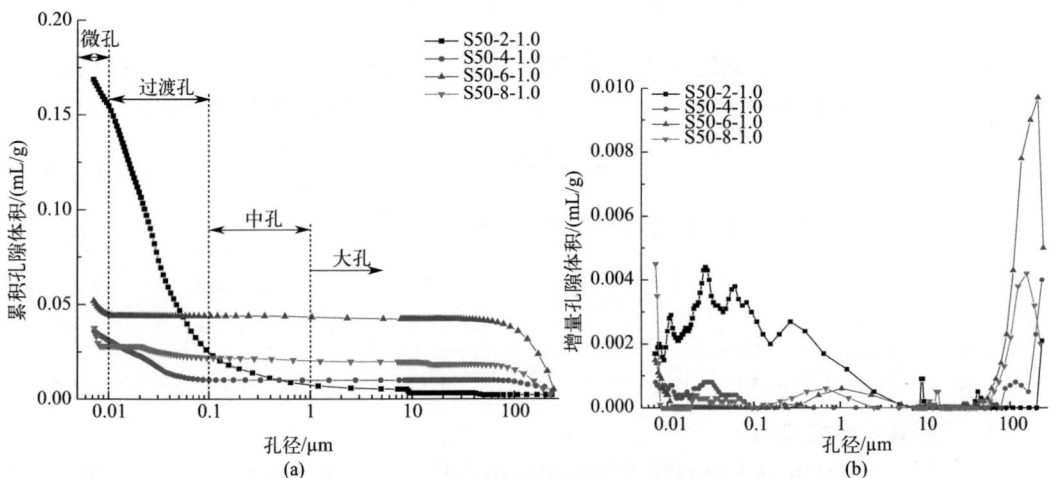

图 6-8 （a）不同碱浓度下碱激发材料硬化浆体的累积孔体积曲线
（S50-4-1.0：矿渣含量为 50%，碱浓度为 4%，碱激发剂模数为 1.0；标养 28d）；
（b）为（a）中所示累计孔体积曲线对应的一次微分曲线。

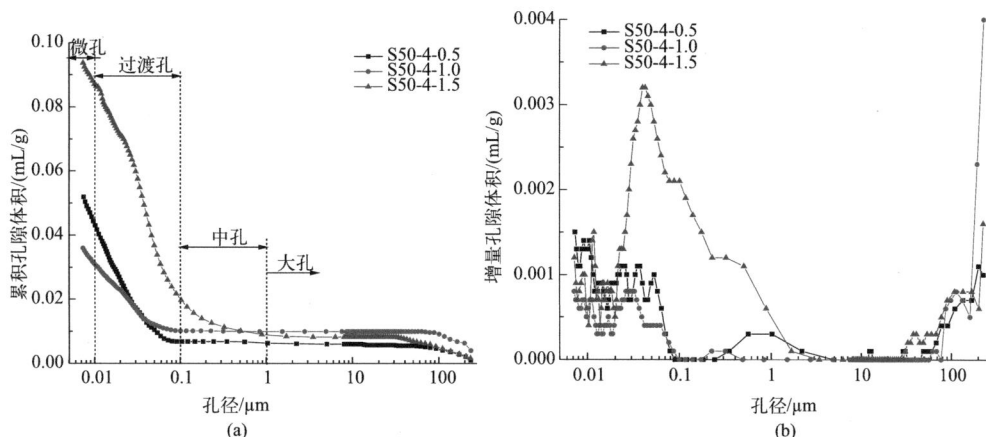

图 6-9 （a）不同碱激发剂模数下碱激发材料硬化浆体的累积孔体积曲线
（S50-4-1.0：矿渣含量为 50%，碱浓度为 4%，碱激发剂模数为 1.0；标养 28d）；
（b）为（a）中所示累计孔体积曲线对应的一次微分曲线。

6.7 X 射线计算机断层成像测试技术

6.7.1 X-CT 测试方法及原理

X 射线计算机断层成像（X ray Computed Tomography）测试技术简称 X-CT，是以 X 射线为能量源通过计算机重构获取物体内部结构图像的一种无损检测技术。X-CT 是一种具有广泛应用前景的检测工具，它能以二维断层图像或三维立体图像的形式，清晰、准确、直观地展示被检测物体的内部结构、组成、材质及缺损状况，被誉为当今最佳无损检测和无损评估技术。近年来，X-CT 逐渐被应用到建筑材料领域的研究中，如水泥（胶凝材料）的水化、孔结构的表征、砂浆界面过渡区、纤维在混凝土中的几何分布、硫酸盐侵蚀、钢筋锈蚀、碳化、冻融损伤、裂缝等。

典型的 X-CT 系统主要由四部分构成：X 射线源、机械扫描系统、数据采集系统和数据处理系统。将被检测物体置于 X 射线源与平板探测器之间，具有一定能量的 X 射线衍射束穿过被测物体后发生衰减，由探测器测量穿过被测物体的 X 射线强度，通过被测物体的旋转可以获得不同位置的 X 射线强度值。根据 Beer-Lambert 理论，入射与出射 X 射线强度的关系可表示为：

$$I = I_0 \mu \Delta x \tag{6-52}$$

式中：I_0——入射 X 射线强度；

I——出射 X 射线强度；

Δx——样品厚度；

μ——样品对 X 射线的线衰减系数。

实际上，μ 是一个随着 X 射线能量 E 和所选材料而改变的物理量。如果材料的等效原子序数用 Z 表示，其密度用 ρ 表示，则线衰减系数 μ 可写为 $\mu(E, Z, \rho)$。在实际应用中，可改写为：

$$\mu \Delta x = (\mu/\rho) \cdot (\rho \Delta x) \tag{6-53}$$

定义 $\mu_m = \mu/\rho$ 为质量衰减系数。

对于非均匀的物体（物体衰减系数不等），X射线穿透物体时总的衰减系数可将物体分割成小单元进行计算。当单元尺寸足够小时，每个单元可以看作是均匀的物体。当一个单元出射X射线是相邻单元入射X射线时，可以利用级联的形式重复应用，数学上，表示如下：

$$I = I_0 e^{-\mu_1 \Delta x} e^{-\mu_2 \Delta x} e^{-\mu_3 \Delta x} \cdots e^{-\mu_n \Delta x} = I_0 e^{\sum_{n=1}^{N} -\mu_n \Delta x} \tag{6-54}$$

式中：N——级联的单元数。

标准化处理后改写为：

$$I/I_0 = e^{-\mu_1 \Delta x} e^{-\mu_2 \Delta x} e^{-\mu_3 \Delta x} \cdots e^{-\mu_n \Delta x} = e^{\sum_{n=1}^{N} -\mu_n \Delta x} \tag{6-55}$$

取对数后得到：

$$P = -\ln(I/I_0) = \sum_{n=1}^{N} \mu_n \, \Delta x \tag{6-56}$$

在单元尺寸无限缩小时，可改写成积分形式：

$$P = -\ln(I/I_0) = \sum_{n=1}^{N} \mu_n \, \Delta x = \int \mu_n \, dx \tag{6-57}$$

式中：L——沿着 x 轴方向的直线。

一般表达式中 I 和 μ_n 都是位置坐标（y，z）的函数，对于特定的断层，二维的位置坐标（y，z）变成了一维的坐标（y）；如果射线方向的坐标仍用 x 表示，μ_n 应该写成 $\mu(x, y)$，则该式可改写成：

$$P = p(y) = \sum_{n=1}^{N} \mu(x, y) \cdot \Delta x \tag{6-58}$$

由式（6-58）可以看出，横断面足够小的单能X射线的入射能量 I_0 与其沿着 x 轴方向衰减后的出射X射线强度 I 比值的负对数有着级联的线性关系。由于 I_0 与 I 都是实际测得的物理量，P 值就很容易计算得到，它被称为X射线穿透物体后的投影。在测量单元缩小以后，P 在数值上等于X射线路径上线衰减系数的线积分。接下来的任务就是通过实际测量的投影数据，得到不重叠的断层投影图像，也就是物体某个断面上对于特定能量X射线的线衰减系数的分布 $\mu(z, y)$，即通常所说的CT图像。

6.7.2 X-CT 测试制样及注意事项

1. 孔结构测试

采用X-CT测试水泥基材料孔结构对样品没有特殊要求，样品的形状以圆柱或立方体为宜，但样品的尺寸大小直接影响所测孔径的最小单元，因此在满足代表性的基础上尽可能减小测试样品的尺寸。如无特殊要求，测试样品无需进行干燥处理。

2. 硬化水泥浆体的碳化测试

碳化试验宜选用柱形的水泥净浆，试样直径不大于 50mm，长度不大于 100mm。经饱和石灰水养护 3 个月后在 50℃ 的烘箱中干燥 48h，将端面密封后进行加速碳化试验 $[(20\pm3\%) CO_2，(70\pm5)\% RH，(20\pm5)℃]$。按照预定碳化时间从碳化箱取出试样即可进行测试，一次测试完毕可将试样放入碳化箱继续碳化。

3. 原位监测水分传输

成型尺寸为 100mm 的立方体净浆试样，养护完毕后从中切割出尺寸为 20mm× 20mm×80mm 的试样，在不高于 60℃ 的鼓风干燥箱中干燥至恒重，冷却至室温后将所有侧面和一个端面用环氧树脂密封，只留一个端面与水接触。

4. 纤维增强水泥基材料纤维空间分布

观察纤维分布对样品没有特殊要求，可直接从成型试样或根据需要从已有试样切割出测试所需样品，但试样尺寸不宜过大，以 50mm×50mm×50mm 立方体为宜。测试前无需对样品进行干燥处理，可直接进行测试。

6.7.3　X-CT 测试结果解释分析方法

在 X-CT 图像中，灰度数据值是根据 X 射线衰减函数、X 射线能量以及被成像材料的密度和成分来计算的，对于给定的 X 射线能量，X 射线衰减主要取决于扫描物体的密度。通常将扫描样品的衰减系数显示为灰度值（GSV），较低的灰度强度（较暗的像素）对应于轻质材料，如混凝土中的空隙、孔隙或裂缝；而较高的灰度强度（较亮的像素）通常对应骨料或者浆体。对于每个二维切片图像，多相材料的阈值通过高斯分布的 Otsu 阈值分割法进行评估，通过识别气相和固相的灰度值之间的明显差异，可以确定分割阈值范围。值得注意的是，当使用 Otsu 阈值分割法给出阈值时，在相对较大的聚集体中往往容易观察到大小为几个像素的随机小空隙，这是由于图像噪声引起的；图像噪声的灰度值与孔隙和裂缝的灰度值接近，从而导致 Otsu 阈值分割法难以区分，所以在使用 Otsu 阈值分割法分离材料各相之前，应用非局部均值滤波器或算法降低图像噪声，以便获得更好的局部和全局特征。

6.8　扫描电镜测试技术

6.8.1　SEM 测试的基本原理

扫描电镜（Scanning electronic microscopy，SEM）测试技术是可以直接利用试样表面的物质性能进行成像的一种微观形貌观察手段。扫描电镜的工作原理是利用聚焦非常细的高能电子束在试样上扫描，激发出各种物理信息而成像的。扫描电镜具有放大倍数高（20 倍～20 万倍）、景深大、成像立体感强以及试样制备简单等特点。目前的扫描电镜通常配有 X 射线能谱仪装置，从而可以同时进行微观形貌的观察和微区成分分析，是当今十分有用的科学研究仪器。由于上述特点，扫描电镜成为水泥基材料研究领域中最常用的分析工具。

SEM 的工作原理是利用电子透镜将一个电子束斑缩小到纳米级尺寸，利用偏转系统使电子束在样品面上做光栅扫描，通过电子束的扫描激发出次级电子和其他物理信息，经探测器收集后成为信号，调制一个同步扫描的显像管的亮度，显示出图像。如对二次电子、背反射电子进行采集，可得到有关物质微观形貌的信息；对特征 X 射线的采集，可得到物质化学成分的信息。

入射电子束与试样的相互作用示意图如图 6-10 所示。当高能电子束轰击试样表面时，所照射的区域将激发二次电子（second electron，SE）、背反射电子（backscattered electron，BSE）、俄歇电子（Auger electrons）、特征 X 射线和连续谱 X 射线、透射电子等。在水泥材料的形貌观察及微区成分分析的研究中，主要利用的物理信息是二次电子、背反射电子以及特征 X 射线。下面将分别介绍二次电子、背反射电子成像原理以及利用特征 X 射线进行微区成分分析的原理。

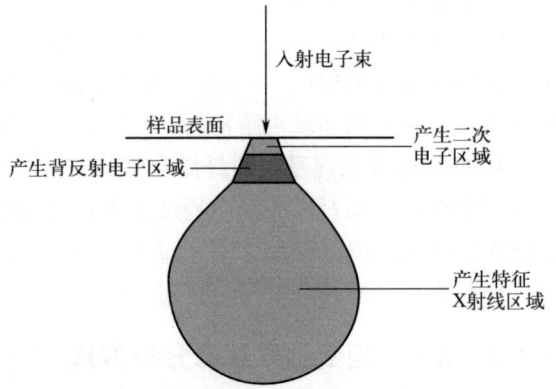

图 6-10　入射电子束与试样的相互作用示意图

1. 二次电子及成像原理

二次电子是指被入射电子轰击出来的核外电子。由于原子核和外层价电子间的结合力小，外层电子从入射电子束获得的能量大于相应的结合能后，可脱离原子成为自由电子。接近样品表层处产生的自由电子能量大于材料逸出功时，从样品表面逸出变成真空中的自由电子，即二次电子。

二次电子来自表面 5～10nm 的区域，能量较低（0～50eV）。二次电子对试样表面状态非常敏感，因此能有效地显示试样表面的微观形貌。二次电子发自试样表层，没有被多次反射，产生二次电子的面积与入射电子束的照射面积（spot size）没有多大区别，所以二次电子的分辨率较高，一般可达到 5～10nm。扫描电镜的分辨率一般就是二次电子的分辨率。二次电子产额随原子序数的变化不大，主要取决于试样的表面形貌。

2. 背反射电子及成像原理

背反射电子是被固体样品原子反射回来的一部分入射电子，包括弹性背反射电子和非弹性背反射电子。弹性背反射电子是被样品中原子核反弹回来、散射角大于 90°的入射电子，其能量基本没有变化。非弹性背反射电子是入射电子和核外电子撞击后产生的非弹性散射，其能量、方向均发生了变化。非弹性背反射电子的能量范围很宽（数十到数千电子伏特）。从数量上看，弹性背反射电子远比非弹性背反射电子多。背反射电子产生的深度范围在 100nm～1mm。背反射电子束成像分辨率一般为 50～200nm。

背反射电子数量与观察样品中元素的原子序数（原子量）密切相关，背反射电子的产生随原子序数的增大而增加。所以，利用背反射电子作为成像信号不仅能分析形貌特征，也可以用来显示原子序数衬度，进行定性成分分析。大部分材料包含的是各种物相，而非纯元素。此时，在 BSE 图像中各物相的亮度取决于各自的平均原子量。例如，在水泥熟料的 BSE 图像中，游离氧化钙的亮度比硅酸三钙高，而硅酸三钙的亮度又比硅酸二钙高。BSE 图像中这种亮度（灰度）上的差别可清晰显示出材料内部物相的分布。

3. SE 图像与 BSE 图像的比较

背反射电子能量高，产生范围深（典型深度为几个微米），因而 BSE 图像的分辨率较低，不能很好地反映样品表面的形貌信息。SE 图像的分辨率高，能更多地反映试样的表面细节。因而 SE 图像适合于水泥基样品断裂面、早期水化产物及原材料的形貌观察。样品受力后一般从薄弱区域断裂，自然断裂面的二次电子图像主要反映的是薄弱区域的微观形貌，对强度较高的微区（如未水化水泥熟料的残骸结构）则不能全面显示。相比之下，成像衬度主要受化学组成影响的 BSE 图像适用于样品抛光面的观察。任意截面的 BSE 图像都能更全面地反映水泥水化浆体内部微观结构，获得更丰富的内部信息。在水泥微观形貌的研究中，背反射电子图像具有以下优越性：

（1）直观且全面地反映硬化浆体横截面的微观结构。样品通过切割、研磨、抛光处理，从理论上讲可以展示任意横截面，可根据图像的灰度特征和物相的形貌特征区别不同物相组成。

（2）与图像分析技术相结合定量测试物相含量。当图像采集条件相同时，物相在不同图像中的灰度特征值具有重复性，从而可以从多个图像中统计分析物相体积含量。

4. 特征 X 射线及微区成分分析

特征 X 射线是原子的内层电子受到激发以后在能级跃迁过程中直接释放的具有特征能量和波长的一种电磁波辐射。X 射线一般在试样的 500nm～5mm 深处发出。微区成分分析的原理是分析特征 X 射线的波长（或特征能量）从而得知样品中所含元素的种类（定性分析），测量谱线的强度则可求得对应元素的含量（定量分析）。用来分析特征波长的谱仪称为波长分散谱仪（WDS），简称波谱，用来测定 X 射线特征能量的谱仪称为能量分散谱仪（Energy Dispersive Spectroscopy，EDS 或 Energy-dispersive X ray microanalysis，EDX），简称能谱。

EDX 和 WDS 的简单比较：

（1）能谱探测 X 射线的效率高，其灵敏度比波谱高一个数量级，在较低的电子束流下可以工作，从而减少对样品的损害，这一点对水泥材料而言尤为重要。

（2）能谱可以在同一时间内同时对分析点内的所有元素 X 射线进行测定和计数。而波谱则只能逐个测量每种元素的特征波长。

（3）能谱的结构简单，没有机械传动部分，因此稳定性和重复性都很好，易于维护。

（4）能谱的分辨率比波谱低，能谱给出的波峰比较宽，容易重释，其检测器的能量分辨率约为 130～150eV，而波谱的分辨率可以达 5eV。

（5）能谱由于检测器的铍窗口限制了超轻元素 X 射线的测量，只能分析原子序数大于 11 的元素，波谱则可以测定原子序数 4～92 的所有元素。

（6）传统的能谱仪 Si（Li）（lithium-drifted silicon detectors）探头只能在低温下工作，因此使用时需要液氮冷却，但近年来出现的新型固态 SDD（silicon drifted detectors）探测头已解决这个问题。水泥基材料中含有较多的碳、氧、钠以及镁元素等轻元素，因此，采用超薄窗口型能谱检测这些轻元素时的灵敏度更高。需要指出的是，氧元素的 K_α 辐射强度不足以满足分析精度的要求，能谱给出的氧元素含量是基于化学计量学方法计算出来的。超薄窗口型（CUTW type：ultra thin window type）能谱吸收 X 射线少，可以测量碳（$Z=6$）以上的轻元素。近年来使用 Mylar 材料作为窗口材料的探头进一步提高了轻元素的探测能力。

6.8.2　SEM 测试制样及注意事项

1. SEM 的样品制备

用于 SEM 的样品必须是干燥的。在样品处理时含水或早龄期的样品难以进行环氧树脂的浸渍及导电层镀层操作，而含水试样会影响电镜室的真空度，且在高真空度的电镜室内水分会从样品中蒸发，在X射线探测器的窗口冷凝并结冰，因此试样必须干燥处理。

供SEM用的水泥基材料样品干燥的方法有多种。在干燥过程中，不可避免地影响到样品的形貌、结构甚至是组成，如开裂、钙矾石脱水等。因此需要根据实际情况选择合适的方法来处理试样，尽可能减少上述影响。由于水泥基材料水化的持续性，在进行SEM观察、XRD及热分析时通常需要中止水泥的水化。而干燥和中止水化一般是结合在一起进行的。现有的干燥方法包括冷冻干燥法、溶剂取代干燥法及真空干燥法。冷冻干燥法是利用低温下样品中的水分不经历液态直接从固态的冰升华的特性，从而避免了对结构的影响。冷冻干燥法适合于水化时间仅为几小时的早龄期样品。溶剂取代法是利用与有机溶剂与水之间的互溶而使水分从样品中置换出来的方法。通常使用的溶剂包括乙醇、丙酮、异丙醇等。但溶剂取代法会影响水化产物的形貌，甚至可能生成新的产物。研究表明，用于干燥的各种溶剂中，异丙醇对样品的影响最小。因此，对于长龄期的样品，建议按以下程序干燥样品：（1）先在异丙醇中浸泡24h。（2）更换新的异丙醇后再继续浸泡6d以充分置换样品中的自由水。（3）将样品置于真空干燥器中连续抽真空使异丙醇从试样中挥发。抽真空时间可根据样品的大小而定，可能会需要数小时才能使有机溶剂充分挥发。不建议采用升高温度的方法干燥试样，这样不仅会使部分水化产物脱水、开裂，而且在干燥过程中可能导致样品碳化。试样干燥后在喷碳或喷金处理前需存储在真空干燥器中。

观察试样断面结构时，干燥试样也应该在SEM观察前重新形成一个新断面供观察。因为氧化钙、碱、硫酸盐这些溶解度较大的物相在干燥过程中容易在试样表面沉积，从而影响试样表面的真实形貌和组成。

2. BSE样品制备

（1）浸渍

由于水泥基材料是多孔结构，直接进行磨抛处理会改变其内部结构，研磨剂的颗粒也会进入到孔隙中，破坏测试面的真实性。因此试样在研磨抛光前需要进行树脂浸渍，填充在孔隙中的树脂固化后可保护孔结构抵抗磨抛过程中的破坏。树脂是有机高分子材料，所含的元素为轻元素，与水泥基材料中其他元素相比，在BSE图像中亮度低很多，不影响对结构中孔隙的判断。而进行能谱分析时，可以将碳元素过滤，从而不影响能谱的测试结果。

选择浸渍树脂时需要考虑三个方面的因素：

1）树脂黏度：应选低黏度的树脂，有利于树脂尽可能渗透进入试样内部。

2）收缩性：尽量采用硬化过程中收缩小的树脂。

3）硬化时间：硬化时间过短，会在短时间内放出大量的热，从而导致较大的变形及影响水泥基材料的物相组成；而硬化时间太长使试样制备时间过长。一般可选用12h左右固化的环氧树脂。

试样干燥后、浸渍前需要进行预打磨以消除试样切割时产生的切痕。试样可用600号或1200号砂纸手工打磨，打磨时试样应呈"8"字形来回运动，避免产生划痕及研磨不均。预打磨结束后需用干燥的压缩空气对试样进行清洗，清理打磨过程中嵌入孔隙中的细小颗粒。然后将试样放入专用镶嵌模中（可以采用聚丙烯镶嵌模或硅胶镶嵌模，树脂硬化后试样能够很方便地从镶嵌模中脱出，可重复利用），打磨面朝下，并在试样的表面贴上标签，对试样进行标注。标注时应该采用铅笔，否则环氧浸渍时会溶解黑水而使标注模糊。

浸渍时可采用专门的浸渍装置，也可以采用真空干燥器进行改装。为了尽可能让树脂能够进入试样的内部，应尽量提高浸渍的真空度。真空度足够高时，从试样中排出的空气可以尽快从树脂中溢出。真空浸渍结束后，应使用塑料片将试样在树脂中移动，便于树脂能够较好地在试样表面形成保护层。移动结束时应使试样尽可能位于镶嵌试模的中间位置。在树脂硬化过程中应使试模平放，注意检查试样是否产生移位。

（2）研磨

BSE 图像是基于物相的密度与组成元素原子量的差别成像，因此样品必须具有平整的光滑面，否则会影响成像的质量以及能谱分析结果的准确性。对于水泥浆体来说，品质合格的抛光面是获得良好 BSE 图像的关键。试样研磨的过程就是利用不同粒径的研磨剂对试样表面进行逐层研磨、抛光，消除试样在预打磨时难以消除的缺陷，暴露试样内部的真实结构。水泥基材料是多孔、多相的脆性材料，各种物相之间（集料和水泥石、水泥石中水化产物与未水化水泥、填充在孔隙中的树脂与试样内各物相）的硬度存在显著差异，获得高质量的 BSE 试样需要丰富的实践经验。影响研磨质量的因素有以下方面：

1）研磨剂种类及粒径。

2）研磨设备，如研磨盘直径、所采用的材质。

3）研磨试样时的压力、转速。因此需要在实践中探索和摸索出适合自己试验室研磨、抛光设备的程序和方法。以司特尔的 MD-Largo 系列磨盘为例，制备水泥净浆样品时研磨抛光剂可选用 $9\mu m$、$3\mu m$、$1\mu m$ 金刚石悬浮抛光液在 20N 的压力下分别研磨 $45\sim90min$，如有必要，可采用 $0.25\mu m$ 的金刚石悬浮抛光液继续研磨。

研磨过程中特别需要注意的地方：

1）在粗磨前需要用 1200 号砂纸手工进行预研磨，磨去试样表面的树脂以便于暴露试样。手工预研磨是非常关键的一步，直接影响到后续的研磨效率和质量。首先，在手工预研磨时要通过力度控制、改变试样在研磨盘上的位置尽量使研磨面与试样切割面平行，否则会导致试样一部分表面的树脂保护层已磨损而另一部分试样表面仍然未暴露出来。其次，因为树脂浸渍的深度约为 0.1mm，预研磨过程中要勤观察，既要避免过研磨使试样失去表面树脂保护层，又要避免试样表面的树脂层过厚，影响研磨效率和 BSE 成像质量。预研磨时采用异丙醇冷却，预研磨结束后在异丙醇中进行超声清洗。

2）研磨过程中使用透明的油性冷却剂进行冷却和润滑，避免使用水性冷却润滑剂。

3）更换到下一级粒径的研磨剂前必须对试样、研磨盘进行清洗，避免产生污染而在试样表面形成划痕等缺陷。试样清洗时需采用有机溶剂（如异丙醇）作为介质在超声波模中清洗，清洗完毕后用干燥的压缩空气将试样吹干。同样采用水和洗洁剂对研磨盘进行清洗，清洗后将研磨盘用压缩空气吹干待用。

（3）喷涂处理

非导电的试样进行 SEM 观察前需要在表面镀一层导电层，避免试样表面电荷积累而影响成像。一般导电层的喷涂用的材料有金（或金-钯）、碳。对用于 BSE 成像的水泥试样宜喷碳处理。因为喷金（或金-钯）后再进行能谱分析时，这些元素会产生明显的干扰峰，尤其是当产生的峰刚好与待测元素的峰重叠时，干扰会特别严重。例如金的 M_α 线会

覆盖硫的 K_α 线。虽然碳也会出峰，但干扰作用不大，可以在能谱测试时将碳元素过滤，不会对分析产生干扰。对观察断裂面的试样，如果仅观察断裂面的形貌，则喷金处理可以获得更清晰的照片。这是因为蒸发的金比碳更能够均匀地分布到试样表面。而且附着在样品断面上的碳层在中、高放大倍数下是可见的，看上去就像雨点落到镜面结冰后形成的连续薄膜一样。但如果要进行能谱测试的话应该选择喷碳。如果试样在干燥器中放置时间较长，在喷导电层前应该使试样重新断裂，暴露出新的观察面，以避免储存过程中试样表面产生的变化。

（4）试样储存

制备好的试样在进行 SEM 观察和能谱测试前必须放在真空干燥器中保存以避免碳化。对于已经研磨好的试样如果产生碳化影响试验结果时，可将试样用 $1\mu m$ 抛光液抛光 10min 左右，干燥后重新喷碳。

6.8.3 SEM 测试技术的应用

1. 水化反应的定量分析和图像分析

Delesse 指出，假定所分析的区域足够多，具有统计学上的代表性，则某一相在二维微观结构中的平均面积分数与其三维体积分数相等。这一原理在材料科学研究中被广泛用于微观结构元素的定量分析，在水泥和混凝土抛光切片的背散射电子像分析中也得到很好的应用。

基于 BSE 图像直方图的灰度分割有很多应用。当记录的图像使用 8~16 位进行编码时（即在 $2^8 = 256 \sim 2^{16} = 65536$ 之间划分灰度等级），主要的挑战是基于直方图找到有用的和可重现的阈值来区分不同的物相，包括在 BSE 图像中看起来较暗的孔隙。

样品的抛光质量对图像分析十分重要，抛光引起的缺陷可能会在区分颗粒时带来问题。因此，进行图像分析时需要特别细心。在很容易识别所感兴趣的物相形貌特征的放大倍数下，单个视场的范围将远远低于具有代表性的体积单元，并且不同物相的量在不同视场之间差异很大。因此，很重要的一点就是要分析足够多的图像以获得有代表性的结果。所需的图像数量取决于样品的均匀性，主要取决于是否存在骨料。通常情况下，对于一个样品，宽度为几百微米的区域中取大约 20 个图像就已足够，但是取 50~100 个图像会取得更好结果。对于砂浆和混凝土，则需要数百个图像。现在大多数仪器可以自动获取大量的图像，此时显微镜的稳定性非常重要。为了估计定量测量中的误差，应当使用整个图像集的标准误差，而不是图像之间的标准偏差：

$$SE = SD \sqrt{N} \tag{6-59}$$

式中：SE——图像集的标准误差；

SD——图像之间的标准偏差；

N——图像数量。

在采集图像之前，应确保显微镜灯丝足够稳定，在操作过程中不会发生变化，并选择能够充分利用 BSE 检测器信号范围的对比度和亮度。应该注意的是，灰度的优化可能不是简单地使用全范围（对于 8 位在 0 和 255 之间，对于 16 位在 0 和 65535 之间），而是应根据不同样品进行调整以便使得分割算法发挥作用。对于一个样品，可能需要进行多次尝试才能得到满意的图像分析结果。然后就可以设置显微镜进行图像采集，例如在没有比例尺的情况下在样品上采集 100 个图像，采集到的图像应使用 . png、. tiff 或 . bmp 等格式，也可以使用文本文件格式或任何原始格式，但是应避免使用会降低图像的质量的 . jpeg 格式。阈值可以通过绘制所有图像的累积直方图来定义。

只有容易分辨的颗粒或材料团簇体的体积分数才能被定量分析。样品中未反应的阿利特颗粒很容易分辨，并且如果已知 w/c，则可以确定其反应程度。氢氧化钙虽然具有明显的特征灰度，但也不能进行可靠的定量分析，因为小的团簇体会导致其在微观结构中存在的量被高估或低估。孔隙率的绝对值是不可能定量的，但是确定一个灰度阈值后，对不同样品之间进行孔隙率大小趋势的比较是可行的。并且图像分析法与其他定量技术，如甲醇吸收或 ^{1}H NMR 之间关联性良好。

有时用其他分析方法来估计不同物相的量可能更适合。例如，可以使用 XRD-Rietveld 分析来测定结晶材料或用 TGA 来测定氢氧化钙含量。因为这些方法具有样品准备时间少、分析更快、避免由于选择阈值而导致的误差等优点，因此测量结果更精确。通过图像分析法测定水化程度的相对误差约为 5％～10％，而用 XRD-Rietveld 分析法仅为 2％～3％。此外，XRD 可以分别测量硅酸三钙和硅酸二钙的反应，但在 BSE 图像中，二者之间的灰度差很小而难以分辨。类似地，TGA 可以精确地定量氢氧化钙，并且其样品制备和分析过程与 SEM 相比也非常简单。对于扫描电镜来说，要将重点放在量化微观结构的形貌特征，这些形貌特征可能有助于理解机理，或者这些形貌特征不容易通过材料整体测试来获得。合适采用扫描电镜方法来研究内容如下：

（1）物相的形态。

（2）物相在基体中的分布（例如，接近或者远离界面过渡区和未水化颗粒的地方是否存在差别）。

（3）定性分析某一物相的尺寸分布（甚至对于仪器分辨率难以达到的较小尺寸的矿物相的形貌分析仍然可行）。

（4）通过图像灰度来估测 C-S-H 凝胶的密度。C-S-H 凝胶的密度可能受到温度的影响。

（5）孔隙率的变化趋势（尽管不是严格的定量分析）。

（6）损伤表征，例如骨料中的碱-硅酸反应。

2. 联合化学分析和背散射电子图像的定量分析

将元素面扫图像与 BSE 图像结合使用可以大大改善图像分析的可靠性和精度。灰度等级通常可以与元素相对应，从而使物相区分过程更可靠。由于除了图像之外还需要得到元素面扫图像，所以这个过程需要更多的时间，但是它可以提供新的信息。

随着更快速的硅漂移探测器（silicon drift detector，SDD）在 EDS 中的使用，使得采集一组元素面分布的图像可以在几分钟内完成，而使用旧技术则至少需要几个小时。一张完整、可定量的像素为 1024×768 的 EDS 谱图（每个像素点处均记录完整的 EDS 光谱）可以在一个小时内可以完成采集。

第 7 章　混凝土耐久性

7.1　引言

历史上曾经有过两次混凝土破坏危机，第一次危机是 20 世纪 40 年代，美国大量路面受冻融循环侵蚀很快发生剥落。第二次危机是 20 世纪 80 年代，美国等国家大量桥面板、路面和港口混凝土受侵蚀破坏，因此对于混凝土耐久性的认识十分重要。

混凝土耐久性，指的是混凝土抵抗环境介质作用并长期保持其良好的使用性能和外观完整性，从而维持混凝土结构的安全、正常使用的能力。

服役寿命长可以认为是耐久性的同义词。由于在一定条件下耐久的混凝土，未必意味着在另一条件下耐久，因此，在定义耐久性时通常要考虑环境因素。根据 ACI 混凝土术语，硅酸盐水泥混凝土的耐久性定义为混凝土抵抗风化作用、化学侵蚀、磨耗以及其他实际使用条件的能力。也就是说，耐久性良好的混凝土在其预期服役环境中能保持原有的形状、质量和适用性能不变。

没有一种材料天生就一直耐久。受环境的影响，材料的微观结构以及性能都会随时间而变化。在给定的使用条件下，如果材料的性能劣化到一定的程度，以致继续使用会被不安全或不经济左右，则认为材料的服役寿命已经结束。

7.2　混凝土耐久性的影响因素

混凝土的破坏因素主要可以分为物理因素和化学因素，其中混凝土破坏的物理因素又分为：（1）由磨耗、冲蚀和气蚀引起的表面磨损或重量损失。（2）由正常的温度和湿度梯度、孔隙中盐的结晶、结构与荷载响应以及暴露于极端温度（如冰冻和火灾）而引起的开裂。混凝土破坏的化学因素分为三类：（1）水泥浆体被软水水解溶蚀。（2）侵蚀性液体和水泥浆体之间发生阳离子交换反应。（3）发生导致膨胀性产物形成的反应，例如混凝土中的硫酸盐侵蚀、碱-骨料反应和钢筋锈蚀。

在实际情况中，导致混凝土劣化的物理因素和化学因素经常相互作用。例如，表面磨损造成的质量损失和开裂都会增加混凝土的渗透性，然而渗透性增加进一步又会成为化学劣化的主要原因。

对混凝土来说，水是其生产过程的重要原料之一，同时也是其破坏过程的主要介质，多数结构混凝土出现耐久性问题与水有关；同时作为传输侵蚀性离子的介质，水又是其化学劣化过程的一个根源。

7.2.1　物理因素

1. 表面磨损

混凝土表层由于磨耗、冲蚀和气蚀等原因会造成混凝土表面质量的逐渐损失。这种磨损通常是由外部因素的作用引起的，对混凝土表面造成一定程度的磨损和磨耗。磨耗一般指干燥摩擦，例如由于车辆交通引起的路面和工业地坪磨损；冲蚀通常用来描述含固体悬浮颗粒流体的磨耗作用。冲蚀发生于水工结构，例如渠道衬砌、溢洪道、混凝土输水管和污水管道等。水工结构还可能遭受气蚀破坏。气蚀破坏指高速水流会由于突然变向形成气泡进而破裂，从而引起质量损失。相关案例有：新疆维吾尔自治区达克曲克水电站泥沙淤积导致泄洪排沙隧洞出现的较严重磨蚀问题。达克曲克水电站河水泥沙含量大，泥沙淤积严重，泄洪排沙隧洞等部位出现了较严重的磨蚀破坏，导致隧洞闸门漏水严重，水轮机组发电效率下降，严重影响水电站的安全运行。排沙洞底板及侧墙磨蚀情况随时间的变化如图 7-1、图 7-2 所示。

图 7-1　排沙洞底板及侧墙磨蚀（2017 年）　　　图 7-2　排沙洞底板及侧墙磨蚀（2018 年）

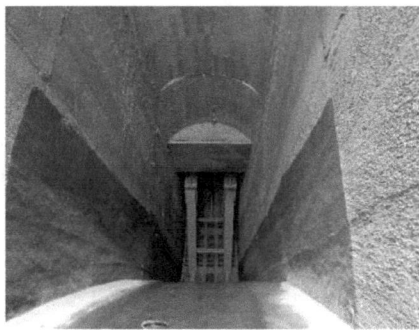

2. 温度和湿度梯度的影响

随着混凝土材料技术的发展，工程中使用高工作性高强度混凝土已较为普遍，提高混凝土耐久性就显得尤为重要。开裂对混凝土的整体性、力学性能和耐久性等多方面影响十分显著，是混凝土材料劣化的宏观体现。温度和湿度梯度是混凝土开裂的重要影响因素。

（1）温度梯度因素

温度梯度是指混凝土结构中不同部分经历不同温度变化的情况。当混凝土结构的不同部分受到不同的温度影响时，会形成温度梯度，即温度的空间变化。这种温度梯度可以导致混凝土开裂，具体的机制包括以下几个方面：

1）热胀冷缩差异：温度梯度导致混凝土结构中不同部分的热胀冷缩差异。当一部分混凝土受热膨胀，而另一部分较冷且收缩时，两者之间的温度差异会引起内部应力。这样的内部应力可能超过混凝土的承载能力，导致裂缝的形成。

2）材料的线膨胀系数不同：不同混凝土材料的线膨胀系数可能不同，即它们对温度变化的敏感性不同。当结构中包含具有不同线膨胀系数的材料时，温度梯度可能引起这些材料之间的相对位移，从而导致裂缝的形成。

3）混凝土结构的约束：结构中的约束条件也会影响温度梯度引起的裂缝。如果混凝土结构受到限制，无法自由膨胀或收缩，温度梯度可能导致约束引起的应力，最终导致裂缝的形成。

4）温度变化速率：温度梯度的变化速率也是一个重要因素。快速的温度变化可能导致混凝土结构无法迅速适应，产生较大的温度梯度，从而增加裂缝产生的风险。

为了减缓温度梯度引起的混凝土裂缝，可以采取一些措施，如合理设计混凝土结构、使用伸缩缝、控制混凝土的配方和施工条件等。这有助于管理温度变化引起的内部应力，减少裂缝的产生。

（2）湿度梯度因素

湿度梯度是指混凝土结构中不同部分经历不同湿度水平的情况。湿度梯度的存在可能导致混凝土结构发生开裂，这与水分引起的体积变化和内部应力有关。以下是湿度梯度如何引起混凝土开裂的一些关键因素：

1）水分膨胀和收缩：混凝土中的水分含量会影响其体积。当混凝土的一部分受到湿度影响而吸湿膨胀时，而另一部分相对较干燥并发生收缩时，水分引起的体积变化差异可能导致内部应力，最终导致裂缝的形成。

2）材料的吸湿性：不同混凝土材料的吸湿性可能不同。某些部分可能吸湿较多，而其他部分则相对较干燥。这种差异可能导致水分膨胀和收缩的不匹配，从而导致裂缝的形成。

3）混凝土表面和内部的湿度差异：如果混凝土表面和内部的湿度存在差异，尤其是在干燥的环境中，可能会引起表面和内部的水分移动，导致应力集中和裂缝的形成。

4）温度和湿度的相互作用：温度和湿度通常相互关联。湿度梯度可能会导致温度梯度，因为湿度的变化通常伴随着温度的变化。这种相互作用可能增大混凝土结构中水分引起的应力。

为了减缓湿度梯度引起的混凝土裂缝，可以采取一些措施，如合理设计混凝土结构以减小湿度差异、使用抗裂剂、保持结构表面的防水层、进行适当的养护等。这有助于管理湿度变化引起的内部应力，减少裂缝的风险。

3. 孔隙中盐结晶的影响

盐结晶是指在混凝土中存在的盐类溶液在水分蒸发的过程中，盐类溶液中的盐类物质结晶沉积在混凝土孔隙中的现象。盐结晶对混凝土的影响是多方面的，会降低混凝土的耐久性和使用寿命。

（1）引起混凝土的体积变化

盐结晶在混凝土孔隙中沉积，会引起混凝土内部的孔隙扩张和收缩。这种体积变化会导致混凝土产生内部应力，从而引起混凝土的裂缝和破坏。特别是在冻融循环条件下，盐结晶的体积变化会加剧混凝土的破坏程度。

（2）降低混凝土的密实性

盐结晶会填充混凝土内部的孔隙，导致混凝土的孔隙率增加。这会降低混凝土的密实性，使混凝土的抗压强度降低和抗渗性能下降。

（3）破坏混凝土的胶凝结构

盐结晶中的盐类物质会与混凝土中的水泥胶凝物质发生化学反应，破坏混凝土的胶凝结构。这会导致混凝土的强度降低，耐久性减弱。

（4）促进腐蚀

盐结晶中的盐类物质具有腐蚀性，会加速混凝土中钢筋的腐蚀。腐蚀会降低混凝土与钢筋之间的粘结力，导致混凝土的抗拉强度下降。

综上所述，孔隙中盐类结晶对混凝土的破坏主要原因是体积膨胀、结晶力、水分迁移和化学反应等多方面因素的综合作用。这些因素共同导致混凝土内部结构的破坏，降低混凝土的性能和耐久性。因此，在混凝土的设计及施工中必须采取一些措施以降低盐类结晶对混凝土的影响，通常采取的手段有：

（1）在混凝土设计阶段，通过选用合适的水泥类型和控制混凝土中的氯离子含量，以减少盐类结晶形成的可能性。

（2）在施工过程中，保持混凝土充分养护，避免混凝土过早干燥和受到外部环境的影响；另外，定期对混凝土结构进行检测和维护，及时修补裂缝和损坏部位，以延长混凝土结构的使用寿命。

（3）考虑使用添加剂或涂层等防护措施，有效减少盐类结晶对混凝土的侵害。

7.2.2 化学因素

混凝土中化学反应引起的劣化过程，通常涉及环境的侵蚀性介质与水泥浆体组分之间的化学反应；但也有例外，如碱-骨料反应，它发生于水泥浆体中的碱与骨料中某些活性物质之间；还有氧化钙和氧化镁晶体的延迟水化（硅酸盐水泥中过量时）；还有延迟钙矾石的形成。

在水化良好的硅酸盐水泥浆体中，由相对不溶的含钙水化物（如 C-S-H 凝胶和 C-A-S-H 凝胶）组成的固相，与 pH 高的孔隙溶液一起以稳定平衡状态存在。取决于 Na^+、K^+ 和 OH^- 离子的浓度，pH 在 12.5～13.5。很明显，当与酸性环境相接触时，硅酸盐水泥混凝土将处于化学不平衡的状态。

理论上，任何 pH 小于 12.5 的环境都可以被标识为侵蚀性条件，因为孔隙溶液碱度的降低最终会导致胶凝性水化产物的不稳定。这意味着对硅酸盐水泥混凝土来说，大多数工业水和天然水都具有侵蚀性。但是，化学侵蚀的速率是侵蚀液 pH 和混凝土渗透性的函数。当混凝土渗透性小并且侵蚀液的 pH 大于 6 时，化学侵蚀的速率较缓慢而不会出现严重的腐蚀。软水和污水中的游离 CO_2，地下水和海水中的酸性离子，如 SO_4^{2-} 和 Cl^-，以及一些工业用水中的 H^+ 经常会使 pH 低至 6 以下，从而对混凝土有害。

混凝土破坏的化学因素

侵蚀性溶液和硬化水泥浆体的交换反应 → Ca^{2+}离子作为可溶产物移去 / Ca^{2+}离子作为非膨胀不溶产物移去 / 置换反应：取代C-S-H凝胶中的Ca^{2+} → 增加孔隙率和渗透性 → 碱度损失 / 质量损失 / 增加破坏程度 / 强度刚度损失

硬化水泥浆体的水解和滤析

形成膨胀性产物的反应 → 增加内应力 → 开裂剥落 / 变形

图 7-3 导致混凝土劣化的化学反应

还需要注意到的是，混凝土的化学侵蚀往往伴随着有害的物理作用，如孔隙率和渗透性的提高、强度的降低以及开裂和剥落等。实际上，这些化学和物理的劣化过程同时作用于混凝土，甚至互相加强。为了更清楚地加以理解，化学劣化过程可分成三类分别进行讨论，如图 7-3 所示。需要特别注意的是硫酸盐侵蚀、碱-骨料反应和增强钢筋的锈蚀，因

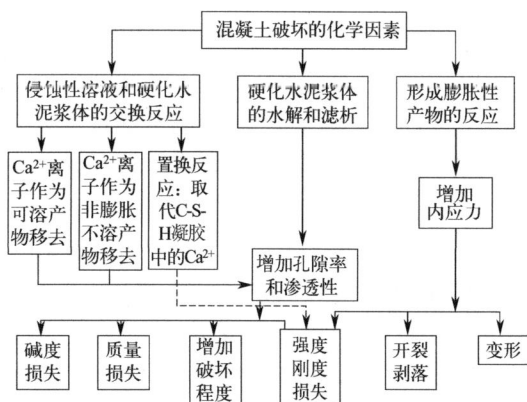

为这些现象是大多数混凝土结构发生劣化的原因。

1. 水泥浆体被软水溶解

地下水、湖水和河水含有少量钙和镁的氯盐、硫酸盐和重碳酸盐。这些所谓的硬水不会侵蚀硅酸盐水泥浆体的组分。雾或水蒸气凝聚的纯水以及雨水或冰雪融化而来的软水含有很少或不含钙离子。当这些水与硅酸盐水泥浆体接触时，这些含钙水化产物会有水解或溶解的趋势。一旦所接触的溶液达到化学平衡，水泥浆体的进一步水解即停止。然而，如果是流水或压力作用下的渗流，则会稀释接触溶液，继而提供了继续水解的条件。氢氧化钙是水化硅酸盐水泥浆体的组分之一，在纯水中溶解度相对较高（1230mg/L），因此最容易水解。理论上，水泥浆体的水解会继续直至大部分氢氧化钙被滤析掉。这使得硬化水泥浆体的胶凝组分遭到化学分解，最后只留下没有强度或强度很低的硅铝凝胶。

2. 阳离子交换反应

阳离子交换反应主要是指可溶性钙盐的形成、不溶性和非膨胀性钙盐的形成以及含镁盐溶液的化学侵蚀三种劣化反应，此三种反应会出现在侵蚀性化学溶液和硅酸盐水泥浆体组分之间。

可溶性钙盐的形成在工业环境中会经常遇到，因为这种环境下含有大量阴离子酸液。例如，一些化工废水中含有盐酸、硝酸和硫酸；一些食品中含有醋酸和乳酸；某些饮料中含有碳酸，天然水中含有较高浓度的 CO_2。这些含酸的溶液会和硅酸盐水泥浆体组分间发生阳离子交换，进而生成可溶性的钙盐，例如氯化钙、醋酸钙和重碳酸钙。

肥料工业以及农业通常会应用氯化铵和硫酸铵溶液。这些溶液通过阳离子交换反应会使水泥浆体组分转变成高溶解度的产物，例如：

$$NH_4Cl + Ca(OH)_2 \longrightarrow CaCl_2 + NH_4OH$$

应该注意的是上述两种反应产物都是可溶的，其侵蚀作用比 $MgCl_2$ 溶液要更强，$MgCl_2$ 溶液会生成 $CaCl_2$ 和 $Mg(OH)_2$。由于后者是不可溶的，所以它的形成并不会增大系统的孔隙率和渗透性。

由于碳酸对水泥浆体侵蚀的某些特点，有必要对其进行详细一些的讨论。碳酸和水硬性硅酸盐水泥浆体中氢氧化钙之间存在的典型的阳离子交换反应如下：

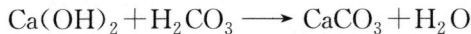

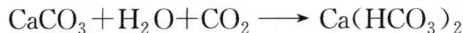

$$Ca(OH)_2 + H_2CO_3 \longrightarrow CaCO_3 + H_2O$$
$$CaCO_3 + H_2O + CO_2 \longrightarrow Ca(HCO_3)_2$$

碳酸钙是不溶的，除非水中有游离 CO_2 的存在，否则它沉淀后第一个反应即会停止，碳酸钙会按第二个反应转变成可溶性重碳酸盐，因此游离 CO_2，有助于氧化钙的水解。由于这个反应是可逆的，需要一定量的游离 CO_2（称为平衡 CO_2）以维持反应的平衡。任何超出平衡状态的游离 CO_2 对水泥浆体都具有侵蚀性，因为它会迫使第二个反应向右进行，加速硬化水泥浆体中氢氧化钙转变成可溶性重碳酸钙。水中平衡 CO_2 的量取决于其硬度（与水中钙和镁的含量有关）。

应该注意到，天然水中的酸度通常由溶解在水中的 CO_2 所致。与腐烂的动植物接触过的矿物水、海水和地下水的 CO_2 会相当高。一般地下水的 CO_2 浓度为 $15\sim40mg/L$，但 $150mg/L$ 的浓度也很常见；海水中游离 CO_2 的典型浓度为 $35\sim60mg/L$。通常，当地下水或海水的 pH 大于或等于 8 时，游离 CO_2 浓度一般可以忽略；但当 pH 小于 7 时，则可能存在有害浓度的游离 CO_2。

侵蚀水中的一些阴离子可与水泥浆体反应生成不溶性钙盐，它们的形成对混凝土不会产生损伤，除非反应产物具有膨胀性或被流水、渗流或介质带走。氢氧化钙与草酸、酒石酸、丹宁酸、腐殖酸、氢氟酸或磷酸的反应产物属于不溶性非膨胀钙盐。当混凝土置于腐烂的动物植物中，腐殖酸的存在通常会引起化学劣化作用。

镁的氯盐、硫酸盐和重碳酸盐经常存在于地下水、海水和一些工业污水中。镁盐溶液容易与硅酸盐水泥浆体中的氢氧化钙反应生成可溶性钙盐。正如下节所介绍的，硫酸镁溶液侵蚀性很强，因为它会对硅酸盐水泥浆体中的铝水化物产生硫酸盐侵蚀。镁离子对硅酸盐水泥浆体侵蚀的特点是，侵蚀最后会延伸到水泥的主要胶凝成分 C-S-H 凝胶。长期与镁溶液接触，水化硅酸盐水泥浆体 C-S-H 凝胶中的钙会逐渐失去，部分或全部被镁离子所取代。置换反应的最终产物为水化硅酸镁。水化硅酸镁的形成与浆体失去胶凝性质有关。

3. 碳化反应

混凝土碳化反应指的是混凝土内碱性物质与 CO_2 发生化学反应的过程，又称混凝土的中性化。虽然碳化反应不会直接影响混凝土结构承载力，但由于碳化反应使混凝土碱性降低，从而腐蚀钢筋表面氧化膜，引起钢筋锈蚀，从而引发钢筋体积膨胀、混凝土保护层剥落等现象，较严重的混凝土碳化会引起构件横截面积减小，混凝土内部开裂，钢筋抗拉强度降低等现象，从而使混凝土构件受力性能大幅降低，无法满足预设的承载力要求。

研究表明，全球 CO_2 浓度整体呈上升趋势。2009 年，大气中 CO_2 的平均浓度为 387.4ppm，比 2000 年增加了 4.87%，预计到 2090 年，将增加到 1000ppm。同时，由于一部分建筑存在水中和地下，而工厂排放的污水也使得地下水中的 CO_2 增加，加快了混凝土的碳化反应。碳化反应大大影响了混凝土耐久性，使得对混凝土碳化反应研究的重要性日益增加。

（1）碳化机理

混凝土碳化是混凝土作为强碱性材料发生的一种化学腐蚀反应。混凝土是一种多孔体材料，表面和内部布满孔隙，具有很强的吸湿性和渗透性，大气中的 CO_2 渗透到混凝土内与氢氧化钙、C-S-H 凝胶等发生化学反应生成碳酸钙，降低混凝土碱性，当碳化深度大于混凝土保护层厚度时，在潮湿条件下就会对钢筋失去保护作用，钢筋表面开始生锈。反应过程如下：

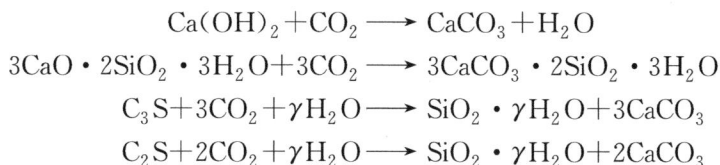

$$Ca(OH)_2 + CO_2 \longrightarrow CaCO_3 + H_2O$$
$$3CaO \cdot 2SiO_2 \cdot 3H_2O + 3CO_2 \longrightarrow 3CaCO_3 \cdot 2SiO_2 \cdot 3H_2O$$
$$C_3S + 3CO_2 + \gamma H_2O \longrightarrow SiO_2 \cdot \gamma H_2O + 3CaCO_3$$
$$C_2S + 2CO_2 + \gamma H_2O \longrightarrow SiO_2 \cdot \gamma H_2O + 2CaCO_3$$

（2）混凝土碳化影响因素

混凝土碳化是指 CO_2 进入混凝土，与 pH 为 12～13 的氢氧化钙反应生成盐类导致 pH 下降为 8.5 左右。因此，混凝土的碳化主要取决于 CO_2 的传播速度以及 CO_2 与混凝土内部成分的反应，而 CO_2 的传播速度又与混凝土的本身的特点相互影响。所以混凝土碳化的影响因素主要是大气环境因素、混凝土材料因素以及施工因素等。大气环境因素包括相对湿度和温度以及二氧化碳浓度。

1）相对湿度

混凝土的碳化反应本质上是一种释放水的过程，并且相对湿度的大小决定着混凝土孔隙水的饱和度大小。相对湿度较小时，混凝土较为干燥，混凝土进行碳化反应所需要的水分不足，因此，碳化程度和碳化速度都较小。相对湿度较高时，碳化反应生成的水会抑制碳化反应，混凝土内部水分会阻碍 CO_2 的扩散，抑制 CO_2 与混凝土的中性化反应，从而降低碳化速度。在相对湿度为 40%～60% 时，混凝土的碳化速度较快，其中环境相对湿度为 50% 左右时混凝土的碳化速度最快。并且，清华大学提到环境相对湿度对碳化的影响表达式可认为：

$$\frac{K_{RH1}}{K_{RH2}} = \frac{(1-RH_1)^{1.1}}{(1-RH_2)^{1.1}} \tag{7-1}$$

式中：RH_1——第一种环境下的相对湿度；

$\quad\quad RH_2$——第二种环境下的相对湿度。

2）环境温度

由物理学知识可知，温度会影响离子运动速度，当外界环境温度升高时，CO_2 在混凝土内部扩散速度上升，混凝土抗碳化能力下降。若混凝土表面温度骤降，混凝土表面将会产生拉力，当拉力超过混凝土的抗拉强度时混凝土表面开裂，形成裂缝或导致混凝土表面脱落。此时外界 CO_2 和水分的进入将会更加容易，混凝土碳化速度加快。此外，蒋清野提到温度对混凝土碳化的影响表达式为：

$$\frac{K_{T1}}{K_{T2}} = \left(\frac{T_1^{1.1}}{T_2^{1.1}}\right)^{\frac{1}{4}} \tag{7-2}$$

式中：T_1——第一种环境下的绝对温度；

$\quad\quad T_2$——第二种环境下的绝对温度。

3）二氧化碳浓度

空气中的 CO_2 浓度可以分为室内 CO_2 浓度与室外 CO_2 浓度，基于 Fick 第一扩散定律可知：

$$X = \sqrt{\frac{2D_C C_0}{M_0}}\sqrt{t} = K\sqrt{t} \tag{7-3}$$

式中：D_C——CO_2 在混凝土中的扩散系数；

$\quad\quad C_0$——混凝土表面 CO_2 浓度；

$\quad\quad X$——时间 t 时的碳化深度；

$\quad\quad M_0$——混凝土结合 CO_2 能力；

$\quad\quad T$——碳化时间；

$\quad\quad K$——碳化速度系数。

因此，可认为 CO_2 浓度越高，混凝土碳化速度越快。综合环境温度和相对湿度对混凝土碳化的影响，可用 K_e 定义为环境因子，即：

$$K_e = 2.56\sqrt[4]{T}(1-RH)RH \tag{7-4}$$

式中：RH——相对湿度。

4）水泥品种

不同品种的水泥的混合材掺量和品种有所不同，后续混凝土进行水化反应产生的碱性物质的量也有所不同，因此为碳化反应提供的可碳化的碱性物质的量也不同，从而导致混凝土碳化的速度也多有差别。在同一条件下混凝土的碳化速度排序为：矿渣水泥＞普通硅酸盐水泥＞早强水泥，其中，钢筋在炉渣水泥混凝土的锈蚀速度比在同一试验条件下的普通硅酸盐混凝土高 90% 左右。

5）水泥用量

水泥用量与混凝土中碱性物质的含量以及孔溶液中 pH 有关，水泥用量越多、混凝中碱含量越高，孔溶液的 pH 也越高，同时混凝土的密实度不断增大，CO_2 向混凝土内部渗透速度降低，因而混凝土的碳化速度降低。

6）掺合料

混凝土中的掺合料一般是用来等量地替代水泥，从而降低水泥的用量，进一步增大水胶比，提高混凝土碳化速度。一方面，粉煤灰等掺合料与水泥共同作用，优化混凝土孔结构，提高密实度，从而降低碳化速度；另一方面，随着掺合料的逐渐增多，水胶比逐渐增大，混凝土抗碳化能力降低。水胶比对碳化深度的影响关系如图 7-4 所示。

7）外加剂

常见的混凝土外加剂一般为引气剂、减水剂和膨胀剂，引气剂会在混凝土内部引入大量的孔，从而加速 CO_2 气体的渗入，加快了混凝土碳化的速度；减水剂会增加混凝土的和易性，使混凝土密实度增加，从而阻碍 CO_2 的渗入，进而降低了混凝土的碳化速度；而加入膨胀剂，会使混凝土内部碱性物质膨胀进而填充和堵塞混凝土内部的孔隙，增加混凝土的密实度，降低混凝土碳化速度。

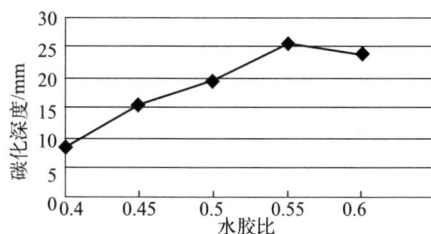

图 7-4　水胶比对碳化深度的影响关系

8）骨料性质

轻质骨料气泡多，透气性大；天然砂、碎石透气性小于水泥浆体，故轻骨料混凝土的碳化速度快。粗骨料的粒径较大，提高了混凝土的孔隙率和渗透性，而轻骨料的孔隙较多，增加了 CO_2 的扩散路径，加快了混凝土碳化速度。因此，材质坚硬、级配较好的骨料生产的混凝土渗透性较低从而降低了碳化速度。

施工因素主要是指混凝土的养护条件、搅拌和振捣情况，一般通过影响混凝土的密实性来影响混凝土的碳化速度。一般来说，施工质量越好，混凝土强度越高，整体密实性越好，抗碳化能力越高；而施工质量差，混凝土内部裂缝孔洞会增加 CO_2 在混凝土内部的扩散途径，从而加快扩散速度。

（3）混凝土碳化深度预测模型

根据影响混凝土碳化的主要因素分析，建立了碳化深度预测的多系数随机过程模型，即：

$$X = K_j K_p K_s K_{CO_2} K_{mc} K_e K_f \sqrt{t} \tag{7-5}$$

式中：K_j——角部修正系数，角部取 1.4，非角部 1.0；

K_{mc}——计算模式不定性随机变量；

K_p——浇筑面影响系数，对浇筑面取 1.2；

K_s——工作应力影响系数，受拉取 1.1 受压取 1.0；

K_{CO_2}——CO_2 浓度影响因素，取 $\sqrt{33.3C_0}$。

综合上述分析，混凝土碳化系数的随机模型可以表示为：

$$K = K_j K_p K_s K_{CO_2} \left(\frac{57.94}{f_{cu}} m_c - 0.76 \right) K_e K_{mc} \tag{7-6}$$

式中：f_{cu}——混凝土立方体抗压强度；

m_c——混凝土立方体抗压强度的平均值与标准值之比；

混凝土保护层厚度 c 是一个随机变量，服从正态分布，概率密度函数为：

$$P(c) = \frac{1}{\sqrt{2\pi}\sigma(t)} \exp\left[-\frac{1}{2} \left(\frac{c - \mu_c}{\sigma_c} \right)^2 \right] \tag{7-7}$$

式中：μ_c——混凝土保护层厚度的平均值；

σ_c——混凝土保护层厚度的标准差。

在大气环境因素和混凝土自身因素等随机因素作用下混凝土的实际碳化深度体现了随机性，并且混凝土的碳化过程也会呈现随机性，碳化深度的一维概率密度可以表示为：

$$F(x,t) = \frac{1}{\sqrt{2\pi}\sigma(t)} \exp\left[-\frac{(x - \mu_t)^2}{2\sigma_t^2} \right] \tag{7-8}$$

式中：μ_t——混凝土碳化深度的平均值；

σ_t——混凝土碳化深度的标准差。

其中 σ_t 函数满足下列关系：

$$\mu_1 = \mu_k \sqrt{t} \tag{7-9}$$

$$\sigma_t = \sigma_k \sqrt{t} \tag{7-10}$$

式中：μ_k——碳化系数均值；

σ_k——碳化系数标准差；

t——公路桥梁服役时间。

令混凝土保护层被完全破坏的时间为 t_1，混凝土开始碳化到混凝土保护层被完全破坏的过程为：

$$\varepsilon(t) = c - X(t) \tag{7-11}$$

式中：c——混凝土保护层厚度；

$X(t)$——混凝土碳化深度，随机过程；

$\varepsilon(t)$——混凝土碳化寿命准则，随机过程。

当 $t = t_1$ 时混凝土保护层被完全破坏，混凝土碳化进入第二部分，钢筋表面钝化膜被破坏，在水和空气存在的条件，钢筋表面开始生锈，混凝土保护层达到其寿命。

7.3 抗冻耐久性

在寒冷气候下，冰冻作用（冻融循环）会损伤混凝土路面、挡土墙、桥面板和栏杆，这是需要花费巨额开支去维修和更换结构的一个主要原因。冰冻作用引起硬化混凝土损伤的原因与材料复杂的微结构有关。然而，劣化作用大小不仅取决于混凝土材料本身的特性，还取决于特定的环境条件，在一种冻融条件下耐冻的混凝土，在另一种不同条件下却可能被破坏。混凝土冻害可以有几种形式，最常见的是由于水泥浆基体受反复冻融循环作用逐渐膨胀引起的混凝土开裂和剥落。在冻融循环作用下的混凝土板，当水分和除冰盐存在时很容易发生剥落现象（例如终饰面出现剥落或脱皮）。混凝土板中的某些粗骨料也会引起开裂，通常与接缝和边缘平行，最终得到一个类似大写字母 D 的图形（裂缝曲线围绕混凝土板四个角中的两个），这种开裂用术语 D 形裂缝描述。冰冻作用引起的土坝混凝土面板劣化如图 7-5 所示。

7.3.1　冻融破坏的机理

1. 冻融循环引起的体积膨胀和收缩

当混凝土中的水在低温下结冰时，会引起体积膨胀，造成混凝土内部的应力增大。随着温度的升高，冰体逐渐融化，引起混凝土内部的体积收缩，导致混凝土出现裂缝和破坏。

2. 冰晶体的形成和扩张

在混凝土中形成的冰晶体会引起混凝土内部的应力集中，进而导致混凝土

图 7-5　冰冻作用引起的土坝混凝土面板劣化

的破坏。冰晶体的形成和扩张会破坏混凝土内部的结构，使其失去原有的强度和稳定性。

3. 冻融循环引起的渗透作用

在冻融循环过程中，冰体的形成和融化会引起混凝土内部的孔隙结构变化，导致混凝土的渗透性增加。当混凝土中的水分被冻结和融化时，会引起水分的渗透和扩散，进一步破坏混凝土内部的结构。

7.3.2　混凝土抗冻的影响因素

显然，混凝土的抗冻能力取决于水泥浆体和骨料的特性。然而，在任何情况下，混凝土的抗冻能力实际上都是几个因素交互作用的结果，例如水分逃逸边界的位置（水分为释放压力需要迁移的距离）、体系孔结构（孔径大小、数量和连通性）、饱水程度（可结冰水的数量）、冷冻速率以及材料的抗拉强度（引起断裂必须超过值）。

1. 引气

保护混凝土免受冻害所必需的不是总含气量，而是硬化水泥浆体任一点的气泡间距大小在 $0.1\sim0.2$mm。在水泥浆体中加入少量引气剂（例如水泥质量的 0.05%），就可以引入孔径在 $0.05\sim1$mm 的气泡。因此，当空气含量一定时，保护混凝土免受冻害的效果很大程度上取决于气泡大小、气泡数量和气泡间距。在一次实验中，研究人员分别用 5 种引气剂 A、B、D、E、F 在混凝土中引入 $5\%\sim6\%$ 的空气，在每立方厘米硬化水泥浆体中产生 24000、49000、55000、170000 及 800000 个气泡，与之对应的是，混凝土产生 0.1% 的膨胀分别需要经历 29、39、82、100 和 550 个冻融

循环。

虽然引气体积不是保护混凝土免受冻害的最有效的量度参数，但假设绝大多数气泡是微小的，那么引气体积就是用于质量控制的最容易的判定依据。因为水泥浆体含量通常和最大骨料粒径相关，骨料大的混凝土比骨料小的混凝土所含水泥浆体少。因此，骨料小的混凝土要想有同样的抗冻性就需要更多地引气。

骨料级配也影响引气体积，细砂过量会减小含气量。掺入矿物掺合料，如粉煤灰或使用非常细的水泥，都有类似的效应。通常，比较黏稠的拌合物比很稀或很干硬的拌合物含有更多的空气。同样，搅拌不充分或过度、新拌混凝土处理或运输时间过长、振捣过度都会减小含气量。鉴此，推荐含气量测定在混凝土浇筑时进行，气泡间隔系数采用显微镜按ASTM C457 标准方法测定。

2. 水胶比和养护

如前所述，硬化水泥浆体的孔结构由水胶比和水化程度决定。通常，水化程度一定时，水胶比越大；或者水胶比一定时，水化程度越低，硬化水泥浆体的大孔体积越大。由于可冰冻水存在于大孔中，因此，可以假设冰冻温度一定时，水胶比高、龄期早的水泥浆体含有更多的冰冻水。

3. 饱和度

众所周知，干燥或部分干燥的物体不会遭受冰冻损伤。混凝土存在着一个临界饱和度，超过此值混凝土暴露于非常低的温度时就容易产生开裂或剥落。实际上，正是临界饱和度与实际饱和度间的差值决定了混凝的抗冻能力，一种混凝土在充分养护后可能会降低到临界饱和度以下，但当暴露于潮湿环境时，取决于其渗透性，有可能再次达到或超过临界饱和度。因此，混凝土的渗透性对抗冻性能很重要，它不仅控制着结冰时内部水分迁移引起的水压，而且控制着结冰前的临界饱和度。从冻害的角度来看，由于各种物理或化学的原因引起混凝土开裂导致的混凝土渗透性的增加，对混凝土抗冻性的影响作用是十分明显的。

4. 强度

与一般观点相反，高强度混凝土未必能保证高的耐久性。例如，就受冻害而言，非引气混凝土与引气混凝土相比，前者强度较高，但后者抗冻耐久性更好，因为它提供了引气保护，避免了冻融循环条件下高水压力的产生。根据经验，中强度和高强度混凝土含气量每增加1%，强度降低约5%。保持水胶比不变，引气量为5%时，混凝土强度会降低25%。由于引气可改善混凝土工作性能，因此有可能稍微降低水胶比而保持所需的工作性，以补偿一部分因引气而损失的强度。虽然如此，引气混凝土一般比相应的非引气混凝土强度低些。

7.3.3 混凝土抗冻融的影响因素

混凝土结构受冻破坏的主要因素及其相应的防治对策，归纳如图 7-6 所示。由此可见，影响混凝土结构物冻害的原因是多方面的。但是，结构物混凝土的质量是最重要的因素。此外，结构物的设计、施工、环境条件、气象条件等，也是使混凝土结构劣化的重要因素。

[内部主要原因]
材料：水泥、集料、掺合料、化学外加剂；
配比：W/B,含气量,单方混凝土用水量，坍落度；
浇筑、养护：振捣、养护条件，龄期；

↓

物性、结构：
孔结构、气泡组织、透水性、吸水性、泌水、水化程度、集料粘结、开裂诱因

混凝土抗性
→ 按有关标准确定材料与配比
→ 冻融试验评价

提高混凝土抗冻性膨胀劣化的对策：
引气
（缓和膨胀压力）
结构致密化
（冻结水不能增加）
剥蚀对策：
低水胶比，致密
冻融发生对策：
集料中不含软弱颗粒，使用优质集料

[外部主要原因]
气象条件：
最低温度、冻融次数、日照、风速、降水量、干燥；
混凝土饱水程度；
结构物条件；
防水装饰、隔热、形状方位、部位、排水、盐的作用

冻融作用强度
→ 根据有关标准进行试验求出耐久性系数

混凝土水分的供应条件
→ 按标准不同构件由相应系数求得

降低混凝土饱水度
精细施工
防水饰面

根据相应的地区气象条件、结构物条件，选择混凝土和切合实际的设计与施工方案

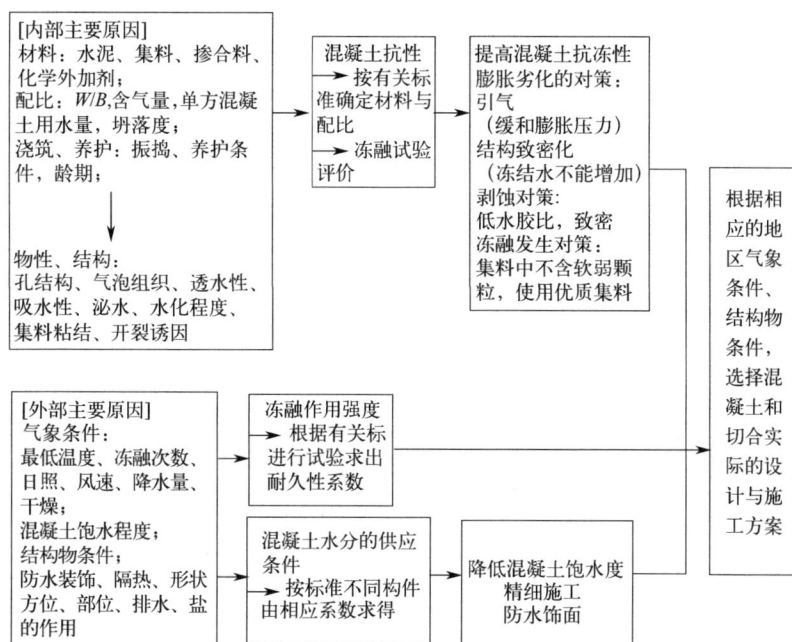

图 7-6　混凝土结构受冻破坏的主要因素及其相应的防治对策

7.4　抗氯离子渗透

氯盐对混凝土结构的劣化破坏，是指在混凝土中钢筋的表面，Cl^- 的含量到某一极限值以后，使钢筋表面的钝化膜破坏，产生孔蚀；在空气和水分的作用下，形成宏观电池，使金属铁变成铁锈，体积膨胀，混凝土保护层发生开裂破坏，使结构承载能力降低，并逐步劣化破坏。

沿海混凝土结构及海洋工程混凝土结构的氯盐腐蚀破坏，是严重的混凝土结构的耐久性问题。据统计，世界上一些国家，由于环境对结构的腐蚀破坏造成的损失，平均可占国内生产总值的 $2\%\sim4\%$。

7.4.1　混凝土结构中的氯盐

混凝土中内在氯盐是指混凝土生产时由材料带进的氯盐。其中包括：拌合用水带进的氯盐、化学外加剂带进的氯盐、水泥及矿物质掺合料带进的氯盐、使用海砂拌制混凝土时带进的氯盐等。

1. 水泥自身的氯盐

国内水泥的有关标准中规定，硅酸盐水泥中的 Cl^- 含量为 0.02% 以下。如果混凝土中水泥用量为 $200\sim400kg/m^3$，Cl^- 含量为 $0.04\sim0.08kg/m^3$，这比我国结构混凝土耐久性的基本要求的最大 Cl^- 含量低得多，故由水泥带进的 Cl^- 含量可以忽略。

2. 骨料所含的氯盐

在混凝土的设计中，海砂常常被用作骨料使用。但有研究表明，在海底 $10\sim50m$ 深

处，通过泵打上来的海砂，其中 NaCl 含量为 0.1%～0.4%。如 Cl⁻ 含量为 0.3%，普通混凝土中用砂 800kg/m³，由于砂带进混凝土中的 Cl⁻ 含量达 2.4kg/m³，为一般混凝土中规定的 Cl⁻ 含量 0.3kg/m³ 的 8 倍，故用海砂拌制混凝土必须先除盐或采取相应的对策。

未除盐的海砂中，NaCl 的含量为 0.15%～0.3%；根据取样检测的不同 NaCl 含量可达 0.4%～0.7%。根据某住宅公司对使用海砂的商品混凝土搅拌站的调查，海砂经除盐处理的搅拌站，海砂中 NaCl 含量平均为 0.039%；未进行除盐处理的海砂，NaCl 含量平均达 0.236%。

3. 化学外加剂带进的 Cl⁻ 含量

现行国家标准《混凝土外加剂》GB 8076 中规定，Cl⁻ 含量不能超过生产厂控制值。由外加剂带进混凝土中 Cl⁻ 的含量计算按式(7-12) 进行。

$$Cl_m^- = m_a \times \frac{Cl_a^-}{100} \tag{7-12}$$

式中：Cl_m^-——混凝土中化学外加剂带进的 Cl⁻（kg/m³）；

m_a——单方混凝土中化学外加剂用量（kg/m³）；

Cl_a^-——化学外加剂中 Cl⁻ 含量（%）。

4. 拌合用水的 Cl⁻ 含量

拌合混凝土一般用自来水，按水质标准，Cl⁻ 含量＜200mg/L，如混凝土用水量为 200kg/m³，Cl⁻ 含量只有 4g/m³，与规定值 Cl⁻ 含量 0.3kg/m³ 相比，完全可以忽略。但是，如用海水拌合混凝土，混凝土用水量为 200kg/m³，Cl⁻ 含量约为 4kg/m³，会造成混凝土中钢筋的严重锈蚀，故严禁用海水拌合混凝土。

5. 外部侵入的氯盐

从外部侵入混凝土中的 Cl⁻，与混凝土结构所处的环境有关。一般情况下，外部侵入混凝土中的 Cl⁻，是由海水、海盐粒子、含 Cl⁻ 的地下水、融冰盐及火灾时 PVC 燃烧时作用造成的。

7.4.2　Cl⁻ 扩散渗透进入混凝土的机理

外部的 Cl⁻ 从混凝土结构的表面，通过扩散渗透进入混凝土内部，并进一步到达混凝土中的钢筋表面。如果钢筋表面的 Cl⁻ 含量超过某一极限值以后，钢筋就会发生锈蚀，使混凝土结构产生劣化破坏。

Cl⁻ 在混凝土中扩散渗透的过程是非常复杂的，受混凝土材料、温度、湿度、表面 Cl⁻ 浓度以及结构裂缝的影响等。

1. 混凝土微管中的 Cl⁻

Cl⁻ 由混凝土表面，通过扩散渗透进入混凝土是一个持续多年的缓慢过程。最常见的离子迁移机制为扩散、毛细管吸附和渗透。扩散是混凝土体系内，在不能移动的水中，由于离子浓度梯度的结果；毛细管吸附是离子随着水一起迁移进入开口体系；渗透是离子和水在压力作用下，一起迁移进入混凝土内部。三种迁移机制可能同时发生，但和速度最快的毛细管吸附相比，渗透产生的迁移可以忽略。

吸附在混凝土结构表面的 Cl⁻，通过毛细管吸附和扩散，Cl⁻ 随着水一起迁移进入混凝土的过程中，Cl^- 会与水泥水化物发生反应，生成 Friedel 盐及其他水化物；而毛细管孔壁也对 Cl^- 产生吸附，而且在整个混凝土孔隙中都会产生这种现象。

混凝土中的 Cl^- 分成两部分：一部分是被固化的 Cl^-，包括与水泥水化物结合的 Cl^-，以及被毛细管管壁吸附的 Cl^-；另一部分是自由 Cl^-。自由 Cl^- 通过浓度梯度，进一步扩散到混凝土内部，在扩散过程中又不断被固化、被吸附。

Cl^- 与水泥浆的水化物相结合，形成新的水化物。这部分 Cl^- 不再溶解时是无害的，但是，由于碳化或硫酸盐腐蚀，含氯盐的水化物，如 Friedel 盐，要分解，Cl^- 再次游离出来，提高了游离 Cl^- 的浓度，加速了 Cl^- 向混凝土内部的扩散。

2. 结合的 Cl^-

Cl^- 从混凝土表面通过扩散渗透进入混凝土以后，有一部分 Cl^- 与水泥水化物反应生成 Friedel 盐，还有一部分被水泥水化物所吸附，剩余部分的 Cl^- 为游离的 Cl^-，通过浓度差扩散进入混凝土。在混凝土中被固化的 Cl^- 与水泥熟料相的水化物有关，水泥和氯盐结合的水化相如表 7-1 所示。

水泥和氯盐结合的水化相　　　　　　　　　　　　表 7-1

水化生成物	初始物相
C-S-H 凝胶 $3CaO \cdot 2SiO_2$ Al_2O_3，SO_3，吸附拌入 Cl^-	硅酸三钙 硅酸二钙 矿渣 火山灰质组成
AFm[①] $3CaO \cdot Al_2O_3 \cdot Ca(OH)_2$ $3CaO \cdot Al_2O_3 \cdot CaSO_4$ $3CaO \cdot Al_2O_3 \cdot CaCO_3$ $3CaO \cdot Al_2O_3 \cdot CaCl_2$（Friedel 盐） AFt[①] $3CaO \cdot Al_2O_3 \cdot CaSO_4$ $3CaO \cdot Al_2O_3 \cdot CaCl_2$	铝酸三钙 铁铝酸四钙 矿渣 火山灰质组成 铝酸三钙 铁铝酸四钙 矿渣 火山灰质组成
$Ca(OH)_2$ $CaO \cdot CaCl_2 \cdot H_2O$	硅酸三钙 硅酸二钙

注：①Al_2O_3 代替一部分 Fe_2O_3。

硅酸三钙、硅酸二钙水化时生成 C-S-H 凝胶相，能以固体（凝胶体）形态结合氯盐。初始溶液中的氯盐含量越多，温度越高，例如通过热处理，有大量的氯盐能结合在一起。

C_3S 水化物的氯盐结合量可能达到某一上限值，温度 80℃ 时是 $0.30\% \sim 0.35\%$，温度 20℃ 时是 $0.25\% \sim 0.3\%$。也就是温度由常温而逐步提高时，结合的 Cl^- 也相应提高。

C_3S 和 C_4AF 与氯盐溶液发生反应，生成的 Friedel 盐与氯盐溶液的浓度有关。当溶液中（拌合用水）的氯盐含量超过 $10g/L$ 时，生成的 Friedel 盐被固定；当氯盐含量超过这个含量时，氯盐被吸附拌入到 $3CaO \cdot Al_2O_3 \cdot 3CaCl_2 \cdot 32H_2O$ 水化物中去。这种被吸附拌入到水化物中而结合的氯盐，会因为水的作用而游离溶解出来。Richartz 认为：在 90℃ 的高温下，在 pH 为 $7 \sim 12.6$ 的热溶液中，氯盐具有比较高的稳定性。

3. 游离的 Cl^-

游离的 Cl^-，或自由 Cl^-，是指混凝土孔隙溶液中能通过浓度梯度进行扩散渗透的

Cl^-。在混凝土某个断面上游离的 Cl^- 并不是一个固定值，而是与混凝土所处的环境条件有关，如温湿度变化、碳化作用、硫酸盐侵蚀作用和冻融作用等外界作用因子有关；当被固化的氯盐化合物分解时，游离的 Cl^- 浓度会增加，进一步加速 Cl^- 的扩散渗透。

游离 Cl^- 也叫有效 Cl^-，当混凝土结构中钢筋表面的 Cl^- 浓度超过某极限值，钢筋就发生锈蚀，使钢筋混凝土结构劣化。在结构设计时，为了保证结构的耐久性与安全性，在钢筋表面的 Cl^- 浓度不仅考虑到有效 Cl^-，而且要考虑到被固化的 Cl^-，也就是考虑全 Cl^- 含量。按有效 Cl^- 在混凝土中扩散求解得到的 Cl^- 扩散系数，称有效 Cl^- 扩散系数，按全 Cl^- 在混凝土中的扩散求解得到的 Cl^- 扩散系数，称表观 Cl^- 扩散系数。

7.4.3 混凝土中 Cl^- 迁移的主要影响因素

1. 水泥种类的影响

磨细矿渣水泥和粉煤灰水泥为胶结材料的混凝土，完全水化时，与硅酸盐水泥为胶结材料的混凝土相比，具有比较致密的孔隙结构，为此抵抗扩散性高。以矿渣水泥和粉煤灰水泥拌制的混凝土，由于毛细管孔隙比例小，使氯盐侵入的数量减少，Cl^- 扩散系数降低。其顺序为：硅酸盐水泥→粉煤灰水泥→矿渣水泥。可能的扩散系数和水泥的种类有关：$D_{Cl^-}=5\times10^{-7}\,cm^2/s$（硅酸盐水泥），$D_{Cl^-}=5\times10^{-8}\,cm^2/s$（粉煤灰水泥），$D_{Cl^-}=1\times10^{-8}\,cm^2/s$（矿渣水泥）。矿渣水泥中，矿渣的掺量对混凝土扩散系数的影响更大。不同矿渣掺量混凝土的相对扩散系数，如表 7-2 所示。

不同矿渣掺量混凝土的相对扩散系数　　　　　　　　　　　表 7-2

水泥的种类	扩散系数（%）	水泥的种类	扩散系数（%）
硅酸盐水泥	100	掺 60% 矿渣水泥	5
掺 40% 矿渣水泥	25	掺 80% 矿渣水泥	1

水泥浆中矿渣掺量 H^+ 和 Cl^- 扩散系数 D 之间的关系为 $D=D_0\dfrac{1}{1+a\cdot H^6}$。透水量的降低是矿渣掺量 6 次幂函数。

矿渣水泥制作的混凝土或矿渣水泥砂浆，对氯盐的侵入具有很高的抵抗性，这不是由于水泥浆的高致密性，而是因为矿渣水泥浆的毛细管中能吸附结合大量的 Cl^-，阻碍了 Cl^- 由于浓度梯度而引发的扩散，这种特性对降低 Cl^- 扩散系数是十分重要的。

2. 混凝土掺合料的影响

矿渣细粉和粉煤灰添加入混凝土中，与硅酸盐水泥混凝土相比，其抗 Cl^- 的迁移性提高。这归功于火山灰反应生成 C-S-H 凝胶相，使孔隙结构致密化而利用粉煤灰提高抗 Cl^- 扩散性的实质原因是，粉煤灰表面或其周边生成的反应产物，使孔隙结构连通性中断，这称之为孔隙结构中断效应（Pore-Bloking-Effect），这是粉煤灰混凝土能降低 Cl^- 扩散性能的主要原因。而其毛细管孔隙几乎没有降低，这是离子迁移明显降低的一种模式（Li/Roy）。

3. 集料的影响

集料应有良好的级配，集料级配良好的混凝土，达到相同拌合物流动性时水泥浆含量低，Cl⁻扩散系数相对要低。

Cl⁻扩散渗透还与集料粒径有关，粒径大者，Cl⁻扩散渗透量增大。例如粗集料粒径由 8mm 增大至 16mm 时，Cl⁻扩散系数要增大 2.1 倍；从 8mm 增大到 32mm 时，上升至 3.0 倍。其原因是 Cl⁻沿着粗集料-水泥浆界面的迁移量扩大了。粗集料与多孔质材料接触的过渡层，对 Cl⁻的扩散速度有很大的影响。

4. 裂缝对 Cl⁻扩散渗透的影响

图 7-7 给出了相对氯离子迁移系数 D_{RCMi}/D_{RCM0} 与裂缝密度 ρ 的关系，其中 D_{RCMi} 和 D_{RCM0} 分别对应于开裂和完好混凝土的平均氯离子迁移系数。总体而言，氯离子渗透性随裂缝密度的增大而增大。如图 7-7 所示，在密度相近的情况下，有主裂缝的混凝土氯离子迁移系数 D_{RCMi} 要高得多，说明主裂缝对氯离子扩散性的影响应予以重视。

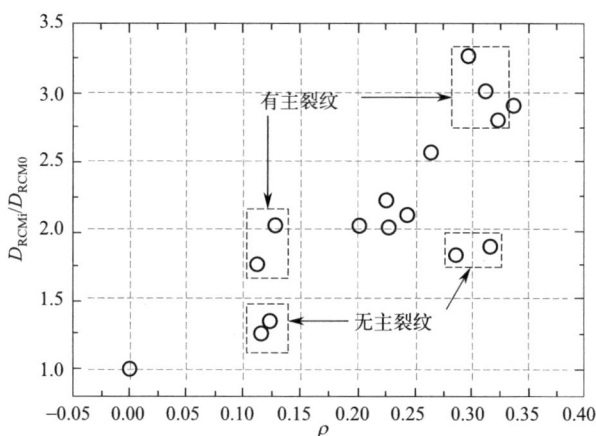

图 7-7 表面裂缝宽度对氯化物穿透深度的影响

裂缝迁曲度对氯离子通过主裂缝扩散系数的影响如图 7-8 所示。可见，当裂缝宽度小于 $150\mu m$ 或大于 $370\mu m$ 时，裂缝迁曲度对氯离子渗透性能无明显影响。也就是说，裂缝迁曲度不是影响大裂缝（>$370\mu m$）和小裂缝（<$150\mu m$）氯离子扩散的控制因素。然而，当裂缝宽度在 $150\sim370\mu m$ 变化时，穿透深度随着迁曲度的增加而增加。

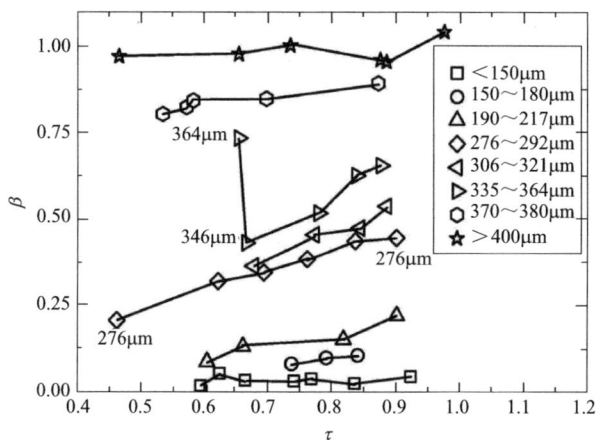

图 7-8 裂缝迁曲度对氯离子通过主裂缝扩散系数的影响

7.5 抗硫酸盐侵蚀

7.5.1 硫酸盐的侵蚀机理

硫酸盐会侵蚀混凝土，造成混凝土结构的劣化破坏，与盐害、中性化等劣化因子对混凝土结构的劣化不同。硫酸盐作为混凝土结构的劣化外力，通过与水泥中的水化物作用，生成膨胀性的水化产物，使硬化的混凝土开裂、崩坏；外部侵蚀性介质以及空气、水分等，扩散渗透进入混凝土内部，使钢筋锈蚀，进一步使结构劣化，失去承载能力。硫酸盐对混凝土的侵蚀劣化，不直接使混凝土结构中的钢筋产生锈蚀。而 Cl^- 进入混凝土，在钢筋表面达到一定浓度以后，使钢筋钝化膜破坏而产生锈蚀。碳化是由 CO_2 等扩散渗透，使钢筋表面层混凝土中性化，使钢筋失去碱性保护而发生锈蚀。因此，研究硫酸盐侵蚀对混凝土结构的劣化破坏，首先要研究硫酸盐对混凝土的劣化机理。

硫酸盐对混凝土作用的过程，是侵蚀介质和混凝土组成物质发生化学反应时产生的。硫酸盐侵蚀只在有水分存在的地方发生，劣化机理是溶解或者膨胀。

当发生膨胀性侵蚀时，生成的反应性产物占有比原材料大的体积，因而产生膨胀压力，使混凝土开裂，造成强度损失，最终使混凝土崩裂破坏。

但是也有由于混凝土中 C-S-H 凝胶和 SO_4^{2-}、CO_3^{2-} 或 CO_2 反应，在较低温度（0～15℃）下，反应生成碳硫硅钙石，使得水泥石变成糊状无粘结力的物质，从而降低混凝土强度而劣化破坏。

硫酸盐结晶型侵蚀以及石膏型硫酸盐侵蚀和钙矾石型硫酸盐侵蚀都会引起体积膨胀进而使混凝土受到膨胀压力而开裂。

混凝土中的 Na_2SO_4 和 $MgSO_4$，从水中结晶，形成 $NaSO_4 \cdot 10H_2O$ 和 $MgSO_4 \cdot 7H_2O$ 结晶，体积膨胀 4～5 倍，产生膨胀压力而引发混凝土的开裂与劣化。这种破坏通常发生于干湿循环区。

其结晶过程可用以下反应式描述：

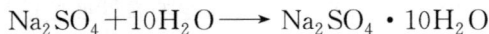

$$Na_2SO_4 + 10H_2O \longrightarrow Na_2SO_4 \cdot 10H_2O$$
$$Mg_2SO_4 + 7H_2O \longrightarrow Mg_2SO_4 \cdot 7H_2O$$

水泥中加入石膏共同粉磨，可以调节水泥的凝结时间；有时也在混凝中掺入适量石膏，以促进混凝土的强度发展。但是，如果水泥中石膏掺量过多就会造成混凝土的速凝，也会引起内部侵蚀破坏。

硬化混凝土在硫酸盐溶液中时，SO_4^{2-} 渗透扩散进入混凝土中，首先与水泥水化产物 $Ca(OH)_2$ 发生反应，生成石膏：

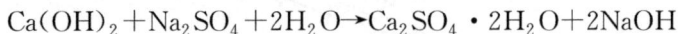

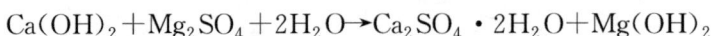

$$Ca(OH)_2 + Na_2SO_4 + 2H_2O \rightarrow Ca_2SO_4 \cdot 2H_2O + 2NaOH$$
$$Ca(OH)_2 + Mg_2SO_4 + 2H_2O \rightarrow Ca_2SO_4 \cdot 2H_2O + Mg(OH)_2$$

在硅酸盐水泥水化硬化的过程中，钙矾石是早期的水化产物，如下式所示：

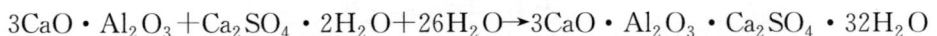

$$3CaO \cdot Al_2O_3 + Ca_2SO_4 \cdot 2H_2O + 26H_2O \rightarrow 3CaO \cdot Al_2O_3 \cdot Ca_2SO_4 \cdot 32H_2O$$

这种水泥水化反应早期形成的钙矾石，对混凝土无害，可以使混凝土密实度提高，早期强度提高；同时由于钙矾石的形成，降低了液相中 3 价铝离子的浓度，调节了水泥的凝结时间。不同条件下的钙矾石 SEM 图谱如图 7-9 所示。

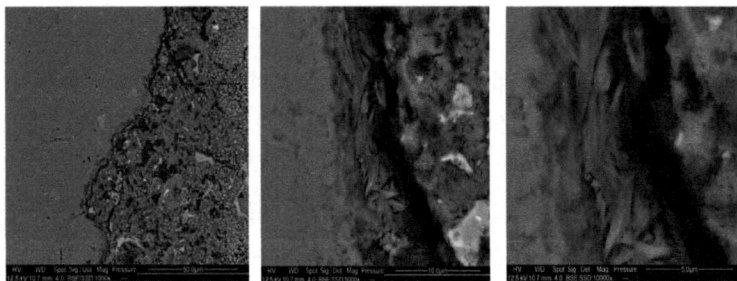

图 7-9　不同条件下的钙矾石 SEM 图谱

延迟钙矾石的形成（DEF）是水泥混凝土硫酸盐侵蚀的一种形式，这种形式的硫酸盐侵蚀的特点是侵蚀介质硫酸根离子来自水泥混凝土内部。因此，延迟钙矾石的定义可认为是：在硬化后的水泥混凝土中，并无来自水泥混凝土之外的硫酸盐而引起的钙矾石的形成，延迟钙矾石所造成的危害往往是在数月或数年之后才会显现出来。延迟钙矾石形成引起的浆体膨胀，会导致水泥浆体和骨料-水泥浆体界面出现裂缝，在裂缝中钙矾石从遍布水泥浆体的亚微观晶体再结晶。

一般认为，高温蒸养更容易形成延迟钙矾石，在 65℃ 以上时，钙矾石会分解成单硫型水化物，钙矾石分解释放的硫酸根离子被吸附在 C-S-H 凝胶上，在水泥混凝土的后续服役中，当被吸附的硫酸根离子解吸附时，会再次形成钙矾石，但一般认为温度只是延迟钙矾石形成的必要条件。Collepard 等针对延迟钙矾石的形成提出了以下假说：（1）在水泥混凝土生产施工的过程中，水泥混凝土遭受了碱集料反应等化学反应，或是水泥混凝土在服役期间产生裂缝增大了水泥混凝土本身的渗透性。（2）硫酸根离子来自水泥水化产物的释放。（3）充足的水分保证硫根离子等的迁移。（4）钙矾石沉积在现有的微裂缝中。

Biczok 报道了德国 Magdeburg 市一座桥墩的硫酸盐侵蚀，在使用 4 年后发现该桥的桥墩增高了 8cm，并且有大面积的开裂，主要原因是当地环境中高含量的硫酸盐导致的破坏。Pettife 和 Nixon 在南美 PirowStreet Bridge 的混凝土结构中发现了延迟钙矾石破坏，在美国得克萨斯州的高速公路箱形梁中发现严重的延迟钙矾石破坏。

Bellport 描述了美国垦务局对位于怀俄明、蒙大拿、南达科他、科罗拉多和加利福尼亚各州的水工结构受硫酸盐侵蚀的调查情况。在某些地方，土壤中可溶性硫酸盐含量高达 4.55%，水中硫酸盐浓度达到 9900mg/L。研究表明，铝酸三钙含量较低的抗硫酸盐水泥性能优于零含量铝酸三钙水泥，后者一般硅酸三钙含量很高（58%～76%）。

7.5.2　硫酸盐侵蚀的影响因素

硫酸盐对混凝土的侵蚀破坏是一个复杂的过程，影响因素众多。混凝土结构物是否出现混凝土硫酸盐侵蚀破坏，破坏程度如何，不仅与 SO_4^{2-} 浓度有关，还与侵蚀溶液中的其他离子，如 Cl^-、Na^+、Ca^{2+}、Mg^{2+} 的浓度，与水泥中铝酸三钙、铁铝酸四钙、硅酸三钙的含量有关。混凝土施工质量、混凝土的密实度、建筑结构物的工作条件和环境条件，如水分蒸发、冻融循环、干湿交替、水力冲刷等多种因素有关，是多种劣化因素共同作用的结果。

7.5.3 硫酸盐侵蚀的控制

如果含硫酸盐的水不能被阻止到达混凝土，那么抵抗硫酸盐侵蚀的唯一防线，就是混凝土的质量。混凝土结构所有面都处在硫酸盐溶液中时，其侵蚀速率要比水分可从一个或几个面蒸发散失时要小。因此，地下室、涵洞、挡土墙和地面板要比基础和桩更容易劣化。

混凝土的特性，特别是低渗透性，是抗硫酸盐最好的防护措施。适当的混凝土厚度、高水泥用量、低水胶比以及新拌混凝土正确地捣实和养护都是降低渗透性的重要因素。使用抗硫酸盐水泥或复合水泥可以减轻由于干缩、冰冻、钢筋锈蚀或其他原因引起的开裂。

对于普通混凝土，建议使用较低水胶比以保证不透水性和防止预埋件锈蚀，对轻混凝土则要求较高强度。对于非常严重的侵蚀条件，要求使用抗硫酸盐硅酸盐水泥，最大水胶比为 0.45，最小水泥用量为 $370kg/m^3$，并且混凝土应包覆有保护层。

7.6 碱-骨料反应

导致混凝土强度和弹性模量损失的膨胀与开裂，也可能是硅酸盐水泥中的氢氧根离子与骨料经常存在的某些活性硅质矿物反应的结果。这一现象通常被称为碱硅酸盐反应（ASR）。碱-硅酸盐凝胶的爆开和渗出是碱-骨料反应的另一种呈现形式。

ThomasE. Santon 是第一个对 20 世纪 30 年代后期加州高速公路系统发生的混凝土损坏现象做出全面解释的人。他指出，损坏是由于骨料中的活性硅与水泥中的碱反应生成凝胶产生膨胀引起。他的解释在水泥行业引起了恐慌。一时间，水泥公司纷纷为其产品辩护，但许多受损公路和混凝土大坝的令人信服的证据，又迫使研究机构和水泥制造商开发新工艺和新材料以防止混凝土结构发生碱-骨料反应。

1. 碱-骨料反应（Alkali-AggregateReaction，AAR）

混凝土中的一种不良化学反应，通常发生在含有反应性骨料的混凝土中。这种反应是由混凝土中的水溶性碱性物质（例如氢氧化钠、氢氧化钾等）与骨料中的某些含有硅酸盐或碳酸盐矿物的岩石发生反应而引起的。碱-骨料反应通常分为碱硅酸盐反应和碱碳酸盐反应两种类型。

2. 碱硅酸盐反应（Alkali-SilicaReaction，ASR）

最常见的碱-骨料反应类型。它发生在骨料中含有反应性硅酸盐矿物（如硅灰石、玻璃等）的情况下，碱性物质与这些硅酸盐矿物发生反应，产生一种胶凝胶，导致混凝土体积膨胀，最终引起开裂和结构损坏。

3. 碱碳酸盐反应（Alkali-CarbonateReaction，ACR）

发生在碱性物质与骨料中的碳酸盐矿物（如方解石等）发生反应时。与碱硅酸盐反应类似，这也可能导致混凝土的膨胀和开裂。

碱-骨料反应是混凝土耐久性问题的一个重要因素，它可能导致混凝土结构的损坏和使用寿命的降低。为了预防碱-骨料反应，可以采取一系列措施，包括使用低碱度水泥、选择不含反应性骨料的骨料、添加控制剂等。

7.6.1 混凝土工程碱硅酸盐反应破坏案例

世界范围内，北美在 1940 年最早发现 ASR 破坏，丹麦在 20 世纪 50 年代初发现 ASR 破坏；20 世纪 60 初期，德国报道了 ASR 破坏案例；20 世纪 70 中期，英国开始发现 ASR 破坏的案例；1980 年，日本和印度相继报道了 ASR 破坏案例。尽管 ASR 破坏从 1940 年被发现至今，各国学者开展了大量研究，但其破坏案例仍时有发生。1997 年竣工的韩国西海公路（Seohae Highway），相继在 2001 和 2004 年报道因 ASR 破坏导致混凝土路面出现损坏；英国建于 1993 年的克拉克顿海防工程（Clacton Coastal Defense Works）消能结构因为 ASR 破坏出现严重断裂，在 2015 年全部进行了更换。图 7-10 展示了某混凝土重力坝的台阶式溢洪道与库区堤岸挡土墙在 ASR 破坏下的开裂现象。图 7-11 展示了某混凝土重力坝在 ASR 破坏和硫酸盐侵蚀下的开裂现象。

(a) 台阶式溢洪道结构裂缝   (b) 库区堤岸挡土墙弥散裂缝

图 7-10 某混凝土重力坝的台阶式溢洪道与库区堤岸挡土墙在 ASR 破坏下开裂

(a) 下游坝面均布裂缝   (b) 下游坝面支墩均布裂缝

图 7-11 某混凝土重力坝在 ASR 破坏和硫酸盐侵蚀下的开裂

7.6.2 碱-骨料反应的机理

碱硅酸盐反应（Alkali-SilicaReaction，ASR）是一种复杂的物理化学反应，其进程受内外多种因素的影响，导致混凝土发生缓慢、长期的破坏行为。

ASR 是指水泥中的碱性氧化物在一定的湿度条件下与骨料中活性二氧化硅发生的反

应。ASR 进程可简化为两个阶段。第一阶段是由基离子引发的聚合硅氧烷网络破裂产生碱硅酸和硅酸，如下式所示：

$$\equiv\!Si\!-\!O\!-\!Si\!\equiv + R^+ + OH^- \longrightarrow \ \equiv\!Si\!-\!O\!-\!R + H\!-\!O\!-\!Si\!\equiv$$

式中 R 表示碱金属离子，如钠和钾离子（Na^+ 和 K^+）。硅酸产生后立即与其他的轻基离子反应，如下式所示：

$$R^+ + OH^- + H\!-\!O\!-\!Si\!\equiv \rightarrow R\!-\!O\!-\!Si\!\equiv + H_2O$$

第二阶段是碱硅酸凝胶吸收其附近的自由水，如下所示：

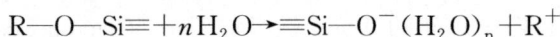

$$R\!-\!O\!-\!Si\!\equiv + nH_2O \rightarrow \ \equiv\!Si\!-\!O^-(H_2O)_n + R^+$$

从硅离子结合、转移的角度出发，可以将 ASR 的演化过程描述为：①亚稳态硅溶解。②纳米凝胶硅溶胶的形成。③溶胶凝胶化。④凝胶吸水。

值得注意的是，众多 ASR 实验均发现，ASR 凝胶一般先出现在骨料表面，即在 ASR 侵害的混凝土试件中，活性骨料周围产生 ASR "反应环"现象，其显微镜照片如图 7-12 所示。

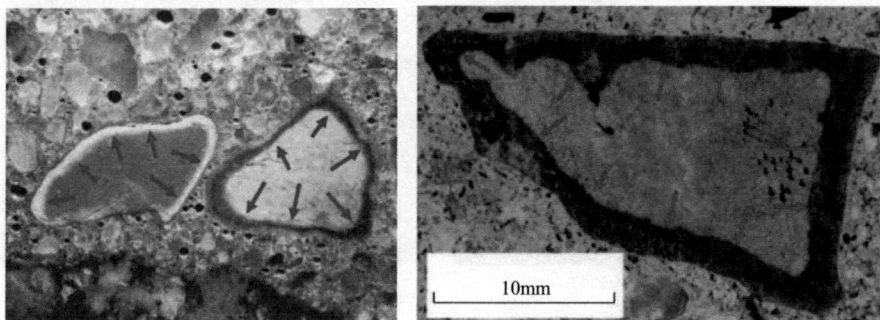

图 7-12　ASR "反应环"显微镜照片

碱硅酸盐反应诱发破坏机理关于 ASR 引起混凝土膨胀开裂的机理，虽然自 ASR 被发现以来，经过数十年的研究探索，但尚未得到统一有效的解释与证实。目前为止，关于 ASR 膨胀的机理，学术界较主流的两种假说是"吸水膨胀"假说和"渗透压"假说。

"吸水膨胀"假说认为，ASR 反应产物作为一种多孔疏松凝胶材料，具有较强的亲水/吸水性，在形成后将吸收孔溶液中的游离水，继而发生体积膨胀，最终导致混凝土体积膨胀及开裂，如图 7-13 所示。由于 ASR 过程相当缓慢，一般要经过几年到几十年才表现出明显的破坏现象，因此，对 ASR 凝胶吸水过程的动态捕捉具有较大的难度。然而，从 ASR 必须在充足的水环境中才能进行、试件质量呈现出与 ASR 膨胀相似的增长过程以及 ASR 凝胶亲水性的特征，自 ASR 被发现以来，"吸水膨胀"假说被大部分学者所认同。

另一方面，部分学者认为 ASR 膨胀力的直接原因是渗透压，即 ASR 凝胶反应环作为一层半渗透膜，允许碱离子渗透到骨料中，但阻止反应产生的水合碱硅酸盐挤出骨料外；与此同时，随着 ASR 进程的推进，ASR 凝胶内外溶液中的离子浓度越来越高，内外体系的液相化学势能差越来越大，从而导致凝胶内外渗透压不断增加，引起的膨胀力逐渐累积，最终引起反应环、骨料或者砂浆开裂。

碱碳酸盐反应（Alkali-Carbonate Reaction，ACR）是混凝土中的一种不良化学反应，

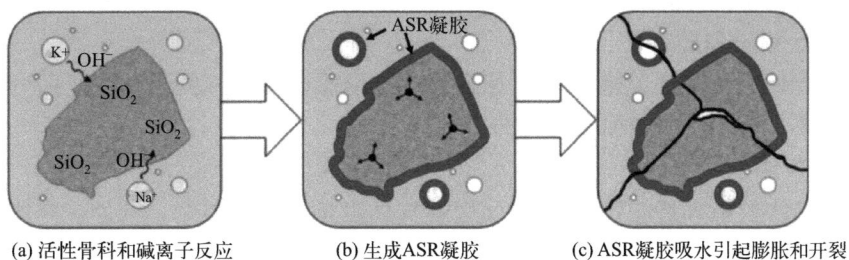

(a) 活性骨料和碱离子反应　　　(b) 生成ASR凝胶　　　(c) ASR凝胶吸水引起膨胀和开裂

图 7-13　ASR 反应产物吸水膨胀及开裂过程

通常发生在碳酸盐骨料与水泥中的水溶性碱性物质（例如氢氧化钠、氢氧化钾等）之间。这种反应的机理与碱硅酸盐反应略有不同，在整个碱集料反应的破坏事例中，大部分是 ASR，相对而言，ACR 要少得多，因而其研究的深度和广度都远不如 ASR。下面是碱碳酸盐反应的主要机理：

（1）碳酸盐骨料的溶解。混凝土中使用的某些骨料，如方解石（calcite）或菱镁矿（dolomite），含有碳酸盐。这些碳酸盐骨料在混凝土中与碱性物质接触时，可能会溶解，释放出碳酸根离子（CO_3^{2-}）。（2）碱性物质的活化。水泥中的碱性物质，如氢氧化钠（NaOH）或氢氧化钾（KOH），会在水中溶解为钠离子（Na^+）或钾离子（K^+）。这些离子会与水中的二氧化碳（CO_2）反应，形成碳酸氢钠（$NaHCO_3$）或碳酸氢钾（$KHCO_3$）。（3）碳酸盐与碱性物质的反应。碳酸根离子与碱性物质中的钠离子或钾离子发生反应，产生碳酸盐和碱性盐。这种反应释放出氢氧化物质（如氢氧化钠或氢氧化钾），促进了混凝土中的化学反应进行。（4）碳酸盐的沉淀。在反应过程中，产生的碳酸盐可能会沉淀在混凝土孔隙中，导致混凝土体积发生膨胀。（5）膨胀和开裂。碱碳酸盐反应导致混凝土内部发生膨胀，最终可能引起混凝土结构的开裂和损坏。

需要注意的是，碱碳酸盐反应相对于碱硅酸盐反应来说相对较少见，但在特定情况下仍可能发生，尤其是当使用碳酸盐含量较高的骨料以及碱性物质浓度较高时。为了预防碱碳酸盐反应，同样可以采取一系列措施，如选择合适的骨料、控制碱含量、使用控制剂等。

7.6.3　碱-骨料反应的影响因素

碱-骨料反应是混凝土中的一种不良反应，其影响因素复杂多样。以下是一些主要的影响因素：

1. 骨料类型

骨料中的矿物成分对碱-骨料反应的发生具有决定性影响。含有硅酸盐、硅灰石、玻璃等反应性矿物的骨料更容易引发碱-骨料反应。

2. 水泥碱性

水泥中碱性物质的含量（主要是氢氧化钠和氢氧化钾）对碱-骨料反应的发生有直接影响。高碱度的水泥更容易引发碱-骨料反应。

3. 环境条件

环境中的温度、湿度、气候等因素对碱-骨料反应的发生和发展也有影响。通常，潮湿的条件更有利于反应的发生。

4. 混凝土设计和施工

混凝土配比、密实度、施工工艺等因素也可能影响碱-骨料反应的程度。高水胶比、低密实度、不良施工等可能加剧反应的发生。

5. 暴露条件

混凝土结构的暴露条件对碱-骨料反应的发展也具有重要影响。例如，暴露在潮湿和高温环境下的混凝土更容易受到影响。

7.6.4　碱-骨料反应的防护措施

（1）采用低碱水泥降低混凝土细孔溶液的碱度。水泥的含碱量是影响碱集料反应的重要因素之一。为了防止碱-骨料反应堆水泥，应该尽量采用含碱量少的水泥。此外，应该控制混凝土中水外加剂和骨料中的总碱量。

（2）掺用粉煤灰等掺合料降低混凝的碱性。掺用粉煤灰、矿渣硅灰等掺合料都能降低混凝土的碱性，从而控制碱集料反应。特别是当水泥含碱量高于允许限值时更应掺加粉煤灰等掺合料。例如掺入水泥重量 5%～10%的硅灰即可有效地控制碱-骨料反应及由此引起的混凝土的膨胀与损坏，掺入水泥重量的 20%～25%的粉煤灰也可取得同样的效果。

（3）使用低活性骨料。骨料的活性及矿物成分也是混凝土产生碱-骨料反应的重要因素。因此为防止碱-骨料反应就应对集料的这一特征加以控制，特别是重要工程更应注意选用无反应活性的骨料。如果对骨料无选择的余地则应采取前述的措施或在混凝土中掺有部分轻骨料以减少碱-骨料反应的膨胀能量。

（4）掺用外加剂。如锂盐外加剂可有效地减少 ASR 膨胀破坏，引气剂可使混凝土具有 4%～5%的含气量，增加其中的细微孔隙，可以容纳一些反应物，从而缓解碱-骨料反应的膨胀压力，减轻碱-骨料反应对工程的损害。

（5）改善混凝结构的施工及使用方法。保证混凝土结构的施工质量，防止因振捣不实引起的蜂窝麻面以及因养护不当引起的干缩缝，防止外界水分浸入混凝土，从而起到制止碱-骨料反应的作用。

7.7　钢筋锈蚀

钢筋锈蚀是指钢筋表面发生氧化反应，形成铁氧化物（通常为铁锈），从而降低钢筋的截面积和抗拉强度的过程。这是混凝土结构中一种常见的耐久性问题，钢筋锈蚀的结果是形成锈蚀产物，它们的体积比原来的钢筋大，因此会导致周围混凝土破裂和剥落。这会降低混凝土结构的强度和耐久性，可能导致结构的损坏和失效。

钢筋混凝土结构应用范围极其广泛，且大多数建筑使用时间较长，随之而来的混凝土结构耐久性问题也越来越明显。国内外频繁出现在役钢筋混凝土未达设计服役寿命就提前失效，导致结构需维护、维修甚至拆除重建，经济损失巨大。国内外大量的研究及现场调查发现，混凝土中的钢筋锈蚀在所有的结构形式中普遍存在，是导致混凝土结构耐久性退化的最主要因素。图 7-14 和图 7-15 分别为典型的钢筋锈蚀引起的桥梁混凝土结构损伤和耐久性问题。而处于寒冷、冻土等环境恶劣地区或海洋环境中的混凝土结构，由于受到恶劣外部环境因素的长期作用，混凝土中钢筋锈蚀导致的危害更加显著。关于美国的统计显示，锈蚀物造成的损失中与钢筋锈蚀有关的损失占总损失的 40％以上，而其中仅桥梁锈蚀造成的破坏就占总锈蚀损失的 20％以上。我国的钢筋混凝土结构也面临着严酷的锈蚀环境，工程调查表明，一般的海洋混凝土结构的设计使用年限为 50～100 年，然而很多海工混凝土结构在使用 20 年不到时便开始老化，出现钢筋锈蚀等结构性损伤；有些已建钢筋混凝土结构甚至在几年或十几年内就开始维修。

图 7-14　典型的钢筋锈蚀引起的桥梁混凝土结构损伤

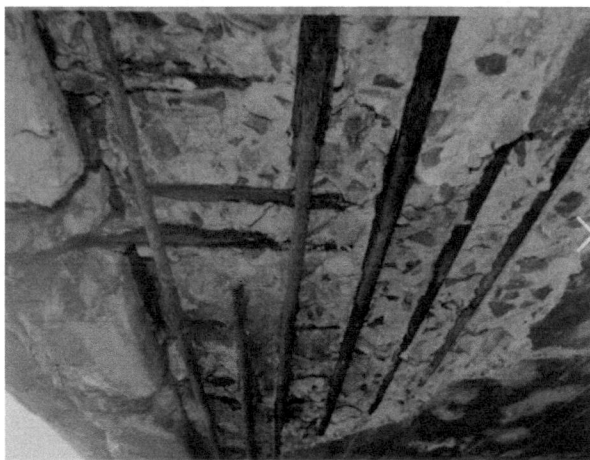

图 7-15　钢筋锈蚀引起的桥梁混凝土结构耐久性问题

7.7.1　钢筋锈蚀的机理

1. 混凝土中钢筋脱钝的机理

混凝土结构及构件是由混凝土和钢筋两种材料建造的。建造过程中，水泥水化会生成含钙、钠等元素的碱性化合物，使得混凝土孔隙中的溶液呈强碱性，pH 为 12～13。在强碱性环境下，钢筋表面被氧化后生成一层致密的氧化膜，其化学成分是 $Y\text{-}Fe_2O_3$ ·

$n\mathrm{H_2O}$，并牢固吸附和包裹在钢筋表面，使钢筋处于钝化状态而不发生锈蚀。同时混凝土结构中的钢筋浇筑在混凝土内部，混凝土保护层能有效阻隔外部物质到达钢筋表面，从而保护钢筋不被侵蚀。因此，在施工质量良好的混凝土结构中，内部钢筋可以同时受物理与化学作用的保护不发生锈蚀。但在自然环境作用下，如温湿度、冻融及其他因素变化，环境中的水、气、盐等物质会通过混凝土的孔隙、毛细管道及微小裂缝渗透进入混凝土内部，造成混凝土材料性能劣化。

自然环境作用下，导致钢筋脱钝的主要因素是混凝土碳化和氯离子侵蚀。混凝土碳化是$\mathrm{CO_2}$与混凝土中碱性化合物反应，使得水化氧化膜不再稳定的现象，当 pH 下降到一定程度时，水化氧化膜被破坏，钢筋处于脱钝状态，锈蚀便开始发生。而氯离子的侵蚀是指环境中的游离氯离子通过混凝土的毛细孔渗透进入混凝土中并到达钢筋表面附近的现象。与混凝土碳化不同的是，氯离子由于半径小、穿透力强，并且能够吸附在晶界区等氧化膜有缺陷的地方的特点使得氯离子侵蚀即使在混凝土孔溶液碱性很强的条件下也能进行。氯离子透过钢筋表面的水化氧化膜进入内层，铁分子在氧化物界面处反应生成易溶的氯化亚铁，使水化氧化膜局部溶解，从而使钢筋表面相应部位露出了铁基体，加上混凝土孔隙中的水和氧气，钢筋便在局部开始锈蚀。

2. 混凝土构件中钢筋锈蚀机理

混凝土中钢筋锈蚀是复杂的且不可逆的化学反应过程，它发生于钢筋和混凝土界面区。现有的研究认为：混凝土中钢筋锈蚀的发生需具备三个条件：一是钢筋表面存在电位差；二是钢筋表面的氧化膜被破坏；三是钢筋表面有电化学反应和离子扩散所需的水与氧气。由于钢筋在制作加工过程中内部元素在不同部位的差异以及加工过程中引起的内部应力等因素，都会使钢筋各部位形成电位差，故上述条件一定是具备的，而正常使用状态下的混凝土结构在自然环境中都避免不了会受到大气中二氧化碳、氧气和水的渗透，所以在这种情况下，只要钢筋表面氧化膜被破坏，钢的电化学腐蚀就会不同程度地发生。

钢筋锈蚀过程中，阳极区发生铁的氧化反应，铁分子失去电子变成亚铁离子，并由钢筋表面进入混凝土孔溶液中，而电子则沿钢筋传导至阴极，阴极区发生氧气的还原反应，在孔溶液中氧分子获得电子生成氢氧根离子，并游离在孔溶液中。之后亚铁离子和氢氧根离子在混凝土孔溶液中化合生成氢氧化亚铁，氢氧化亚铁因化学性质不稳定，继续生成氧基氢氧化铁

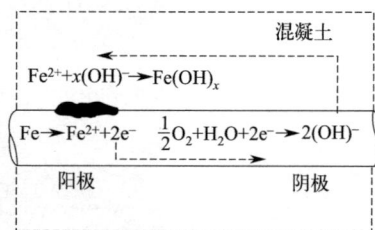

图 7-16　钢筋锈蚀的电化学反应示意图

$(\mathrm{FeO \cdot OH})$和铁锈$(\mathrm{Fe_3O_4 \cdot} n\mathrm{H_2O})$，铁锈则较为疏松。钢筋锈蚀的电化学反应过程可用下式表示，钢筋锈蚀的电化学反应示意图如图 7-16所示。

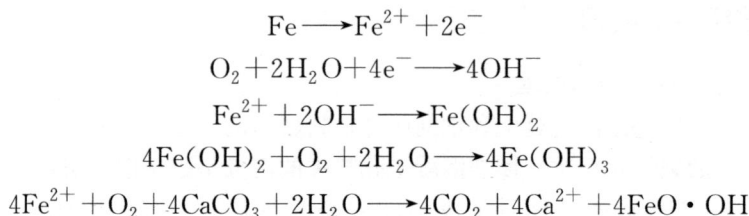

$$\mathrm{Fe} \longrightarrow \mathrm{Fe^{2+}} + 2e^-$$
$$\mathrm{O_2} + 2\mathrm{H_2O} + 4e^- \longrightarrow 4\mathrm{OH^-}$$
$$\mathrm{Fe^{2+}} + 2\mathrm{OH^-} \longrightarrow \mathrm{Fe(OH)_2}$$
$$4\mathrm{Fe(OH)_2} + \mathrm{O_2} + 2\mathrm{H_2O} \longrightarrow 4\mathrm{Fe(OH)_3}$$
$$4\mathrm{Fe^{2+}} + \mathrm{O_2} + 4\mathrm{CaCO_3} + 2\mathrm{H_2O} \longrightarrow 4\mathrm{CO_2} + 4\mathrm{Ca^{2+}} + 4\mathrm{FeO \cdot OH}$$

$$Fe(OH)_3 \longrightarrow Fe_3O_4 \cdot nH_2O + H_2$$

7.7.2 中性化导致的钢筋锈蚀

二氧化碳是大气的组成成分之一，因此碳化几乎发生在所有混凝土结构或构件中。碳化主要表现为使得混凝土中性化。钢筋混凝土结构构件中的钢筋，由于混凝土孔隙中含有氢氧化钙而处于强碱性保护下。在一般大气下，是不容易受到腐蚀的，钢筋混凝土结构具有充分的耐久性。但是，大气中的 CO_2 和混凝土中的氢氧化钙发生碳化反应（混凝土中 C-S-H 凝胶也有一部分发生碳化反应）；当中性化达到内部钢筋表面时，不动态皮膜受到破坏，钢筋开始腐蚀。由于钢筋腐蚀过程中，产生铁锈膨胀压力，保护层发生开裂与剥落，这就使结构日常的安全性受到损害，说明达到了钢筋混凝土结构的物理寿命。

7.7.3 氯盐导致的钢筋锈蚀

氯盐侵蚀引起的混凝土中钢筋锈蚀多见于海工混凝土中，且氯盐侵蚀导致钢筋锈蚀是个不可逆过程。氯盐的渗透速率与混凝土结构所处环境中的氯离子浓度有关。D. A. Hausmann 的研究认为氯离子浓度与氢氧根离子浓度的比值是衡量钢筋所处环境的合理参数，并较早地提出了 Cl^-/OH^- 比值在 0.6 左右时钢筋开始发生锈蚀的结论，而这一结论与后续很多学者的结论接近。Mangat 等将混凝土试件置于海水环境中浸泡一定时间以后，以化学方法测得侵蚀深度与氯离子浓度之间的关系，根据 Fick 第二扩散定律求出了不同种类混凝土中氯离子扩散系数并提出了混凝土中游离氯离子含量的表达式。延永东等分别研究了瞬时以及持续荷载作用下混凝土构件的抗氯离子侵蚀的规律，并建立了表观氯离子扩散系数与荷载之间的关系式。蒋金洋等认为氯离子扩散系数随混凝土的残余拉应变的增加而增加，并进一步发现氯盐侵蚀会使得混凝土结构的使用年限急剧下降。余波等的研究基于水胶比和氯离子浓度等因素建立了钢筋锈蚀速率的理论模型。

7.7.4 碳化、氯盐侵蚀共同作用下引起的钢筋锈蚀

对于不处于氯盐侵蚀环境下的混凝土结构，也有可能出现氯离子浓度过大的现象，主要的原因在于混凝土施工过程中氯化物掺入到混凝土中，如集料的天然成分中含超标的氯盐、氯离子浓度超标的水及含氯盐的外加剂等。所以在多数情况下，混凝土结构中的钢筋锈蚀是碳化和氯盐侵蚀共同作用的结果。碳化和氯离子侵蚀往往同时发生，碳化促进钢筋锈蚀作用。氯离子的侵蚀能使钢筋锈蚀速率增加，锈蚀速率平均增加 4～5 倍。干湿循环也会加剧混凝土构件的碳化，混凝土结构的碳化程度越大，氯离子在结构中的扩散速率越大。碳化反应时间越长，结构中的自由氯离子含量越大。综合现有研究来看，混凝土碳化和氯盐侵蚀共同作用下的钢筋锈蚀更加明显，这一结论被普遍证实。上述研究表明，碳化能够增加氯离子在混凝土中扩散的速率，使得渗透能力增强。

7.7.5 钢筋锈蚀速率的影响因素

1. 自然环境对钢筋锈蚀速率的影响

自然环境对混凝土中钢筋锈蚀速率的影响主要体现在大气环境的相对湿度、温度及作用在混凝土结构上的外荷载等方面。

（1）环境相对湿度的影响

水是电化学反应及离子扩散的必要条件，因此环境相对湿度对混凝土中钢筋锈蚀的影响是显著的。同时，现有的研究也表明，环境相对湿度能影响混凝土的碳化速度。环境相对湿度对混凝土中钢筋的锈蚀存在临界值，约为 80%，低于此值时钢筋锈蚀速率很小。肖从真的研究结果显示在不含氯离子的混凝土中，相对湿度在 80% 时混凝土内钢筋锈蚀速率最快，而在含有氯离子的混凝土中，相对湿度在 65% 时锈蚀速率最快。综合以上研究可以看出，环境相对湿度对钢筋锈蚀速率的影响还不能准确定性，这与研究过程中设定的试验条件有重要关系。

（2）环境温度的影响

从一般化学反应的普遍规律来讲，温度的提高会导致化学反应速率一定程度上的增加。钢材在水中的锈蚀速率同温度近似呈线性关系，40℃时锈蚀速率约为 20℃时的 2 倍。Glass 等的研究认为温度的提高会增加混凝土内电解质的导电性，使得混凝土内钢筋的锈蚀率增大。蒋德稳等用碳化和氯盐侵蚀过的混凝土试件进行温度影响的研究，发现环境温度由 30℃提高到 70℃时钢筋的锈蚀速率提高了 8.78 倍。可以看出环境温度对钢筋锈蚀的影响是显著的。

（3）外部荷载的影响

外部荷载的长期作用，会使混凝土结构产生诸多类型的裂缝，混凝土开裂之后，大气环境中的侵蚀物质更容易扩散到钢筋的表面，进而对钢筋的产生锈蚀。蒋德稳等认为裂缝宽度对钢筋锈蚀的发展存在临界值，为 0.1～0.3mm，低于此值，裂缝宽度对钢筋锈蚀的发展影响较小。

2. 混凝土性能对钢筋锈蚀速率的影响

混凝土对钢筋起保护作用，因此混凝土的自身性能对钢筋锈蚀速率有很大影响，主要体现在混凝土保护层质量上。混凝土保护层的密实度、渗透性等性能和钢筋锈蚀速率密切相关。混凝土的水胶比对混凝土保护层的密实程度起决定性作用。一般来说，混凝土的水胶比越大，混凝土的密实度越差。另外，混凝土集料的不同也会影响混凝土保护层质量，进而影响钢筋锈蚀速率。从大量工程实例中都可以看到，混凝土保护层受损脱落以后，钢筋锈蚀现象更加明显，如图 7-17 所示。图 7-18 为外露钢筋进一步锈蚀的实例。

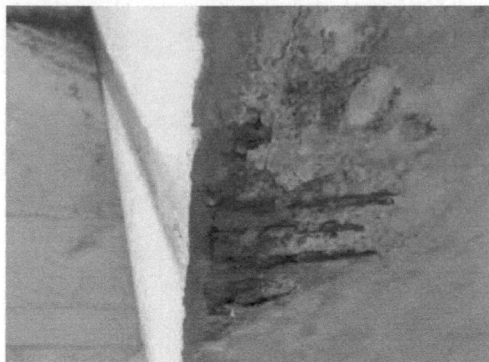

图 7-17　钢筋保护层受损脱落后钢筋的锈蚀　　　　图 7-18　外露钢筋进一步锈蚀

7.7.6 钢筋锈蚀模型

Tepfers 最早利用弹性力学中的厚壁圆筒理论建立了模拟混凝土保护层的模型,分析开裂混凝土与钢筋的残余粘结强度,该模型也成为研究锈蚀混凝土开裂问题的主要方法之一。陈华鹏等基于混凝土材料开裂后呈各向异性的特性以及钢筋均匀锈蚀的假设,建立了三阶段厚壁圆筒开裂混凝土模型。采取钢筋均匀锈蚀假设的原因主要有:(1)钢筋混凝土在均匀的锈胀力作用下可以等效为受均匀内压作用的厚壁圆筒结构,将机理复杂的钢筋锈蚀导致的混凝土开裂问题考虑为轴对称问题,可以简化计算过程。(2)目前国内外学者为了研究混凝土锈蚀开裂问题而建立的锈裂模型大多基于均匀锈蚀的假设,且同试验数据吻合较好。(3)自然情况下的非均匀锈蚀分布形态受到环境、人为因素影响较大,目前仍没有一个准确的非均匀锈蚀分布预测模型,关于非均匀锈蚀导致的混凝土开裂的研究也较为缺乏,相关实验与实测数据不足。

混凝土保护层锈蚀开裂模型如图 7-19 所示,其中,R_b 为钢筋的初始半径,R_y 为裂缝前端半径,C 为保护层厚度,R_c 为包含保护层厚度 C 的外部圆的半径,R_y 为裂缝的前端半径,D 为钢筋直径,包围着 R_b 的圆环代表钢筋被消耗掉一部分而产生的锈蚀氧化物。

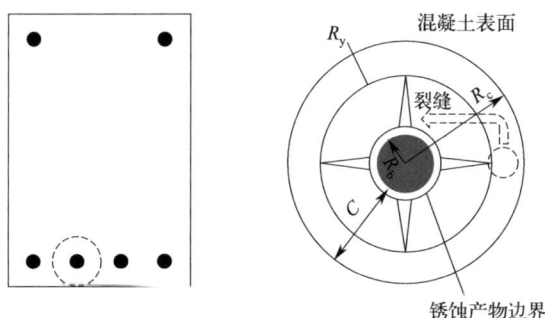

图 7-19 混凝土保护层锈蚀开裂模型

钢筋锈蚀主要是因为钢筋表面钝化膜被破坏,氯离子侵入混凝土内部,使钢筋产生锈蚀,而根据锈蚀程度的不同,锈蚀物也不同,生成的锈蚀产物导致质量发生变化,单位长度的锈蚀物质量 M_x 为:

$$M_x = \left[\int_0^t m_c \pi D i_{corr}(T) \mathrm{d}T \right]^{\frac{1}{2}} \tag{7-13}$$

式中:$i_{corr}(T)$——单位长度钢筋表面的年平均锈蚀电流;

t——锈蚀时间;

m_c——经验系数取 0.021。

根据锈蚀物的质量,推算钢筋的体积变化 ΔV 为:

$$\Delta V = \left(\frac{M_x}{\rho_x} - \frac{M_s}{\rho_s} \right) \Rightarrow \lambda_m M_x \tag{7-14}$$

式中:M_s——单位长度内被消耗的钢筋质量;

ρ_x——锈蚀物的密度;

ρ_s——钢筋的密度；

λ_m——锈蚀产物膨胀系数。

研究表明，锈蚀物可能产生 2～6 倍的体积膨胀。锈蚀物会随着体积增大开始向外膨胀，导致钢筋表面产生径向位移 u_r，假设 $u_r \ll R_b$ 且钢筋均匀锈蚀，可以表示为：

$$u_r = \frac{\lambda_m M_x}{\pi D} - d \qquad (7\text{-}15)$$

式中：d——钢筋与混凝土表面间的孔隙厚度。

工程实际中均匀锈蚀的情况出现较少，更多的以点蚀或坑蚀为主。但是当锈蚀分布系数不大于 2 时，锈蚀产物接近均匀分布，既有研究表明，在研究裂缝扩展和结构残余寿命的问题时，采用均匀锈蚀或非均匀锈蚀两种假设造成的差异较小。因此，均匀锈蚀的假设在本文研究中是合理的。

基于钢筋均匀锈蚀的假设，混凝土锈蚀开裂模型可以简化为轴对称模型。同时混凝土在工作条件下往往产生弯曲裂缝，可以将该问题简化为平面应力问题。因此，模型中的环向应力为主拉应力，径向应力为主压应力。当混凝土开裂后，混凝土的软化特性体现在材料的抗拉强度随裂缝宽度增加而降低，通过材料的拉伸软化曲线来描述，其主要形式有直线型、双线型及指数型曲线。直线型曲线由于较为理想化，与试验结果差异较大。目前大多数研究主要是基于双线型曲线的假设，而针对指数型曲线的研究较少。由于指数型曲线比较符合混凝土抗拉特性，因此利用指数型曲线，建立钢筋锈蚀混凝土开裂模型。

软化曲线是材料的断裂能 G_f、裂缝宽度 w 和抗拉强度 f_t 等参数的函数，这些参数可通过试验测得，再根据断裂能公式 $G_f = \int_0^{w_u} f_t(w)\mathrm{d}w$，其中 w_u 为结构失效时极限裂缝宽度，最后拟合出拉伸软化曲线。大量试验研究表明，不同骨料尺寸及混合比对软化曲线的影响比较有限，而指数型曲线被认为是较为合理的近似曲线，其定义如式(7-16) 所示：

$$\sigma_w = f_t e^{-k_c W} \qquad (7\text{-}16)$$

式中：σ_w——混凝土残余抗拉强度；

k_c——软化参数；

W——规范化裂缝宽度。

规范化裂缝宽度与实际裂缝宽度的转换关系为：

$$W = \frac{f_t}{G_f}\omega \qquad (7\text{-}17)$$

式中：W——规范化裂缝宽度；

f_t——材料的抗拉强度；

G_f——材料的断裂能。

7.8 案例库

[案例库1] 北京三元桥整体置换

北京最繁忙路段之一——三元桥位于三环路，紧邻首都机场，与北三环及京顺路交会，可谓北京市区的重要交通枢纽。这座桥始建于 1984 年，原设计为 3 上 3 下 6 车道。随着经济发展，运输行业的扩张，车辆数量不断增加，交通流量大幅增长，2003 年调整为双向 10 车道通行。该桥梁长期超负荷"工作"，日均车流量 20.6 万辆，加上混凝土碱-骨料反应等因素对结构的侵蚀，主梁及桥面板严重损坏，承载力明显下降。2014 年该桥梁体检不达标。为此，北京市政府相关主管部门决定对三元桥进行整体大修。

　　三元桥大修是为了桥梁今后能满足交通的需求，但是桥梁施工期间必定会对交通产生影响。三元桥大修如采用常规施工方法，三环路交通影响至少 2 个月，对于日夜车水马龙的三环路显然难以承受。面对繁忙的三元桥交通，如何尽量缩短工期，是此次工程的焦点。北京三元桥实景如图 7-20 所示。

图 7-20　北京三元桥实景

　　本次三元桥大修在城市路网关键节点进行桥梁维修改造，遇到的最大问题已不再是桥梁结构本身，而是如何避免在交通高峰时段阻断交通，减少施工对交通的影响。本工程引进国外桥梁快速施工技术 SPMT 工法，在此基础上自行研发了"千吨级驮运架一体机"用于桥梁的整体置换。换梁前先在桥位一侧施工临时支墩，新桥钢梁在工厂加工成节段运输至现场，在临时支墩上进行拼装焊接。新梁的拼装焊接期间三元桥不断路，京顺路进行临时导行，新梁拼装基本不影响交通。新梁拼装期间"千吨级驮运架一体机"也运至现场进行组装调试。待所有工作准备完成后三元桥于 2015 年 11 月 13 日 23 时式启动换梁。本来计划换梁施工 24h 完成，但中央旧梁状况比预想要差，改旧梁整体驮运为就地拆解、运离，算下来"旧桥变新桥"总共用了 43h。这是国内首次在大城市重要交通节点实施的大型桥梁整体置换工程。

　　新桥驮运于 2015 年 11 月 15 日上午 9 时开始，两台"神"亮起大灯，1300 余吨钢结构新桥梁被缓缓驮起。两车在多重定位设备导引下，速度同步，缓缓向南侧桥墩方向移动，经过约 2h，新梁被整体驮运到指定位置，严丝合缝。又经过 7h 奋战，工程主体完成，交通恢复。大桥置换过程如图 7-21 所示。

图 7-21 大桥置换过程

[案例库 2] 西安幸福林带地下管廊

幸福路片区概况：幸福路片区北起华清路、南至新兴南路，东起东二环、西至产河，项目整体占地约 25km²，涉及新城区、灞桥区及雁塔区 3 个行政区，区域内北接沪需生态区，南邻曲江新区，东毗西安中心城区（距钟楼 4.5km），城市定位为西安市副中心。西安市幸福林带规划范围北起华清路，南至新兴南路，东起幸福路，西至万寿路。林带规划长度 5.85km，平均宽度 140m，项目总占地面积 117 万 m²，是集轨道交通、地下综合管廊、地下空间开发利用、绿化景观、市政道路改造等为一体的综合性市政工程，其中管廊、地铁配套混凝土结构设计使用年限为 100 年，有较高的耐久性要求。西安幸福林带城市更新项目效果图与实景如图 7-22 所示。

(a) 效果图   (b) 实景图

图 7-22 西安幸福林带更新项目效果图与实景图

在幸福路片区这样具有重要历史价值和城市更新需求的区域，混凝土耐久性显得尤为重要。考虑到该区域的特点和未来发展需求，混凝土的耐久性设计充分考虑了以下几个方面：

（1）环境适应性：由于该区域可能存在工业废气、化学污染物等环境压力，所以混凝土的配制需要考虑其在污染环境下的耐久性，选择耐腐蚀性高的材料，并采取相应的防护措施，以保证混凝土结构长期稳定性。

（2）地质条件：该区域可能存在地质条件不稳定的情况，如土壤松软、地下水位高等。在混凝土结构设计中需要考虑地基工程，采取加固措施以提高混凝土结构的承载能力和稳定性。

（3）城市更新需求：随着城市更新的进行，旧工厂、旧村庄等建筑可能需要拆除或改建。因此，混凝土的设计需考虑后期维护和改建的便捷性，采用耐久性高、维护成本低的材料和结构形式。

综上所述，针对幸福路片区的混凝土耐久性设计应综合考虑环境适应性、地质条件、城市更新需求等因素，以确保混凝土结构在长期使用中能够保持稳定性和安全性，为该区域的可持续发展提供可靠支撑。

第 8 章　混凝土收缩

8.1　引言

混凝土是一种常见的建筑材料，它被广泛应用于建筑、道路、桥梁等工程中。然而，混凝土在使用过程中会受到各种外部环境和内部因素的影响，其中混凝土收缩是一个重要的问题。混凝土收缩是指混凝土在固化过程中由于水分蒸发或化学反应而导致体积缩小的现象。

混凝土收缩是一个复杂的物理化学过程，受到多种因素的影响。首先，混凝土中的水分蒸发是导致混凝土收缩的主要原因之一。在混凝土固化的过程中，水分会逐渐蒸发，导致混凝土体积缩小。此外，混凝土中的水泥在固化过程中会发生水化反应，产生胶凝物质，这也会导致混凝土收缩。除此之外，温度变化、材料性质、施工工艺等因素也会对混凝土收缩产生影响。混凝土收缩问题的存在对建筑物的结构安全和使用性能构成了潜在的威胁。一方面，混凝土收缩会导致建筑物内部产生应力，当受到外部荷载作用时，可能引起混凝土的裂缝和变形，从而影响建筑物的结构安全；另一方面，混凝土收缩还可能导致建筑物内部的裂缝，影响建筑物的外观美观和使用寿命。因此，混凝土收缩的研究和控制对于确保建筑物的结构安全和使用性能具有重要意义。而针对混凝土收缩问题，研究人员和工程师们一直在不断努力，希望能够找到有效的控制方法。目前，针对混凝土收缩问题，已经提出了多种控制方法，包括添加外加剂、改变混凝土配合比、控制固化温度等。这些方法在一定程度上可以减轻混凝土收缩问题带来的影响，但仍然存在一定的局限性和不足之处，混凝土收缩问题的研究仍然具有重要的意义，需要不断深入探讨和改进。

碱激发材料是一类特殊的材料，具有在碱性环境中发生收缩的特性。这种特性使得碱激发材料在一些特定的应用领域中具有重要的意义，比如在混凝土修复和耐久性增强、地下水控制和地下结构加固等方面都有着广泛的应用。碱激发材料的收缩特性是由于其内部结构的改变而产生的，这种结构改变可以导致材料的体积发生变化，从而产生收缩的效应。在碱激发材料的研究和应用过程中，对其收缩行为的深入理解和控制具有重要的意义。首先，了解碱激发材料的收缩特性可以帮助我们更好地设计和选择材料，以满足不同应用场景的需求；其次，对碱激发材料收缩行为的控制可以帮助我们更好地预测材料的性能和寿命，从而提高工程结构的安全性和可靠性。因此，对碱激发材料收缩行为的研究具有重要的理论和实际意义。

本章对普通硅酸盐水泥和碱激发混凝土的收缩问题进行深入探讨，介绍不同的收缩类型，探究不同因素对混凝土收缩的影响，并针对不同的收缩情况总结测定及调控的方法，展望未来的研究方向和发展趋势。

8.2 混凝土收缩模型

一般认为导致混凝土收缩的机理模型主要有以下几种：

1. 毛细张力

由于水泥浆体中存在很多细微的毛细孔，因此毛细作用对混凝土的收缩变形非常重要。毛细作用可用 Laplace 方程描述为：

$$\sigma = \frac{2\gamma}{r} = -\frac{\ln(RH)\rho RT}{M} \tag{8-1}$$

式中：γ——水的表面张力；

   r——毛细孔水曲率半径；

   RH——相对湿度；

   ρ——水的密度；

   R——摩尔气体常数；

   T——热力学温度；

   M——水的摩尔质量。

毛细张力作为早龄期混凝土中一种主要的收缩驱动力，在干燥收缩和自收缩的计算中都有所应用；但应用的对象主要是低水胶比的高强度或高性能水泥基材料，条件是内部相对湿度较高（>70%）。对于水胶比较高的水泥基材料和失水条件下相对湿度较低时，应用式(8-1) 将与实验值产生较大误差。

2. 互斥力

Powers 注意到实际的收缩量大于根据毛细孔理论所得到的值，考虑到这种现象和相对湿度小于40%时收缩的连续性，他引进了称之为抗吸附的互斥力的概念。他认为这种力是相邻微粒之间楔形口中吸水薄膜所产生的使微粒彼此分开的力。该力模拟如式(8-2)所示：

$$P = \beta f(\omega_a) \left\{ \frac{RT}{M_v V_w} \right\} \ln h \tag{8-2}$$

式中：$f(\omega_a)$——互斥力的作用面积。

Bazant 等随后用不可恢复的表面热动力学修正了该公式。他们认为迟滞层通过吸附和扩散水分改变体积来传递应力，当受到外力作用或内部湿度变化时，平衡被破坏，迟滞层厚度减小从而引起干缩和徐变现象。

3. 固体表面张力

该理论认为不论是液体材料还是固体材料，表面结合力的不平衡产生表面自由能和表面张力，进而在固体内部产生静水压力。在胶质微粒中，这种压应力与表面自由能和表面的曲率成正比。由于吸收水蒸气可增加表面原子或分子的结合能，故吸收水蒸气可减小表面拉应力。由此可使得静水压力减小，所以提高湿度将导致固体颗粒体积膨胀；反之，失水将导致固体颗粒体积收缩。当颗粒表面有两层或两层以上的吸附水时，可认为颗粒表面已经全部被水分子包围。颗粒表面吸附两层水分子的条件是相对湿度>50%，所以在相对湿度＜50％时失去吸附水，表面自由能不改变，对体系的收缩没有影响，该机理不发生作用。

4. 层间水损失

普遍认为当相对湿度＜11％左右时水分会从 C-S-H 凝胶的基层空隙中流出。在这种情况下，少量水分的流失会产生非常大的体积收缩。

由上面简述的四种失水收缩的机理模型可以看出，随着失水过程的进展，各阶段主导混凝土收缩变形的控制性因素不同。当混凝土内部湿度＞40％时，毛细张力是收缩的主要驱动力；当相对湿度＜50％时，固体表面张力开始发挥作用；当相对湿度＜40％时，互斥力发挥作用；当相对湿度＜11％后 C-S-H 凝胶的层间水损失将导致明显收缩。虽然基于微观分析的机理模型可以从理论上解释混凝土的收缩现象，但基于这些微观机理建立变形预测模型还有很长的路要走。当前，有望用来进行混凝土收缩变形预测的是毛细张力模型，首先它涵盖较大的湿度范围，而且混凝土的湿度变形大部分发生在早期湿度变化幅度最大的时候。但是，现阶段基于毛细张力的混凝土收缩模型还只局限于对低水胶比水泥基材料非失水条件下的计算，这可能与收缩、湿度测试方法或模型参数不当有关。

8.3　混凝土收缩类型

8.3.1　塑性收缩

1. 定义

混凝土塑性收缩的主要原因是水泥水化反应引起的水泥浆体积减小，而水泥水化反应是指水泥与水发生化学反应，形成水泥胶体，从而使混凝土变得坚固。在水泥水化反应过程中，水泥颗粒与水分子结合形成水泥胶体，这种水泥胶体的形成会引起混凝土内部体积的变化，从而导致混凝土的塑性收缩。

2. 收缩机理

塑性收缩是由毛细压力引起的。当水分流失时，在混凝土毛细管内会形成一个复杂的半月板形式系统，其中存在空气-水界面点。这种复杂的半月板系统会产生毛细负压力，也可以称为吸力。随着混凝土中可用水量的减少，半月板半径会减小，毛细管压力增大，导致新混凝土发生收缩。

混凝土中特定位置的毛细管压力如图 8-1 所示，说明毛细管压力的变化有三个阶段。第一阶段是在混凝土浇筑后，毛细管压力仍然为零；在这个阶段，所有的毛细管都充满了水，并且混凝土表面积聚了滴水，随着滴水速率的减小，蒸发速率保持恒定，蒸发水量的累积超过了滴水量的累积，在第一阶段结束时，所有的滴水都已经蒸发，混凝土表面变干，这被称为干燥时间，此时负毛细管压力开始增加。在第二阶段，混凝土中形成了一个半月板系统，随着更多的水从半月板系统中流出，以及混凝土的干燥程度增加，半月板系统的深度也会增加，随着混凝土中可用水的减少，半月板的半径也会减小；随着半径的减小，毛细负压会增大，混凝土中的毛细管收缩，从而发生塑性收缩，可用的自由水逐渐减少，直到粒子之间的半月板无法再连接，这导致空气进入并导致塑性收缩裂缝的产生，空气进入主要发生在混凝土表面；从干燥时间到初始凝固的这一阶段被称为关键期。第三阶段表明，当空气进入时，毛细负压的大小会瞬间下降。随着混凝土表面继续干燥，其他位置也会出现空气进入口，从而开始出现更多的塑性收缩裂缝。

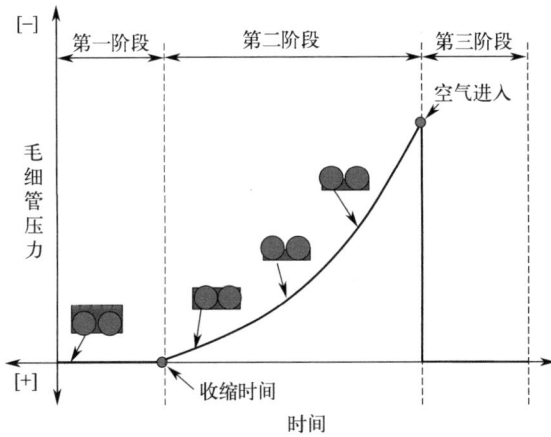

图 8-1 新拌混凝土中毛细管压力的三个阶段

3. 收缩测定

混凝土塑性收缩的主要测试方法包括平板法和非接触法。平板模具因为具有较大表面积，通常被用于测试混凝土的塑性开裂情况。混凝土浇筑于平板模具中，在模具的约束下会产生裂缝，裂缝面积即表示混凝土塑性收缩程度。根据约束的不同，平板模具种类不同并且测试方法也稍有不同。我国现行国家标准《普通混凝土长期性能和耐久性能试验方法标准》GB/T 50082 中规定采用平板法测量混凝土试件在约束状态下的早期抗裂性能。裂缝诱导器约束的平板模具示意图如图 8-2 所示，该方法规定的试件尺寸为 800mm×600mm×100mm，模具四边和底板通过螺栓固定，模具内设有七根裂缝诱导器。另外，现行行业标准《公路工程水泥及水泥混凝土试验规程》JTG 3420 中推荐了另一种平板评价方法，四边螺栓约束的平板模具如图 8-3 所示，试件尺寸为 600mm×600mm×63mm，模具四边和底板通过螺栓固定，模具内设两排相互交错且间隔分布的螺栓。此外，国内学者的研究中还提出了一种通过在平板四周布置金属丝带对混凝土施加约束限制的测试方法。

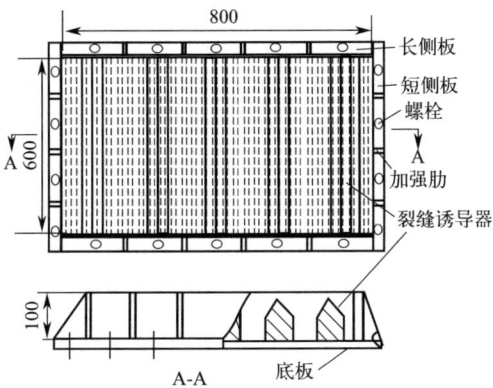

图 8-2 裂缝诱导器约束的平板模具示意图

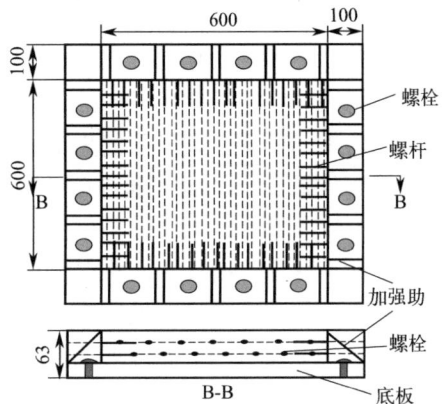

图 8-3 四边螺栓约束的平板模具示意图

平板法通常通过人工观测、计算裂缝面积来定量分析混凝土塑性开裂，但是人工测量裂缝的方法存在耗时、耗力和误差大的缺点。近年来也涌现出一些高科技赋能的裂缝测量手段，如人工智能识别裂缝和三维 CT 高速扫描等。平板法测试敏感度高，符合工程实际中的板状构件的开裂状况，能反映混凝土的早期抗裂性能，是国内外学者在研究塑性收缩开裂中应用最为广泛的一种测试方法。但试验结果影响因素复杂，且难以直观评定模具对混凝土的约束程度，不利于相互比较、标准化以及精准的理论分析。

非接触式测试法能够测试混凝土塑性阶段的具体收缩，是一种有效的理论分析手段。如图 8-4 所示，现行国家标准《普通混凝土长期性能和耐久性能试验方法标准》GB/T 50082 中规定非接触式测试法的混凝土试件尺寸为 $100mm \times 100mm \times 515mm$，混凝土试件的两端插两个标靶，当混凝土发生横向收缩位移时，激光位移传感器反馈出两标靶之间的间距变化，该位移变化即为混凝土试件的收缩。此外，通过测试混凝土的电阻、毛细管压力、埋入光纤的出光强度等也可以间接反映混凝土的早期收缩变形大小。

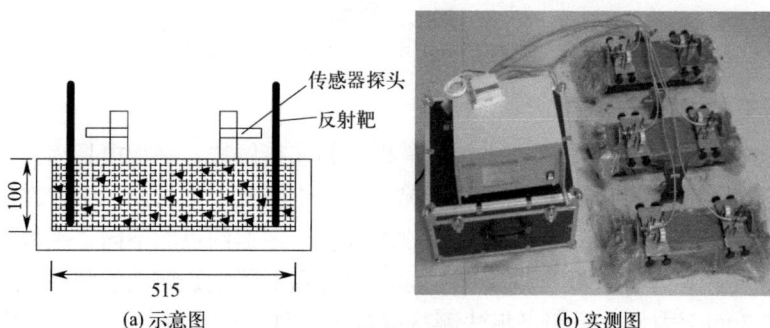

(a) 示意图   (b) 实测图

图 8-4 非接触式测试法

8.3.2 碳化收缩

1. 定义

混凝土碳化收缩是指混凝土中水泥基体中的水化产物与二氧化碳反应，形成碳酸盐，导致混凝土体积收缩的现象。这种收缩过程可能对混凝土的性能和结构稳定性产生负面影响。混凝土碳化收缩主要源于水泥基体中水化产物与空气中的二氧化碳发生反应。水泥中的水化产物主要是钙水化物，当混凝土表面暴露在空气中时，空气中的二氧化碳会渗透到混凝土内部，与钙水化物反应生成碳酸盐。这种反应导致混凝土中的孔隙结构发生变化，产生体积收缩的效应。碳酸盐的生成会导致混凝土孔隙中的水分子被取代，使得混凝土内部的孔隙结构减少，从而引起混凝土的收缩。混凝土的碳化收缩大致可以分为以下几个阶段：

（1）初期收缩：混凝土刚浇筑完成后，水泥水化反应导致混凝土体积收缩，这个阶段的收缩速度比较快。（2）中期收缩：随着时间的推移，混凝土中的水泥继续水化反应，导致混凝土体积继续收缩，但收缩速度逐渐减缓。（3）后期收缩：混凝土中的水泥水化反应基本完成，此时混凝土的收缩速度非常缓慢，但仍然会发生一定程度的收缩。

2. 收缩机理

水泥基材料的碳化是指空气中的二氧化碳通过孔隙扩散进入水泥基材料并发生化学反

应，使材料碱性降低的中性化过程，水泥基材料碳化过程示意如图 8-5 所示。对于钢筋混凝土结构，当碳化深度超过保护层厚度时，钢筋表面的钝化膜会被破坏，在水和空气的作用下逐渐锈蚀，导致钢筋与混凝土的握裹力减弱，结构产生裂缝甚至失效。

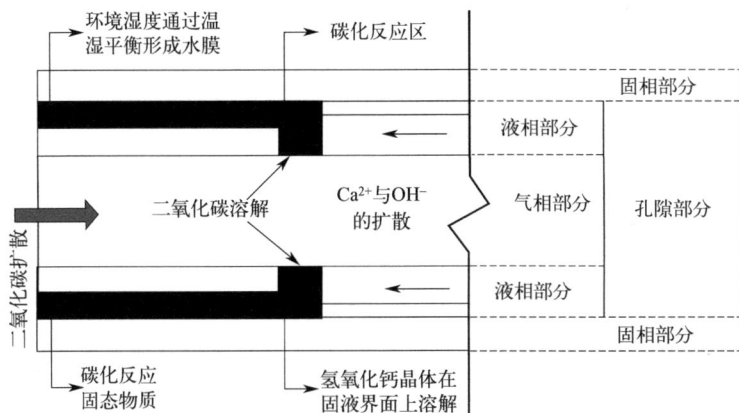

图 8-5 水泥基材料碳化过程示意图

水泥基材料的碳化是一个涉及固、液、气三相的复杂的物理化学反应，碳化过程总体可归纳为三步：首先二氧化碳从材料表面的孔隙中进入材料内部，紧接着二氧化碳溶解于孔溶液生成碳酸，同时孔溶液中富集从材料固相中溶出的 Ca^{2+}，最后 Ca^{2+} 与碳酸发生化学反应。对于水化充分的水泥基材料，其固相的矿物组成主要包括 C-S-H 凝胶和氢氧化钙，也包括部分硫铝酸钙水化物（AFt、AFm）和少量未水化的水泥颗粒（硅酸三钙、硅酸二钙）。一般，氢氧化钙和 C-S-H 凝胶的占比高达 90% 左右，是最主要的碳化反应物。各水化物稳定存在的 pH 如表 8-1 所示，水泥基材料的孔溶液主要包括 Na^+、K^+ 以及维持电性平衡的 OH^-，由于氢氧化钙溶解度低，Ca^{2+} 含量偏少。碳化初期，氢氧化钙晶体富集，孔溶液为具有强碱性的饱和氢氧化钙溶液，pH 在 12 以上，且碳化过程中氢氧化钙是维持 OH^- 浓度的来源。

各水化物稳定存在的 pH 表 8-1

水化物	氢氧化钙	C-S-H 凝胶	C-A-H 凝胶	AFt、AFm
pH	12.3	10.4	11.4	10.7

水泥的水化反应主要是组成水泥的四种主要矿物硅酸三钙、硅酸二钙、铝酸三钙、铁铝酸四钙与水发生化学反应生成一系列新化合物的过程，其反应式如下：

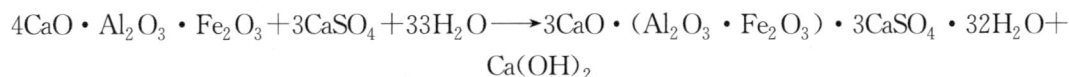

$$2(3CaO \cdot SiO_2) + 6H_2O \longrightarrow 3CaO \cdot 2SiO_2 \cdot 3H_2O + 3Ca(OH)_2$$
$$2(3CaO \cdot SiO_2) + 4H_2O \longrightarrow 3CaO \cdot 2SiO_2 \cdot 3H_2O + Ca(OH)_2$$
$$3CaO \cdot Al_2O_3 + 3CaSO_4 + 32H_2O \longrightarrow 3CaO \cdot Al_2O_3 \cdot 3CaSO_4 \cdot 32H_2O_2(3CaO \cdot Al_2O_3) +$$
$$3CaO \cdot Al_2O_3 \cdot 3CaSO_4 \cdot 32H_2O + 4H_2O \longrightarrow 3(3CaO \cdot Al_2O_3 \cdot CaSO_4 \cdot 12H_2O)$$
$$4CaO \cdot Al_2O_3 \cdot Fe_2O_3 + 3CaSO_4 + 33H_2O \longrightarrow 3CaO \cdot (Al_2O_3 \cdot Fe_2O_3) \cdot 3CaSO_4 \cdot 32H_2O +$$
$$Ca(OH)_2$$

水泥完全水化时硬化水泥石中的 C-S-H 凝胶约占 60%，氢氧化钙约占 20%，氢氧化钙在硬化水泥石中以晶体和饱和水溶液状态存在，如果混凝土长期暴露于空气中，空气中的二氧化碳由表及里扩散到混凝土内部，在有水条件下与水化产物发生如下反应（括号内为 25℃时的自由焓）：

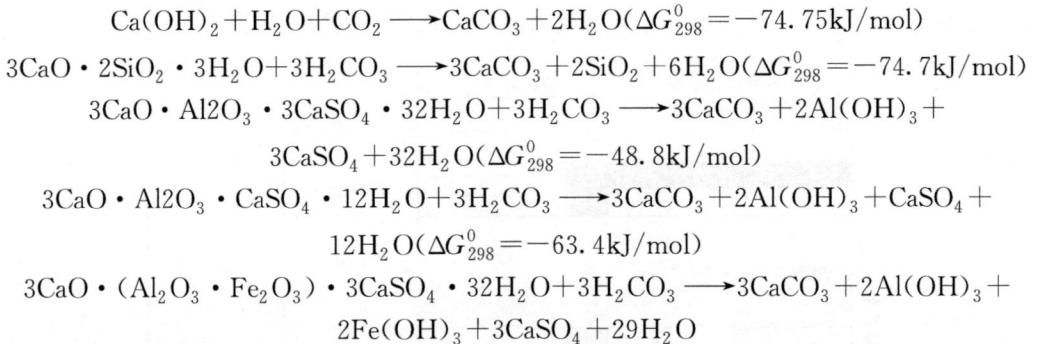

$$Ca(OH)_2 + H_2O + CO_2 \longrightarrow CaCO_3 + 2H_2O(\Delta G_{298}^0 = -74.75kJ/mol)$$

$$3CaO \cdot 2SiO_2 \cdot 3H_2O + 3H_2CO_3 \longrightarrow 3CaCO_3 + 2SiO_2 + 6H_2O(\Delta G_{298}^0 = -74.7kJ/mol)$$

$$3CaO \cdot Al2O_3 \cdot 3CaSO_4 \cdot 32H_2O + 3H_2CO_3 \longrightarrow 3CaCO_3 + 2Al(OH)_3 +$$
$$3CaSO_4 + 32H_2O(\Delta G_{298}^0 = -48.8kJ/mol)$$

$$3CaO \cdot Al_2O_3 \cdot CaSO_4 \cdot 12H_2O + 3H_2CO_3 \longrightarrow 3CaCO_3 + 2Al(OH)_3 + CaSO_4 +$$
$$12H_2O(\Delta G_{298}^0 = -63.4kJ/mol)$$

$$3CaO \cdot (Al_2O_3 \cdot Fe_2O_3) \cdot 3CaSO_4 \cdot 32H_2O + 3H_2CO_3 \longrightarrow 3CaCO_3 + 2Al(OH)_3 +$$
$$2Fe(OH)_3 + 3CaSO_4 + 29H_2O$$

从热力学角度，自由焓越小，化学反应越易进行；当自由焓为正值时，化学反应则逆向进行；从上述碳化反应式可以看出：暴露于空气中的硬化水泥石中氢氧化钙与 C-S-H 凝胶的自由焓最小，因此最易碳化，试验也证明了氢氧化钙与 C-S-H 凝胶的碳化反应几乎最早同时进行。当二氧化碳扩散到混凝土孔溶液中，并溶解于水时生成碳酸后离解成 CO_3^{2-}（pH 较小时 HCO_3^-），并分别与 Na^+、K^+、Ca^{2+} 反应生成碳酸钠、碳酸钾和碳酸钙，由于碳酸钾和碳酸钠溶解度大，孔溶液中的 Na^+、K^+ 浓度不会发生变化，除非这些溶液干燥时达到过饱和析出晶体；而孔溶液中微量 Ca^{2+} 与 CO_3^{2-} 发生反应时生成溶解度极低的碳酸钙，并沉积在孔壁表面，导致孔溶液中 Ca^{2+} 浓度降低，因此氢氧化钙晶体继续溶解和补充孔溶液中失去的 Ca^{2+} 浓度。这种氢氧化钙晶体溶解，碳化反应过程中碳酸钙晶体逐渐增多，而氢氧化钙晶体逐渐减少，这种循环反应一直进行到氢氧化钙晶体完全溶解和消耗为止，此时 pH 减小，混凝土呈中性，因此混凝土碳化过程中氢氧化钙晶体起着提供 OH^-，保持 pH 稳定的源泉作用。混凝土完全碳化前孔溶液的各种离子浓度几乎没有变化，混凝土 pH 主要决定于与 Na^+、K^+ 保持电性平衡的 OH^- 浓度，Na^+、K^+ 浓度高，pH 大；由于在一定温度下氢氧化钙溶度积 $K_{sp,Ca(OH)_2}$ 为一常数，pH 越大，碳酸钙溶解度越小，孔溶液中 Ca^{2+} 浓度减少，氢氧化钙晶体的溶解速度加快，加速混凝土碳化，即混凝土碱含量越高，碳化加快。

3. 收缩测定

根据现行行业标准《水泥胶砂干缩试验方法》JC/T 603 的要求，统一采用尺寸为 25mm×25mm×280mm 的试件进行碳化收缩试验，每种砂浆制备 2 根试件，试件成型时需在两端各嵌入一个尺寸为 6mm×30mm、伸出长度约为 10mm 的测量钉头，收缩试件的尺寸如图 8-6 所示。试件养护 4 个月后测量初始长度 L_0，然后按照设计的方法，对试件进行始终饱和的强制碳化，保证试件的孔溶液始终为较高的碱度范围的氢氧化钙溶液，碳化收缩试验流程如图 8-7 所示。试验操作时，将试件垂直、分散地放置在压力桶内，试件底端距离液面大约 5cm。在碳化 2d、4d、6d、8d、12d、16d、24d……后，将试件进行真空饱水处理（氢氧化钙溶液），测量试件碳化 t 天后的长度 L_t，重复该步骤直至试件的长度趋于稳定，方可结束试验。测试之前，需注意将饱水的试件从石灰水中取出后应立即用保鲜膜包裹，谨防测试过程中发生干燥收缩。

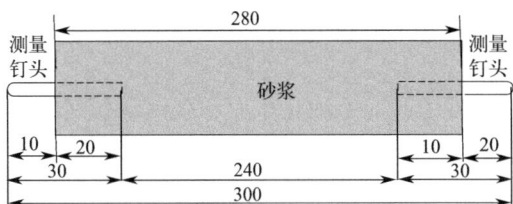

图 8-6 收缩试件的尺寸示意图

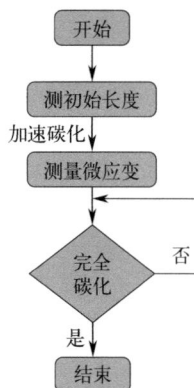

图 8-7 碳化收缩试验流程

长度采用比长仪改装的接触型直线位移传感器（LVDT）进行纵向测试，有效测量范围为 $156\sim300\mathrm{mm}$，测量精度可达 $10^{-6}\mu\mathrm{m}$，接触型直线位移传感器（LVDT）装置如图 8-8 所示。由于试件已养护至成型，因此可以忽略由重力带来的长度误差。试件长度的相对变化被称为应变，可表示为式(8-3)：

$$\varepsilon = \frac{L_0 - L_t}{L_1} \tag{8-3}$$

式中：ε——应变；

L_0——试件的初始长度（mm）；

L_1——试件的有效长度（mm），即两个测量钉头底面之间的距离；

L_t——试件碳化 t 天后的长度（mm）。

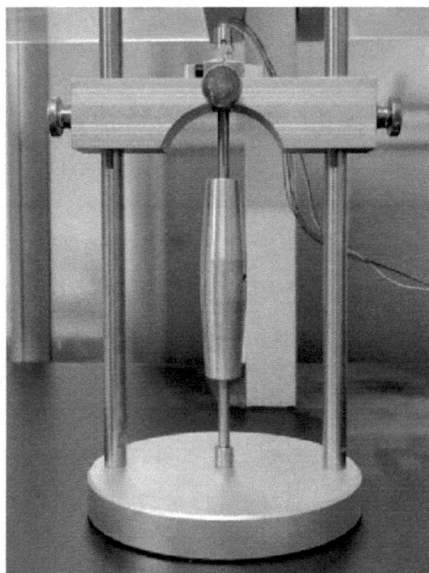

图 8-8 接触型直线位移传感器（LVDT）装置图

8.3.3 干燥收缩

1. 定义

混凝土干燥收缩是指混凝土在干燥过程中由于内部水分的蒸发而引起的体积收缩现象。这种收缩会导致混凝土产生裂缝和变形，影响混凝土结构的性能和使用寿命。因此，混凝土干燥收缩是混凝土工程中一个重要的问题，需要引起足够的重视和研究。

2. 收缩机理

混凝土干燥收缩的机理主要包括内部水分蒸发引起的毛细孔压力和固体颗粒间的相互作用。在混凝土中，水分主要存在于毛细孔中和固体颗粒表面（吸附水）。当混凝土处于干燥环境中时，内部水分开始蒸发，毛细孔中的水分流失会导致毛细孔压力减小，从而引起混凝土的收缩。此外，固体颗粒间的相互作用也会导致混凝土的收缩，因为颗粒间的相互吸引力会随着水分的流失而增大，从而引起混凝土的收缩。混凝土干燥收缩的影响包括裂缝的产生、变形和性能的降低。当混凝土发生干燥收缩时，由于受到约束的作用，会产生内部应力，最终导致混凝土产生裂缝。这些裂缝不仅影响混凝土结构的美观和使用寿命，还可能导致混凝土结构的强度和稳定性受到影响。此外，混凝土的变形也会受到干燥收缩的影响，导致混凝土结构的变形超出设计要求。最终，混凝土的性能也会因干燥收缩而降低，例如导热系数和抗渗性等性能会受到影响。而混凝土的干燥收缩可以分为三个阶段：

（1）初期干燥收缩阶段：混凝土刚浇筑完成后，水分开始逐渐蒸发。在这个阶段，混凝土的收缩速度比较快，但总体收缩相对较小。（2）中期干燥收缩阶段：混凝土内部水分继续蒸发，混凝土逐渐失去水分，导致收缩继续进行。在这个阶段，混凝土的收缩速度相对较慢，但总体收缩较大。（3）后期干燥收缩阶段：混凝土内部水分基本蒸发完毕，收缩速度减缓，但仍然会有一定程度的收缩发生。这个阶段的收缩速度较慢，但总体收缩仍然会继续增加。

3. 收缩测定

混凝土干燥收缩主要发生在硬化脱模后，受到环境影响较大，持续时间较长。现行国家标准《普通混凝土长期性能和耐久性试验方法标准》GB/T 50082 规定了混凝土干燥收缩可以通过测试混凝土棱柱体试件（100mm×100mm×515mm）在干燥条件下不同龄期的长度进行评价。如图 8-9 所示，根据试件测试方法的不同，测试仪器主要有卧式收缩仪、立式收缩仪和接触法引伸仪，所用位移传感器可以是千分表、测量精度不低于0.001mm 的弓形螺旋测微计、比长仪或位移传感器等。测试方法具体为：棱柱体试件拆模后测定初始长度，然后在温度为 20℃，湿度为 95％以上的标养室养护至规定龄期后测定其长度，并计算干缩率。

我国交通运输部、住房和城乡建设部发布的相关标准中采用标架千分表测试混凝土棱柱体试件（100mm×100mm×300mm）的干燥收缩，该方法仅需将试件安装在千分表架上，在不同龄期读数即可，避免了多次搬动试块或移动测量仪器产生扰动，并且省时省力；也有研究采用手持式应变仪测试混凝土棱柱体试件的干燥收缩。这些测试方法仅需一套测试仪器即可完成大量不同龄期的混凝土试件的测试，设备要求、成本低且操作简单，应用较广泛，但需要全程人工手动频繁测定，耗时费力、误差大。

多通道全自动混凝土收缩膨胀仪采用高精度位移传感器代替普通的千分表，系统实时监控并自动测量试块长度，多通道可以同时监测多个试块，效率高、误差小、自动性强。这类自动化程度高的测试设备将成为未来高精度连续测量混凝土干燥收缩的发展趋势。

现有的干燥收缩测试方法种类较多，可以根据试块尺寸和试验要求选择不同的测试方法，但是由于混凝土干燥收缩是在大气中进行的，无法避免试块与空气中二氧化碳反应，因此，这些方法测得的干燥收缩需考虑碳化收缩干扰。

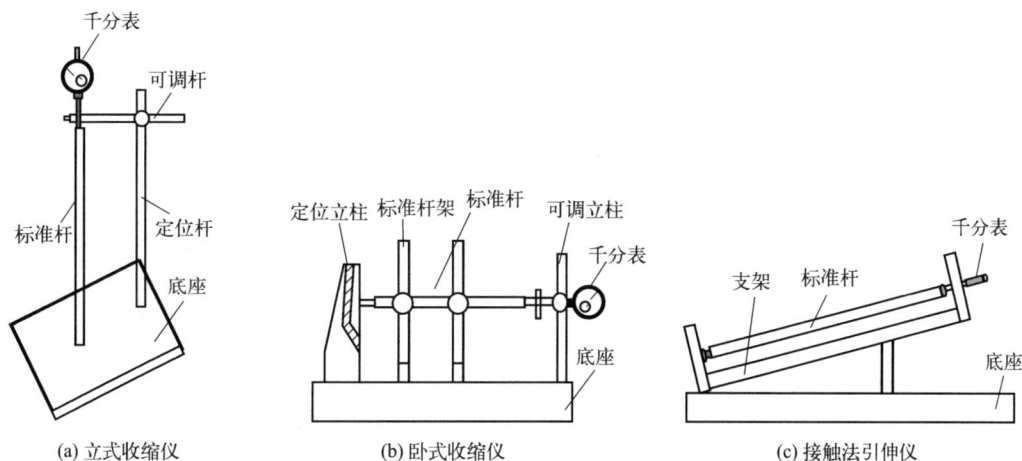

図 8-9　混凝土不同干燥收缩测量仪示意图

8.3.4　自收缩

1. 定义

混凝土自收缩是指混凝土在硬化过程中由于水分蒸发和水泥水化反应引起的体积收缩现象。这种收缩是由于混凝土内部的水分蒸发和水泥水化反应导致混凝土体积减小而产生的。混凝土自收缩会导致混凝土内部产生应力，可能引起混凝土开裂或变形，影响混凝土结构的使用性能和耐久性。

2. 收缩机理

混凝土自收缩的机理主要包括水泥水化反应引起的化学收缩和水分蒸发引起的干缩。水泥水化反应是混凝土硬化的过程中，水泥颗粒与水发生化学反应，产生水化硬化产物，这个过程会引起混凝土体积的微小收缩。而水分蒸发则是混凝土中的水分在硬化过程中逐渐蒸发，导致混凝土体积减小。这两种机理共同作用，导致混凝土自收缩。混凝土自收缩的影响主要表现在以下几个方面：

（1）开裂：混凝土自收缩会导致混凝土内部产生应力，当这种应力超过混凝土的承载能力时，就会引起混凝土开裂。

（2）变形：混凝土自收缩还会导致混凝土结构的变形，特别是在长期荷载作用下，混凝土自生收缩引起的变形会影响结构的使用性能和耐久性。

混凝土自收缩可以分为早期收缩和后期收缩两个阶段。

1）早期收缩：早期收缩是指混凝土在水泥水化反应初期（通常为几天到几周）发生的收缩现象。这个阶段的收缩主要是由于水泥水化反应引起的凝胶收缩和水分蒸发引起的干缩。早期收缩的速率较快，但总收缩相对较小。

2）后期收缩：后期收缩是指混凝土在水泥水化反应后期（通常为几周到几个月甚至更长时间）发生的收缩现象。这个阶段的收缩主要是由于水泥凝胶长期变化引起的收缩。后期收缩的速率较慢，但总收缩相对较大。

3. 收缩测定

适用于混凝土自收缩测试的方法主要包括体积法、接触式长度法、非接触式位移法、波纹管法及圆环限制收缩开裂法。在测量自收缩时需要对被测试件进行密封处理，如采用薄膜、石蜡、密封油液等方法，以阻断被测试件与外界之间的物质交换，得到反映混凝土自收缩的真实数据。混凝土自收缩的宏观表现为体积的变化，因此，通过体积法直接测量试件的整体体积变化可以反映混凝土自收缩。如图 8-10 所示，体积法是将混凝土拌料装入不透水的橡胶皮套内，测量浮力变化量来换算出体积变化以测量混凝土的自收缩，还可以通过密封试样的排液体积变化来测量试样的自收缩，该类方法简单易行，并且有较高的精度，但测量混凝土自收缩时具有容器易被混凝土粗骨料破坏、浆体内部气泡较难排出以及泌水易对浮力产生干扰等缺点，因此，高柔韧性容器及测试件无空气密封将是体积法精确测试混凝土自收缩的发展方向。

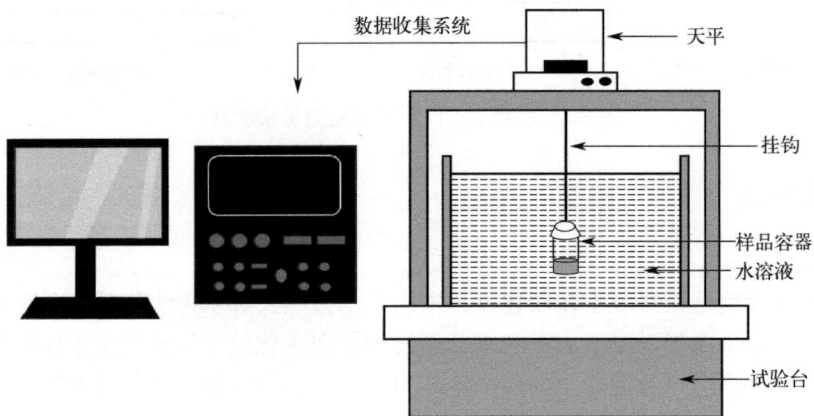

图 8-10　体积法测量混凝土自收缩示意图

除通过体积变化来反映混凝土自收缩外，试件的二维长度变化也可用于反映混凝土试件的自收缩情况，通过将测试仪器与混凝土直接接触获得混凝土试件长度变化是较简单的收缩测试方法。如图 8-11（a）所示，国内有学者采用 100mm×100mm×324mm 的试件，在两端固定千分表来测定混凝土的自收缩；图 8-11（b）所示两端埋入线性差动位移传感器法、图 8-11（c）所示线振仪法以及图 8-11（d）所示的垂直埋入差动式电阻应变计法等方法也被用于监测混凝土早期自收缩变形，这类接触式测试长度的方法使用简单，测试精度较高。但是千分表法中试件两端测头在不同龄期很难统一并且因自收缩小而很难测出数据；线性差动位移传感器法中每个试件配置两个传感器且不能串用和共享；线振仪法中线振仪的刚度及其与混凝土是否良好粘结会影响试验精度；差动式电阻应变计法中由于早期混凝土尚无足够强度时，应变计无法与混凝土发生同步形变，且应变计只能一次性使用等缺点限制了其应用。

非接触式位移法较接触式长度法在测试混凝土自收缩过程中具有更高精度和更强的稳

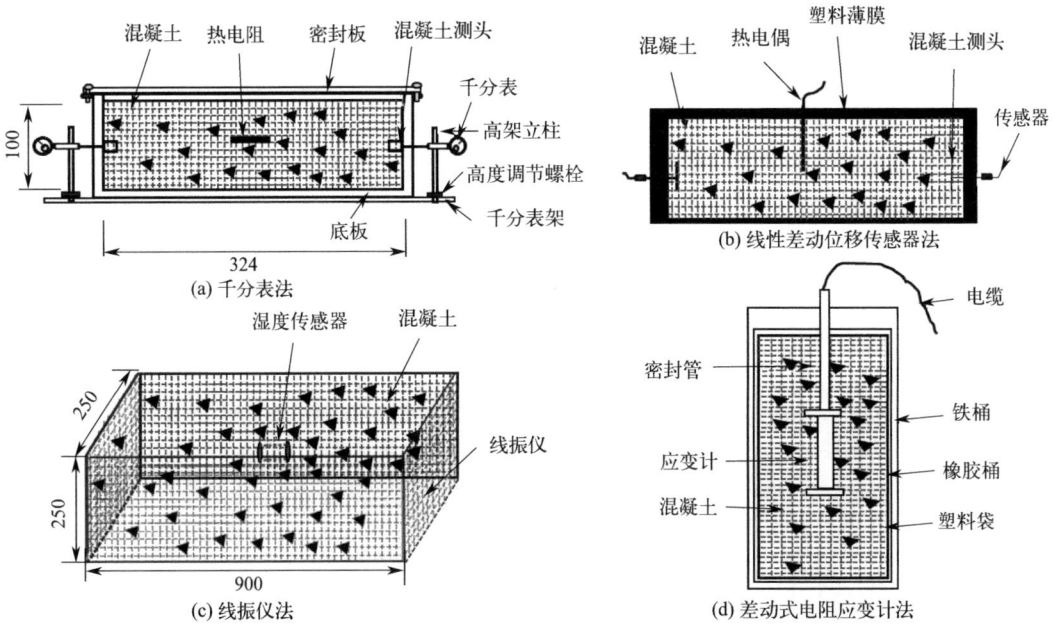

图 8-11　不同接触式长度法测试混凝土自收缩示意图

定性，非接触式位移根据测试仪器不同，主要包括：图 8-12(a) 所示的电涡流位移传感器法和图 8-12(b) 所示电容式测微仪法等。具体地，电涡流位移传感器法是通过测量电涡流位移传感器探头与接触混凝土的反射性金属片之间的涡流电压变化，间接反映混凝土的收缩；电容式测微仪法是通过混凝土试件两端连接的金属片与外界探头构成电容器，测试电容器的电压和电容值变化，间接反映出混凝土产生的收缩变形量。非接触式位移法能连续自动测量，具有精度高、稳定性强的特点。但这些测试方法对硬件要求较高，如优质的探头及测头金属片、低寄生电容电路等。随着仪器的改进和成熟使用，该类方法有望成为连续自动化采集数据和批量高精度测量的有效测试手段。

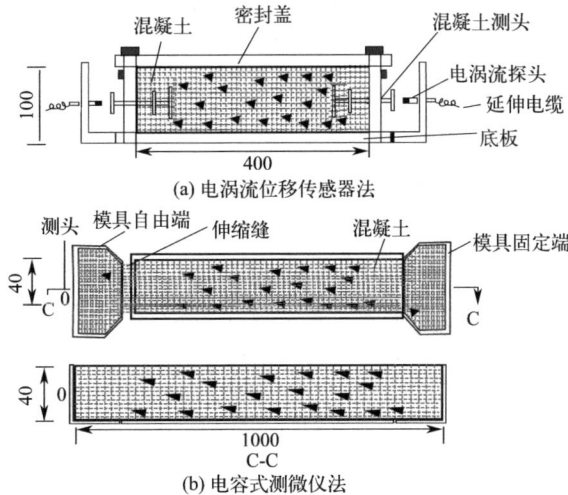

图 8-12　不同非接触式位移法测试混凝土自收缩示意图

波纹管是最早用来测试水泥浆体自收缩的模具，并被列入美国 ASTMC1698 规范文件，后来应用于混凝土的自收缩测试并得到了众多研究者的验证与认可。图 8-13 为波纹管法测混凝土自收缩示意图，波纹管内填充待测混凝土后将两端通过木塞密封，两端木塞外侧与探头接触，探头随着波纹管纵向收缩而记录数据，待测混凝土所产生的自收缩变形通过波纹管的纵向伸缩间接表征。该测试方法较大程度上避免了早期强度不足时试件与刚性管之间的摩擦问题，并且减少了体积法中可能出现的干扰因素。波纹管法将体积法与长度法的优点集于一身，能够实现自最早期起全过程监测，满足连续自动化、高精度的测试要求，但该方法同时存在波纹管尺寸限制以及混凝土粗骨料沉降影响试验数据准确性等缺点。

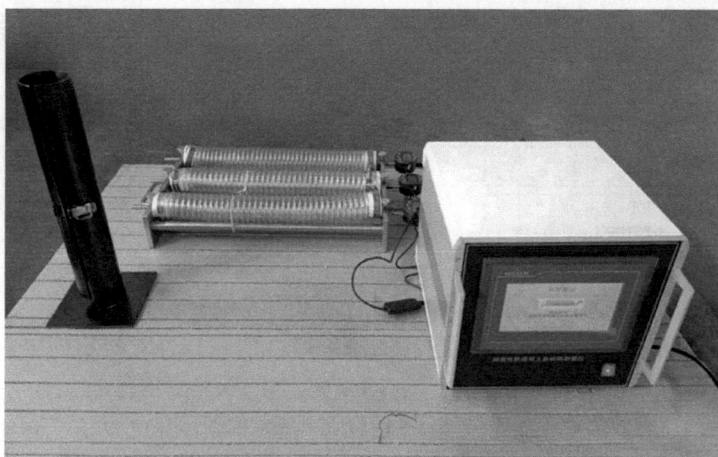

图 8-13　波纹管法测混凝土自收缩示意图

圆环限制收缩开裂法可用来研究混凝土在自收缩阶段的抗裂性，如图 8-14 所示，美国标准规定：混凝土圆环限制收缩开裂模具由内环、外环、底板和封盖组成，在内环内侧和外环外侧均匀环向布置四个应变片，待测混凝土浇筑于内环和外环之间后即可通过应变片监测混凝土变形。与平板法相比，圆环式限制开裂法提供了更加均匀的约束条件，在很大程度上模拟了混凝土在约束条件下收缩和应力松弛的综合受力，可以更有效评估混凝土的抗裂性能；但环形约束不如轴向约束直观，混凝土受力状态与实际工况不符，一般用于对多个试件进行对比试验。

8.3.5　温度收缩

1. 定义

混凝土温度收缩是混凝土在温度变化过程中发生的一种物理现象，它会对混凝土结构的性能和稳定性产生影响。混凝土在施工过程中由于温度变化会发生收缩，这种收缩会导致混凝土内部产生应力，从而影响混凝土的性能和使用寿命。

2. 收缩机理

混凝土温度收缩的机理主要包括水分蒸发收缩、温度变化收缩和冷却收缩。水分蒸发收缩是由于混凝土中水分的蒸发导致体积收缩，这是混凝土收缩中最主要的一种机理；温度变化收缩是由于混凝土在温度变化过程中发生体积变化而引起的收缩；冷却收缩是由于

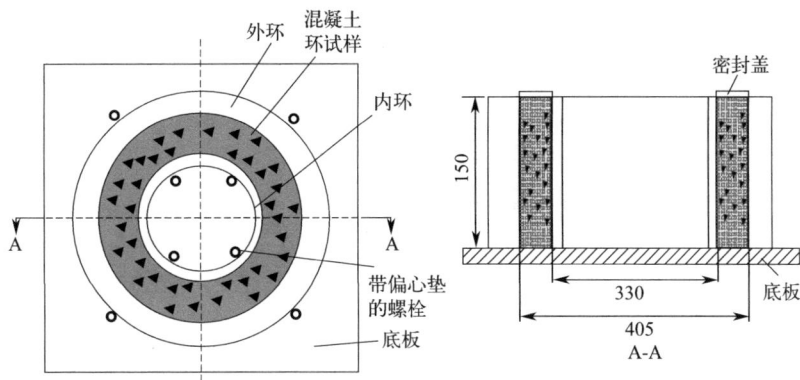

图 8-14 混凝土圆环限制收缩开裂模具示意图

混凝土在冷却过程中发生的体积变化而引起的收缩。这些机理都会影响混凝土的性能和稳定性，因此对混凝土温度收缩的研究具有重要意义。混凝土温度收缩的影响主要包括对混凝土结构的应力和变形的影响。混凝土在温度变化过程中会产生应力，这些应力会导致混凝土结构的变形和开裂。这些变形和开裂会影响混凝土结构的性能和使用寿命。

3. 收缩测定

混凝土温降收缩是引起大体积混凝土发生开裂的主要因素，测试方法包括绝热温升法和温度-应力试验法。

（1）绝热温升法

混凝土的温降收缩与其热膨胀系数、内部最高温度和降温速率等因素有关，其内部温度越高、温降速率越快，引起的收缩开裂行为越严重。因此，混凝土温降收缩性能可通过在绝热条件下，测定混凝土在胶凝材料水化过程中的温度变化历程和最高温升值来反映。现行行业标准《水工混凝土试验规程》DL/T 5150 中规定混凝土绝热温升的测量方法为：将测温管埋入混凝土拌合物中并一起放入绝热室内，控制绝热室温度与试件中心温差小于 $0.1℃$，记录试件中心温度，混凝土绝热温升测定仪示意图如图 8-15 所示。该方法操作简单，测试准确，但是只能通过监测混凝土的温度变化间接反映混凝土的温降收缩趋势。

（2）温度-应力试验法

与绝热温升测定仪不同的是，温度-应力试验机（TATM）具有更多功能。如图 8-16 所示，TATM 为闭环计算机控制系统，包括约束变形试验装置、自由变形试验装置和数据采集及控制系统，自由试件和约束试件的尺寸均为 $150mm×150mm×150mm$。TATM 能够在特定温度历程和轴向约束条件下实时监测试件的各种性能参数并将参数相互比较，实现对混凝土试件早期徐变的定量观察，从而评价混凝土试件的开裂风险。温度-应力试验法相较于只有单一评价指标的绝热温升法，可以模拟实际

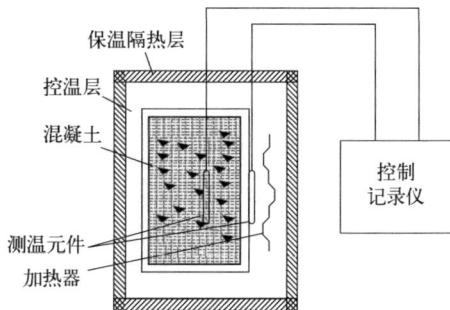

图 8-15 混凝土绝热温升测定仪的示意图

工程的温度历程和约束程度，可以考虑多种因素对裂缝产生的作用，使得评价更贴近工程

实际而非试验室的标准状态。但是，目前国内外开发使用的 TATM 版本不一，缺少统一的试验设备标准和试验方法指南。

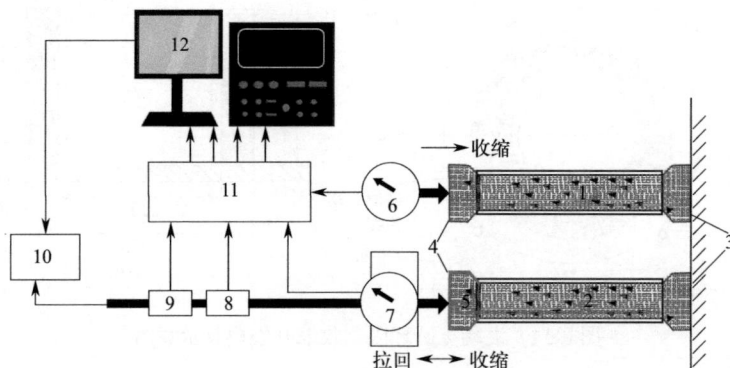

图 8-16　温度-应力试验机的示意图

1—自由试件；2—约束试件；3—固定端；4—自由端；5—活动接头；6—自由试件的线性可变差动变压器；7—约束试件的线性可变差动变压器；8—荷载传感器；9—步进电机；10—控制器；11—信号放大器；12—控制和记录电脑

8.4　影响混凝土收缩的因素

1. 水泥品种

水泥品种的影响主要体现在水泥矿物组成和细度方面，水泥的组成对混凝土的收缩影响较大，尤其是碳化收缩和自收缩。水泥熟料各单矿物的化学减缩作用大小排序如下：铝酸三钙＞硅酸三钙＞硅酸二钙＞铁铝酸四钙。高强度混凝土的干缩随水泥中三氧化硫含量增加而减小，但当三氧化硫含量超过 3.1%，干缩又增大；低强度混凝土的干缩与高强度混凝土的相似，但三氧化硫含量对干缩影响更小，这是由于低强度混凝土的水泥用量更低所致。

不同品种水泥因掺合料的差异，混凝土干燥收缩也不同，按收缩排序：大掺量矿渣水泥＞矿渣水泥＞普通硅酸盐水泥＞早强水泥＞中热水泥＞粉煤灰水泥。

较粗的熟料颗粒如大于 $75\mu m$，其水化不完全的核心类似于集料抑制混凝土收缩的作用；细颗粒熟料水化较完全，细颗粒增多时，C-S-H 凝胶产生更多收缩也增大。

2. 矿物掺料种类

（1）粉煤灰：混凝土的自收缩随粉煤灰掺量的增加而减小。粉煤灰虽然是活性混合材，但是在水泥浆体系中的水化非常缓慢，相当于增加早期有效水胶比，因此粉煤灰可降低混凝土内部的早期自干燥速度，显著降低早期自收缩。后期粉煤灰的继续水化使水泥石内部自干燥程度提高，但是此时混凝土已有较高的弹性模量和很低的徐变系数，因此在相同自干燥程度下产生的自收缩同早期相比小得多，但粉煤灰混凝土干缩性大，高温大风季节施工易产生塑性收缩开裂。研究表明粉煤灰水泥混凝土在 $0.57kg/m^2 \cdot h$ 蒸发率的条件下就会产生塑性收缩裂缝，而普通水泥混凝土产生塑性收缩裂缝的临界蒸发率为 $0.57kg/m^2 \cdot h$，这一点是值得高度重视的。粉煤灰还能明显降低混凝土的水化热，使温度收缩和开裂的危险减小。但是，粉煤灰会增加混凝土的碳化，主要是由于粉煤灰在水化过程中吸收部分氢氧化钙使 pH 降低，且火山灰效应生成的次生水化物较易碳化。据有关研究表明，对于大掺量粉煤灰混凝土，可通过粉煤灰和矿渣的复掺法减小碳化影响。

（2）磨细矿渣：磨细矿渣的掺入一般会增加混凝土的收缩。它对混凝土自收缩的影响与其细度有关。通常使用与水泥细度相当的磨细矿渣时，混凝土自收缩可随矿渣掺量的增加而稍有减少，但当矿渣细度超过 $4000 cm^2/g$ 时，混凝土的自收缩会随矿渣掺量的增加而增加。其原因是磨细矿渣的活性更高，加速了混凝土内部相对湿度的降低；但当掺量超过一定量后，未反应的颗粒增多。对混凝土收缩又起抑制作用。矿渣也可降低混凝土的水化热，但若矿渣细度过细，就不利于降低混凝土的水化温升。例如矿渣微粉等量取代水泥用量 30% 的混凝土，细度为 $6000 \sim 8000 cm^2/g$ 的混凝土的绝热温升比细度为 $4000 cm^2/g$ 的有十分显著的提高。

（3）硅灰：硅灰的颗粒极细、活性很高，掺入硅灰可提高混凝土强度、抗渗性、耐久性，还可有效地控制碱-骨料反应。但它的缺点就是会增加混凝土的收缩，特别是自收缩和化学减缩。由于硅灰的表面积很大，水化速率快，加速了水泥石孔隙中与内部相对湿度的降低，进而增大了自干燥。

3. 骨料种类

混凝土的收缩 S_C 与水泥净浆收缩 S_P 之比（称为收缩比）取决于集料的含量 a，即

$$S_C = S_P(1-a)^n \tag{8-4}$$

式（8-4）中 n 为经验系数，取 $1.2 \sim 1.3$。

式（8-4）未考虑集料品种的影响。在配合比和其他条件相同的情况下，骨料的弹性模量被公认为对干缩的影响最大、最直接。比如用低弹性模量的骨料取代高弹性模量的骨料，混凝土的干缩将增加 2.5 倍。总的来说，普通骨料混凝土的收缩比轻骨料的小，普通骨料中，石灰岩、石英岩骨料混凝土的收缩小。

4. 混凝土的配合比

混凝土配合比对收缩的影响主要体现在单位用水量、水泥用量、水胶比、砂率等参数上。单位用水量的影响比水泥用量更大，在用水量一定的条件下，混凝土的收缩随水泥用量的增加而加大，幅度较小；在水胶比一定条件下，混凝土收缩随水胶比的增大而明显增大。在配合比相同条件下，混凝土收缩随砂率的增大而增大，但幅度较小。一般当水胶比大于 0.40 时，可不考虑混凝土自收缩的影响，但当水胶比小于 0.40 时，混凝土自收缩的影响才凸显出来。

5. 外加剂种类

当减水剂用于改善混凝土的和易性或增大坍落度时，混凝土的收缩略有增加。当减水剂用于减水以提高强度或节约水泥时，混凝土的收缩接近或小于不掺的收缩。掺松香热聚物引气剂的混凝土收缩比不掺的大，而掺 AS（烷基磺酸钠）和 801 引气剂的混凝土收缩与不掺的基本相同。掺入氯化钙早强剂时会增加 10%～15% 混凝土的收缩。掺三乙醇胺与氯化钙复合早强剂的收缩比不掺的也是增大的，但增大的幅度比单掺氯化钙的小。掺入收缩抑制剂可有效减少混凝土的自收缩；掺入膨胀剂时，由于早期的膨胀而补偿自收缩，比掺入收缩抑制剂时自收缩更小，但膨胀结束后自收缩的速率和空白养护的一致。注意膨胀剂的使用受到许多因素的影响，许多国家如日本、法国等都只在接缝处理、灌浆时才使用，而不允许用于结构混凝土。

综上所述，掺化学外加剂都使混凝土收缩不同程度地增大。因此，我国混凝土外加剂标准规定，掺外加剂的混凝土收缩比不掺的基准混凝土收缩不得大于 20%。

6. 其他因素

其他因素对混凝土收缩的影响主要包括环境温度和湿度、养护条件、龄期、结构特征等。周围环境湿度越低收缩越大；周围温度过高过低也会导致收缩的增大，处于日晒状态的混凝土收缩比阴凉状态下的要大得多；混凝土表面使用覆盖物和涂料可以减少温度梯度，降低收缩应力，混凝土收缩也相应减少。

延长初期潮湿养护时间仅能推迟干缩的开始，但对最终干缩值影响不大。常压蒸气养护及高压蒸气养护与常温湿养相比，混凝土的干缩都将减小。混凝土收缩随龄期的增长而加大，在 90d 龄期以前增长速率很快；90d 龄期以后收缩增长速率逐渐减小；一年以后，收缩增长速率就更小。

混凝土干缩过程由表面向内部扩展，但扩展速度较慢，干缩值在很大程度上随试件外观尺寸和形状而变化。

在实际工程中，人们大多只关心混凝土的最终收缩。但混凝土的最终收缩实际上却包括各种原因引起的收缩。不同的环境条件下，各种收缩所占的比重是不同的。比如，大体积水工混凝土因为水化热，温度收缩引起的开裂比较严重；路面、机场跑道、桥面板等混凝土结构物，由于混凝土暴露面积比较大干燥收缩比较显著；近几十年来，基础、桥梁、隧道衬砌以及其他构件尺寸并不大的结构混凝土，干燥收缩通常在这里已不太重要了，水化热以及温度变化已经成为引起素混凝土与钢筋混凝土开裂的主导原因。对于高性能混凝土，它对早期收缩与开裂十分敏感，这不仅是水化热结果，更重要的是自干燥收缩的效果。碳化收缩产生影响很小。

8.5 碱激发混凝土的收缩

8.5.1 概述

水泥混凝土作为世界上使用最广泛的建筑材料，被广泛应用于城镇化和基础设施（如公路、铁路、桥梁、港口、机场等）的建设。作为混凝土的重要组成部分，硅酸盐水泥主要作为粘结相为混凝土提供强度。当前我国经济社会正处在高质量快速发展的关键时期，各类城镇化和基础设施建设对混凝土需求量巨大，而且会保持相当长的时期。混凝土的大量生产也必然需要消耗大量的水泥，而水泥生产所带来的生态环境问题是有目共睹的。一方面，生产水泥熟料的原材料中有 60% 为石灰石，石灰石矿山的大量开采，造成大规模的山体和植被的破坏、水土流失、山体石漠化等错综复杂的生态问题；另一方面，每生产 1t 水泥熟料，平均排放 0.8t 二氧化碳，这包括石灰石的热解、化石燃料的燃烧以及电力消耗产生的二氧化碳。水泥生产排放的二氧化碳占全球二氧化碳总排放量的 7% 左右。我国作为世界上最大的水泥生产国和消费国，水泥产量一直处于高位生产中，近十年我国的水泥产量和增长率如图 8-17 所示。随着国家"十四五"规划和 2035 年远景目标新征程的开启，明确提出建设交通强国、加强水利基础设施建设、推进新型基础设施、新型城镇化、交通水利等重大工程建设，这就需要大量水泥混凝土来满足这些强基础、增功能、利长远的基础设施建设需求。在全球化的"碳达峰、碳中和"和"可持续发展"战略目标下，作为碳排放大户的水泥工业面临着生产原料需求量大以及碳减排的严峻挑战。与此同时，我国城镇化和工业化的飞速发展产生了巨量的工业固体废弃物，如粉煤灰、冶炼废渣和炉渣等。固体废弃物的资源化利用是推进生态环境保护、实现可持续发展社会的重要一环。在"双碳"目标新的背景下，协同固废综合利用，将原本不可回收的固体废弃物作为原材料用于其他工业生产，最终降低其对环境的影响，实现可持续性。近几十年来，部分固体废弃物已经作为辅助胶凝材料来部分替代水泥用于混凝土中，但是这些工业固体废弃物在我国的利用率仍然较低。因此，仍然需要一种方便、廉价的技术来处理大量的工业固体废弃物和副产品，并将它们用于建筑行业。

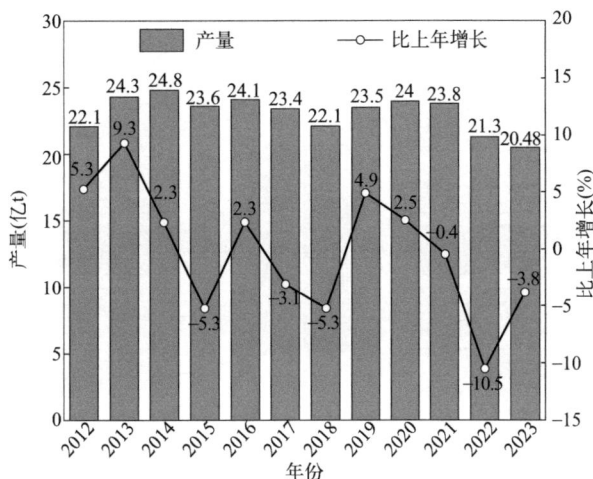

图 8-17 近十年我国的水泥产量和增长率

通过碱激发将工业固体废弃物转化为胶凝材料是一种非常有前景的技术，图 8-18 总结了碱激发材料的优势。固体硅铝酸盐前驱体与碱激发剂（固体或溶液）之间反应得到碱激发材料，包括地质聚合物。与普通硅酸盐水泥相比，碱激发材料保持了与普通硅酸盐水泥相当的力学性能，而且在耐氯离子侵蚀、耐化学腐蚀和耐高温等方面表现出更好的稳定性。此外，碱激发材料在减少二氧化碳排放和可持续利用工业固体废弃物方面也表现出巨大优势，被认为是一种绿色、低碳的建筑材料，在下一代混凝土技术中具有很大的潜力，图 8-19 展示了硅酸盐水泥与碱激发混凝土的比较。到目前为止，科学界和工程界对碱激发材料的发展已经付出了很大的努力。然而，碱激发材料，尤其是碱激发矿渣（AAS）材料的凝结硬化时间短、体积收缩大和长期耐久性研究不足等问题，限制了其实际应用。矿渣作为生铁冶炼时排出的熔融物，经水淬骤冷后形成了具有玻璃体结构的粒化矿渣；经水淬骤冷后的矿渣中玻璃体含量较高，碱激发反应性较好。粒化矿渣经过进一步的干燥-粉磨后得到磨细的粒化矿渣粉。本书无特殊说明时，矿渣即为磨细的粒化矿渣粉。而且我国矿渣产量巨大，近十年每年产生约 1 亿 t 的矿渣，原材料丰富、价格低廉。

碱激发材料（包括地质聚合物）是由碱激发剂氢氧化钠、氢氧化钾、钠、钾水玻璃、碳酸钠、硅酸钾等与固体硅铝酸盐（如矿渣、粉煤灰、钢渣等）或热破坏的层状硅铝酸盐

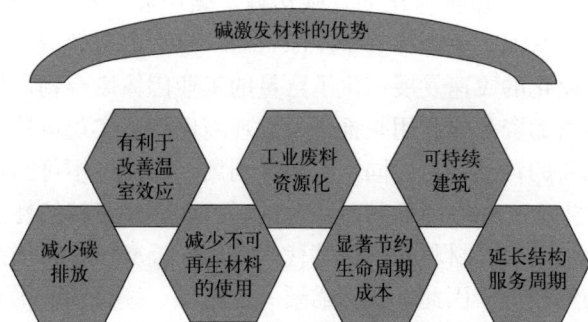

图 8-18　碱激发材料的优势

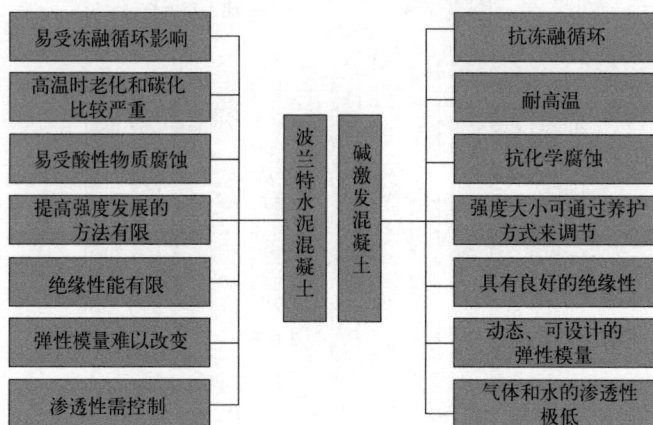

图 8-19　硅酸盐水泥与碱激发混凝土的比较

（如偏高岭土和其他的烧黏土）类前驱体在合适的条件下反应得到的一种非晶到准晶态的三维网络状凝胶结构的无机胶凝材料。碱性溶液的使用主要是为了加速反应过程并诱导前驱体形成不溶性的凝胶相。碱激发材料的发展经历了几个最主要的发展阶段。其中最早的概念可追溯到德国水泥化学家 Kuhl 在 1908 年的专利，他将矿渣与碱溶液混合，制备了与硬化的波特兰水泥相似的固体材料。Chassevent 于 1937 年用氢氧化钠和氢氧化钾的溶液测试了矿渣的活性。比利时科学家 Purdon 在 1940 年系统研究了氢氧化钠溶液激发 30 多种矿渣制成的无熟料水泥材料，并发表了重要的研究论文。1957 年，苏联科学家 Glukhovsky 取得了重大突破，他的研究主要集中在硅铝酸盐（玻璃相岩石、黏土、冶炼废渣）与碱溶液反应制备胶凝材料上，并把精力投入到碱金属碳酸盐激发冶炼废渣中，他把这种胶凝材料命名为"土壤水泥"；Glukhovsky 的研究中提出了 $Me_2O\text{-}MeO_3\text{-}SiO_2\text{-}H_2O$ 和 $Me_2O\text{-}MeO\text{-}Me_2O_3\text{-}SiO_2\text{-}H_2O$ 两类胶凝材料理论。20 世纪 80 年代，法国科学家 Davidovits 将煅烧高岭土与碱溶液混合制备了一种具有非晶和准晶态的三维网络凝胶材料，并将其命名为地质聚合物（Geopolymer）。自 20 世纪 90 年代以来，碱激发材料（包括地质聚合物）的研究在全球范围内快速增加，目的是开发水泥胶凝材料的低碳替代品。表 8-2 归纳了碱激发水泥的一些重要发展历程。

碱激发水泥的一些重要发展历程　　　　　　　　　　　表 8-2

年份	研究者	国别	工作
1930	Kuhl	德国	矿渣在氢氧化钾溶液中的凝结特性
1937	Classevent	未知	用氢氧化钠/钾的溶液来测试矿渣活性
1940	Purdon	比利时	研究了由矿渣和氢氧化钠或由矿渣、碱及碱性盐组成的无熟料水泥
1957	Glukhovsky	苏联	用含水和无水的铝硅酸盐(黏土和冶金矿渣)合成了胶凝材料,发现并提出了 $Me_2O\text{-}Me_2O_3\text{-}SiO_2\text{-}H_2O$ 和 $Me_2O\text{-}MeO\text{-}Me_2O_3\text{-}SiO_2\text{-}H_2O$ 两大胶凝系统理论,把这种胶凝材料称为"土壤水泥",把相应的混凝土称为"土壤混凝土"
1982	Davidovits	法国	将煅烧过的高岭土、石灰石和白云石混合物与碱溶液混合得到胶凝材料,申请了 Pyrament、Geopolycem 和 Geopolymite 等不同商标

8.5.2　碱激发材料的反应机理

碱激发材料经过近些年的快速发展,在反应模型、制备工艺和性能调控方面已经取得了显著成效。制备碱激发材料最普遍的原料是矿渣、偏高岭土、粉煤灰等具有碱活性硅铝结构的固体颗粒。基于固体无定型硅铝酸盐在碱溶液中的反应研究,Glukhovsky 提出了最初的机理模型,该机理模型将碱激发材料的反应过程分为三个阶段:(1)溶解-聚合阶段。(2)聚合-缩聚阶段。(3)缩聚-结晶阶段。近年来,研究人员基于 Glukhovsky 的理论对碱激发材料的反应机理进行了详细的研究与扩展,并从整体上解释了碱激发材料的全部反应过程。图 8-20 为简化后的碱激发材料反应过程示意图,该模型虽然展示了类似递增式的反应过程,但实际反应过程中各个步骤是同时发生的。反应过程示意图中给出了固体硅铝酸盐转化为碱-硅铝酸盐凝胶的关键步骤,包括:(1)溶解-聚合阶段:固体硅铝酸盐前驱体与碱溶液混合后,颗粒表面的 Si-O-Si(Al)键被溶解,断裂生成硅酸盐和铝酸盐单体。在强碱性的激发剂溶液中,固体硅铝酸盐中硅、铝单体的解聚速度加快,很快形成过饱和溶液。溶解析出的硅、铝单体聚合形成硅铝酸盐低聚物。(2)聚合-缩聚阶段:由单聚体形成低聚物的过程导致溶液中离子浓度降低,这又会加速颗粒的溶解并析出单体。液相中不断增多的低聚物逐渐发生交联,缩聚形成硅铝酸盐聚合物。随着硅铝酸盐聚合物的增加,反应进入凝胶化阶段。(3)缩聚-结晶阶段:随着溶解-聚合-缩聚过程的不断进行,生成的无定型硅铝酸盐凝胶不断增多,反应进入凝胶硬化阶段。硬化的碱激发材料中单体物质、低聚物以及硅铝酸盐聚合物交联在一起会继续发生缩聚反应形成沸石相。尽管该机理模型中硅铝酸盐颗粒-凝胶的转变过程在现有实验条件下无法被证明,但这一反应过程是被大家所接受的。值得注意的是,反应过程中的"转化"过程是非常缓慢的,取决于后期处理方法和样品的组成。

8.5.3　碱激发混凝土收缩研究

根据产生的原因,混凝土收缩主要分为自收缩和干燥收缩。表 8-3 给出了碱激发材料收缩研究概况,表中"Strength"指实测 28d 抗压强度,"Compared with OPC"为与作者同期进行的普通混凝土试件对比。由表 8-3 可知,不同学者测试的自收缩差别较大,极限收缩应变最大相差 75 倍。干燥收缩测试结果也有较大差异,有的认为收缩应变仅有几百微应变,而有的学者发现应变超过上千微应变,远大于普通混凝土。多数情况下,自收

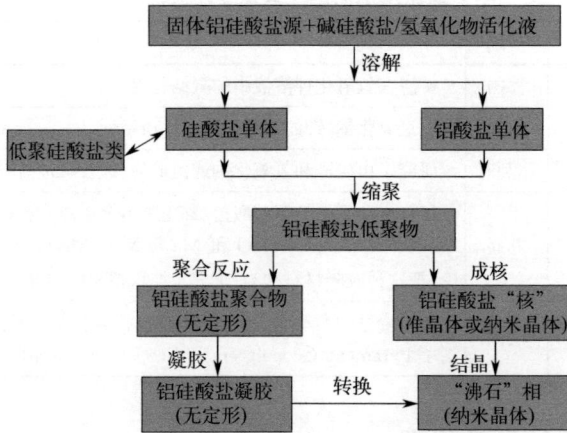

图 8-20 简化后的碱激发材料反应过程示意图

缩仅有干燥收缩的 30%，但矿渣和石灰石粉基地聚物的自收缩大于干燥收缩。

碱激发材料收缩研究概况

表 8-3

类型	收缩应变($\mu\varepsilon$)	相比于 OPC	标准	固化条件	强度(MPa)	粘结剂类型	结构类型	参数
自收缩	3750(50d)	>	—	20℃+58%RH	50～60	矿渣+石灰石粉	砂浆混凝土	石灰岩含量
	900(192d)	=	JSCE，CEB10	20℃+58%RH	41	矿渣	砂浆	—
	2800(240d)	>	不适用	23℃+58%RH	47		砂浆	水泥种类
	400～580(180d)	>	不适用	23℃+50%RH	41～67	粉煤灰	砂浆	氢氧化钙含量液固比
	1400～3800(28d)	不适用	不适用	40℃	34～52		砂浆	氧化钠和二氧化硅含量
	40～50(112d)	<	不适用	23℃+50%RH	70～90	矿渣+粉煤灰	混凝土	—
	1300～3100(70d)	不适用	不适用	23℃+55%RH	28～58		砂浆	粉煤灰-矿渣质量比硅模量
	500～1500(28d)	>	不适用	20℃+55%RH	28～46	粉煤灰+高岭土	砂浆	矿渣含量，水胶比
	450(50d)	<	不适用	24℃+45%RH	15		砂浆	粉煤灰含量
干燥收缩	100(360d)	<	Australia	60℃+干燥固化	45～58	粉煤灰	混凝土	固化方法，组合物
	4000～7800(28d)	>	不适用	80℃+60%RH	40～60		混凝土	固化方法，碱激发剂含量

续表

类型	收缩应变($\mu\varepsilon$)	相比于OPC	标准	固化条件	强度(MPa)	粘结剂类型	结构类型	参数
干燥收缩	130(130d)	<	不适用	24℃+45%RH	54～59	矿渣+粉煤灰	混凝土	混合成分
	1000(180d)	<	Australia	20℃+70%RH	40～54		砂浆	碱活化剂，矿渣含量
	480(18d)	<	不适用	23℃+50%RH	78～100		混凝土	强度
	400～2000(90d)	不适用	Eurocode2	23℃+60%RH	18.7～58.5	矿渣+粉煤灰+钠长石	混凝土	养护方法
	1800(60d)	>	不适用	22℃+50%RH	—		砂浆	结构尺寸
	450(49d)	<	不适用	24℃+45%RH	15	粉煤灰+高岭土	砂浆	粉煤灰含量
	300(120d)	<	不适用	20℃+60%RH	—	高岭土	砂浆	碱激发剂种类
	3000～4000(42d)	>	不适用	20℃+60%RH	47～57	矿渣+赤泥	砂浆	赤泥含量
	750～2500(28d)	>	不适用	—	80～90		砂浆	赤泥含量
	1200～1600(118d)	>	不适用	23℃+50%RH	50		砂浆	—
	300	>	JSCE，CEB10	20℃+65%RH	39	矿渣	混凝土	结构尺寸
	800～1700(60d)	>	不适用	20℃+58%RH	50～60		混凝土	石灰岩含量

　　碱激发材料混凝土收缩速率与普通混凝土有较大差别，且不同胶凝材料类型的地聚物混凝土有不同的收缩特性。粉煤灰基的碱激发混凝土自收缩在前1～3d发展较快，后期稳定；但干燥收缩却在前28d发展较快，如图8-21所示，前1d和7d可达极限收缩的50%和90%；掺加水泥后，收缩在28d可达4000$\mu\varepsilon$，且28d后的收缩仍增长较快。矿渣基的碱激发混凝土在前28～180d发展较快，后期增长较小，前7d产生较大收缩的原因为内部相对湿度下降速度快，从而引起表面张力的快速下降。粉煤灰+矿渣基的碱激发混凝土的干燥收缩也在前7d发展较快，后期变缓，半年后达1045$\mu\varepsilon$，总收缩较普通混凝土小。总之，碱激发混凝土具有较快的化学反应速率和收缩增长率，受胶凝材料类型和配合比参数影响，表现为不同的收缩增长速率。

8.5.4　混凝土收缩类型

1. 自收缩

由表8-3可知，目前对粉煤灰基、矿渣基、矿渣+粉煤灰基和粉煤灰+偏高岭土基的

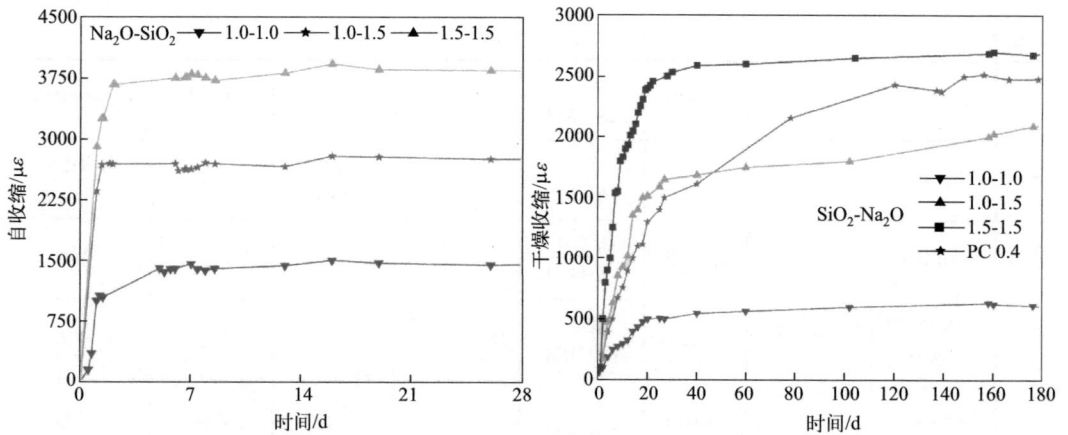

图 8-21　自收缩和干燥收缩对比

注：1.0-1.0 代表 SiO_2 和 Na_2O 含量为 1mol。

碱激发混凝土的自收缩进行了诸多试验研究，不同胶凝材料类型的碱激发混凝土自收缩不同。矿渣＋石灰石粉基的碱激发混凝土的自收缩应变 50d 可达 $3750\mu\varepsilon$，为普通混凝土的 4～5 倍；而矿渣＋粉煤灰基和粉煤灰＋偏高岭土基的碱激发混凝土的自收缩较低，小于普通混凝土，相应砂浆的 50d 收缩应变为 $450\mu\varepsilon$，矿物组合对减少自收缩有利。

碱激发混凝土产生自收缩的原因为：受化学反应影响，混凝土内有较大空隙，而收缩与孔隙率成正比。另外，由于生成产物不同造成结构内部空隙的吸水率很小，这是引起不同胶凝材料地聚物收缩有差异的原因。毛细管压力是高湿度环境下的碱激发混凝土自收缩驱动力，通过水化反应消耗孔隙水，会引起表面张力，产生较大自收缩，但目前仍未较好地解释产生较大或较小收缩的原因。试验结果还表明，自收缩与质量损失之间存在一定相关性。

2. 干燥收缩

目前相关学者开展了大量粉煤灰、矿渣、矿渣＋粉煤灰、粉煤灰＋偏高岭土、赤泥＋矿渣、粉煤灰＋矿渣＋钠长石的碱激发混凝土干燥收缩试验。由表 8-3 可知，对粉煤灰的碱激发混凝土，大多数学者测试的收缩应变在 $1000\mu\varepsilon$ 以内，不同配比的干燥收缩小于普通混凝土。而矿渣的碱激发混凝土的总干燥收缩应变在 $1700\mu\varepsilon$ 以内，比粉煤灰的碱激发混凝土大，可达相同配比普通混凝土的 4 倍。而矿渣＋粉煤灰的碱激发混凝土的收缩应变在 $400\sim2000\mu\varepsilon$ 之间，干燥收缩可达相同配比的自密实混凝土的 10 倍。粉煤灰＋偏高岭土二元基的碱激发的收缩应变较大，可通过调节粉煤灰与偏高岭土比例的方法降低收缩应变。偏高岭土的碱激发混凝土的收缩较偏高岭土＋粉煤灰的碱激发混凝土和普通混凝土偏小。试验测试发现赤泥＋矿渣的碱激发混凝土的收缩明显大于普通混凝土，赤泥与矿渣比是影响收缩应变的主要原因，在配合比设计时需引起重视。粉煤灰＋矿渣＋钠长石的碱激发混凝土的收缩应变是普通混凝土的 2 倍。扫描电镜结果显示化学反应吸水性小是导致其干燥收缩较大的主要原因，也有学者认为其中间孔颗粒尺寸占有较大比例是引起较大收缩应变、较小质量损失的原因，而过多的水分蒸发不足以解释其为何产生过大的干燥收缩。

8.5.5　碱激发混凝土收缩的影响因素

1. 碱激发剂种类

碱激发剂是地聚物混凝土的重要组成部分，其类型会显著影响其收缩性能。水玻璃、氢氧化钠、硫酸钠、磷酸钠、碳酸钠、氢氧化钙和硅酸钾等均为常用的碱激发剂，不同种类碱激发剂对收缩性能的影响不同。与水玻璃相比，以硫酸钠和磷酸钠为碱激发剂可降低其收缩应变，掺量为 0.5% 的磷酸钠可降低 40% 的收缩，且磷酸钠的收缩降幅大于硫酸钠。采用碳酸钠作为碱激发剂产生的干燥收缩与普通混凝土相差不大，但小于同等情况下以水玻璃和氢氧化钠为碱激发剂的自收缩和干燥收缩。在以硅酸钠为碱激发剂的粉煤灰基地聚物混凝土中掺加 10% 的氢氧化钙，其 28d 收缩应变可达 $2500\mu\varepsilon$；硅酸钾作为碱激发剂激发的偏高岭土地聚物混凝土收缩较水玻璃高 14%～32%，水玻璃激活效果要明显好于硅酸钾。

2. 碱激发模数及含量

图 8-22 是碱激发剂模数及含量对收缩的影响。由图 8-22(a) 知，水玻璃模数降低，粉煤灰和矿渣＋粉煤灰地聚物混凝土的干燥收缩降低；当模数由 0.6 增加到 1.5 时，矿渣基碱激发混凝土的 90d 干燥收缩增加近 5 倍，硅酸凝结成具有较高吸水能力的硅胶是引起较高干燥收缩的原因；在相同碱含量下，水玻璃模数由 0.45 变为 1.05 后，400d 的干燥收缩增加 3 倍。另外，也有研究发现，矿渣基地聚物混凝土的干燥收缩可降低 60%，粉煤灰＋矿渣基的碱激发混凝土的自收缩和干燥收缩随水玻璃模数降低而增加。

由图 8-22(b) 发现，收缩应变随碱激发剂中的活性二氧化硅和氧化钠含量增加而增加，当含量由 3.5% 增加到 5.5% 后，干燥收缩提高 10%。有学者发现，当含量由 1.0% 增加到 1.5% 时，7d 的自收缩增大 2.7 倍。当模数恒定时，碱激发剂含量由 4% 增加到 8% 时，干燥收缩增加 1.2 倍。干燥收缩并非一直随碱含量增加而增加，而是存在临界值，超过该值后，收缩降低。另外，有试验表明碱激发剂含量对收缩基本无影响，也有学者认为在粉煤灰基的碱激发混凝土中增加碱激发剂掺量可减小空隙含量，进而减少收缩。减少收缩的另外一种原因也可能是聚合反应导致水玻璃含量减小，而水玻璃是引起收缩的关键因素。

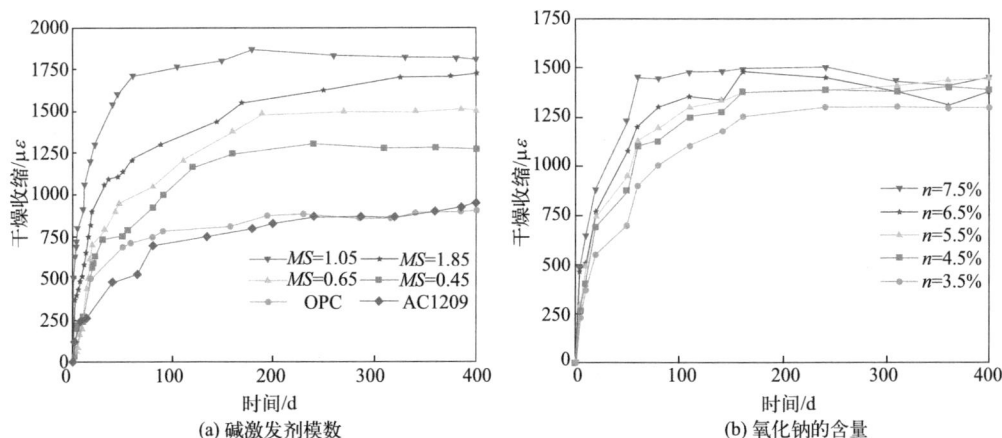

图 8-22　碱激发剂模数及含量对收缩的影响

注：$MS=1.05$ 代表碱模数为 1.05；$n=7.5\%$ 代表碱激发剂中氧化钠含量为 7.5%。

一般情况下，收缩随氢氧化钠与水玻璃质量比增大而增大，但该质量比可转化为模数和含量。对比发现，水玻璃模数对干燥收缩的影响大于碱激发含量。

3. 胶凝材料种类及含量

目前主要对矿渣基、粉煤灰基、矿渣＋粉煤灰基、粉煤灰＋偏高岭土基、赤泥＋矿渣基、赤泥＋粉煤灰基和粉煤灰＋矿渣＋钠长石基的碱激发混凝土的收缩进行了研究。矿渣＋粉煤灰基的碱激发混凝土随矿渣掺量增加，其自收缩增加，但是 Hardjito D 认为增加矿渣掺量可减小收缩应变。有学者研究了矿渣和粉煤灰比对干燥收缩的影响，掺加粉煤灰可降低强度和干燥收缩，即增加矿渣会增大干燥收缩，引发裂缝产生，当矿渣掺量在30％以下可保证不产生较大干缩裂缝，这与普通硅酸盐水泥中掺加粉煤灰可减小收缩类似，但也有学者认为矿渣掺量超过50％后会降低干燥收缩，主要原因为增加矿渣可减小孔隙率，增加密实度。

在粉煤灰＋偏高岭土基的碱激发混凝土中，掺加10％粉煤灰会增加自收缩，而干燥收缩却随粉煤灰掺量增加而减小。还有学者发现，与不掺加偏高岭土的碱激发混凝土相比，当偏高岭土掺量为20％时（即降低粉煤灰掺量），可降低20％的干燥收缩。在赤泥＋矿渣基的碱激发混凝土中，随赤泥掺量增加，收缩先减小后增加，10％的赤泥掺量可降低收缩率，但进一步增加赤泥会增大收缩。也有学者认为，当赤泥掺量在25％以下时，对总收缩影响较小，当赤泥掺量达到75％以上时，会导致裂缝产生。赤泥＋粉煤灰基的碱激发混凝土往往较普通混凝土具有较小的收缩，需进一步从粗集料种类和类型角度探讨其对干燥收缩的影响。

4. 溶胶比

溶胶比对矿渣基地聚物混凝土的干燥收缩的影响不大。对于矿渣＋粉煤灰基的碱激发混凝土，溶胶比为0.42的收缩较溶胶比为0.34的小，即随溶胶比增大，干燥收缩减小，主要原因为溶胶比增大，溶液中的氧化钠/水和二氧化硅/水降低（水增加），减小了空隙相对湿度，引发较大的毛细水压力。而对于赤泥＋偏高岭土基的碱激发混凝土，固液比增加可减小其收缩，溶胶比对干燥收缩影响较小，但未得到试验验证。除此以外，地聚物混凝土生成物的致密程度对干燥收缩也有较大影响，PS 和 PSS 型的碱激发混凝土的收缩率较 PSDS 型低27.8％～41.7％。

5. 添加剂

添加剂可分为无机物和有机物两类。无机物主要包括氧化镁、氧化钙、石膏、硫铝酸钙和纳米二氧化钛矿粉等，有机物主要包括醇类（聚乙二醇、聚丙烯乙二醇）、高吸水性聚合物材料和乳胶等。

大量研究发现活性氧化镁、氧化钙、石灰石粉和硫铝酸钙可显著降低其收缩变形。加入6％的活性氧化镁后，矿渣＋粉煤灰＋硅灰基的碱激发混凝土7d自收缩和28d干燥收缩分别降低72.1％和20.0％，主要原因为活性氧化镁在碱性环境中生成了可填补微小空隙的氢氧化镁，其在浆体中的膨胀效应抵消了部分收缩，从而提高了密实度和强度。有学者发现当在矿渣基的碱激发混凝土中掺加30％的石灰石时，收缩增加，当增加到50％时，收缩减小；加入5％的氢氧化钙可增加 Ca/Si 比，生成收缩较小的 C_4AH_{13} 胶凝材料，从而减少其自收缩和干燥收缩，但会增加塑性收缩和初凝时间。另外，加入少量硫铝酸钙、氧化钙和收缩缩减剂后，56d的干燥收缩将分别减少41％～

45%、54%~56%和35%~44%。对粉煤灰+矿渣+钠长石基的碱激发混凝土而言，加入5%的石膏，可减小8%的干燥收缩，主要原因是石膏增加了铝元素的溶解量。有学者等探讨了收缩添加剂对矿渣基的碱激发混凝土的影响，结果表明，在矿渣基的碱激发混凝土中掺加8%的收缩添加剂后，干燥收缩由$420\mu\varepsilon$降低为$190\mu\varepsilon$。通过对比以氢氧化钙和氢氧化钙+石膏激发的矿渣基的碱激发混凝土的自收缩和干燥收缩发现，虽然掺加石膏会增加空隙率，减小强度，但可减少2倍干燥收缩。在粉煤灰基的碱激发混凝土中掺入纳米二氧化钛粉可填充内部微观空隙，增加抗压强度，掺入5%的纳米二氧化钛矿粉可减少一半的干燥收缩。

除此以外，明矾石等膨胀剂及硫酸钠、超细粉煤灰、符合富勒颗粒分布曲线的细沙等的加入也可显著改善干燥收缩。上述添加剂中，掺入氧化钙和硫铝酸钙后化学反应较为迅速，不易控制，而氧化镁的收缩降低效果较好。有机物激发剂中，聚乙二醇也可改善干燥收缩，在99%的相对湿度中养护，并掺入1%和2%的聚丙烯乙二醇可降低50%和85%的干燥收缩，但相对湿度降低为50%后，对干燥收缩的影响减小。将普通混凝土的收缩缩减剂——高吸水性聚合物用于碱激发混凝土可提高其初、终凝时间，减少其自收缩，但会降低其后期强度。此外，掺加少量乳胶也可减小收缩。另外，相关学者也尝试在内部掺加混合纤维、再生玻璃纤维的方法减少干燥收缩，但混合纤维会因增加内部空隙率而增大干燥收缩，却能延缓干燥收缩裂缝的产生。掺入再生玻璃纤维的地聚物混凝土抗压强度降低，抗弯强度提高，收缩会减小。

6. 养护条件

养护条件也是影响收缩的重要因素之一，主要是因为水化过程需要较多非结合水，采用蒸汽养护（湿养护）可减少水分损失，保证水化反应的顺利进行，从而降低收缩。自然环境下的干燥收缩为蒸汽养护条件下的6倍，收缩降低效果优于普通混凝土。不同养护条件下的碱激发混凝土干燥收缩大小关系为：空气养护＞石灰水养护＞控制温度和相对湿度养护，部分浸水养护＞完全浸水养护，氢氧化钠溶液完全浸水养护＞水溶液完全浸水养护，保证水化过程中周围环境有充足水分是降低收缩的重要措施。

常温和高温养护，碱激发混凝土收缩分别为$1000\mu\varepsilon$和$200\mu\varepsilon$，提高养护温度是降低收缩的另一措施。Castel等认为当养护时间为1d时，养护温度由40℃提高到80℃后，极限干燥收缩由$1920\mu\varepsilon$降低到$400\mu\varepsilon$；当养护时间变为3d，提高养护温度对收缩的降低作用明显减小。除温度外，增大养护湿度也可减小干燥收缩，当环境相对湿度由50%提高到99%时，干燥收缩减少3.8倍。Jia等同时测量了矿渣基地聚物混凝土内部的相对湿度和收缩，结果显示相对湿度与收缩之间存在较强的线性关系，内部相对湿度变化是引起干燥收缩的主要原因。

7. 地聚物类型

碱激发材料的类型也是影响其收缩的关键，净浆、砂浆和混凝土是碱激发材料的三种类型，由表8-3可知，目前较多学者开展了碱激发砂浆的收缩效应研究，对混凝土的收缩试验研究仍较为欠缺。虽然砂浆和混凝土收缩变形之间不存在明显的函数关系，但一般而言，碱激发材料中掺加一定数量的细骨料（砂子）可减少其收缩，砂浆的收缩大于混凝土，净浆的收缩大于砂浆，这是因为细、粗骨料对净浆和砂浆的变形有约束作用。

8. Ca/Si 等元素摩尔比

干燥收缩也受胶凝材料元素摩尔比（Ca/Si、Al/Si、Mg/Si、Na/Si）的影响，其中 Ca/Si 对收缩影响最大，其次是 Al/Si、Mg/Si、Na/Si，因此在配合比设计时，应考虑胶凝材料元素摩尔比，重点关注氧化钙含量（可转化为 Ca/Si）对干燥收缩的影响。一般而言，Ca/Si 越低，收缩越大，但在矿渣基的碱激发混凝土内掺加粉煤灰能改变这种特性，表现为粉煤灰掺量越多，收缩越小；在地聚物混凝土中增加氢氧化钙可将 Ca/Si 由 0.72 增加到 1.02，干燥裂缝和质量损失减少，而质量损失与自收缩之间呈现较强的线性关系，因此，自收缩减少 16%。也有学者研究表明碱激发剂中的 Si 含量（可转化为 Ca/Si）也显著影响自收缩和干燥收缩。Na 含量的增加会增加结构水含量，从而减小干燥收缩。

8.5.6　碱激发混凝土收缩检测

当进行碱激发混凝土收缩测试时，常见的几种方法包括直接测量法、应变测量法、超声波测量法、X 射线衍射法和激光扫描法。以下是对这些方法的详细介绍：

1. 直接测量法

直接测量法是一种简单直观的测试方法，通过测量混凝土试块的尺寸变化来评估混凝土的收缩性能。通常使用尺子、卡尺等工具，测量混凝土试块的长度、宽度和厚度，在不同时间点进行多次测量，计算尺寸变化的差值，从而得到混凝土的收缩。这种方法操作简单，但受到人为误差的影响较大，精度相对较低。

2. 应变测量法

应变测量法是一种更为精确的测试方法，通过在混凝土试块表面安装应变计或应变片等设备，实时监测试块表面的应变变化。当混凝土发生收缩时，试块表面会产生应变，应变计或应变片可以记录这些变化，提供更准确的收缩数据。这种方法需要专门的设备和技术支持，操作要求较高。

3. 超声波测量法

超声波测量法是一种非破坏性测试方法，通过超声波技术测量混凝土试块内部声速的变化来评估混凝土的收缩性能。当混凝土发生收缩时，声速会发生变化，通过测量声速变化可以间接评估混凝土的收缩情况。这种方法不会破坏混凝土试块，但受混凝土密实度、含水率等因素的影响。

4. X 射线衍射法

X 射线衍射法是一种高精度的测试方法，通过 X 射线技术分析混凝土试块内部结构的变化来研究混凝土的收缩特性。X 射线可以穿透混凝土，观察混凝土内部的微观结构变化，提供直观的收缩信息。这种方法需要昂贵的设备和专业人员操作，不适用于现场测试。

5. 激光扫描法

激光扫描法是一种快速、准确的测试方法，通过激光扫描仪测量混凝土试块表面的形貌变化，提供直观的数据。激光扫描法可以快速获取试块表面的三维形貌数据，可以用于评估混凝土的收缩情况。这种方法设备成本较高，需要一定的技术支持。

8.6　延伸阅读案例库

[案例库 1] 广州新电视塔

广州塔（Canton Tower），又称广州新电视塔（图 8-23），其位于中国广东省广州市海珠区（艺洲岛）赤岗塔附近，距离珠江南岸 125m，与珠江新城、花城广场、海心沙岛隔江相望。广州塔塔身主体高 454m，天线桅杆高 146m，总高度 600m，是中国第一高塔，是国家 AAAA 级旅游景区。其筏板基础板面相对标高为 −10.00m，几何形状呈椭圆形，长轴长 97m，短轴长 77m，板厚度 1500mm。24 根钢管柱的基础环梁截面尺寸 $b \times h$ =4500mm×4350mm，沿椭圆形筏板周边布置。环梁长 236m，筏板和环梁相连，混凝土的设计强度等级 C40，抗渗等级 P8。混凝土浇筑量为 9445m^3。

建造过程中使用中低热的 P·O42.5 矿渣硅酸盐水泥，有利于减少大型新拌混凝土因水泥水化热的积累导致混凝土后期凝固收缩较大致使混凝土开裂的情况；细骨料选用含泥量<2%、细度模数为 2.79 和平均粒径 0.381 的中、粗砂；粗骨料选用 5~40mm 含泥量<1%石子，并且骨料中的针状和片状颗粒<15%（重量比）；这样有利于减少混凝土的收缩；而外掺料选用减水剂和粉煤灰，以减少水泥用量，有助于改善混凝土和易性和可泵性，延迟水化热释放的速度，放热峰也较推迟，减少温度应力，减小大体积混凝土过程中的冷接缝产生的可能性。

图 8-23　广州新电视塔

[案例库 2] 温州巴菲特金融大厦

温州巴菲特金融大厦（图 8-24）是一座位于中国浙江省温州市的标志性建筑，也是温州市的地标之一。该大厦得名于美国知名投资大亨沃伦·巴菲特，因其外观设计灵感来源于巴菲特的投资理念和成功经验。温州巴菲特金融大厦建成于 2016 年，总高度达到了 188m，共有 41 层，是温州市目前最高的建筑物之一。大厦内部设有办公空间、商业空间、酒店等多种功能，为当地商务活动和金融业务提供了便利。该建筑采用了现代化的设计理念和技术，外观呈现出独特的造型和金属质感，给人一种现代、高端的感觉。同时，大厦周边环境优美，可俯瞰整个城市景观，成为温州市的一处旅游胜地和观光点。

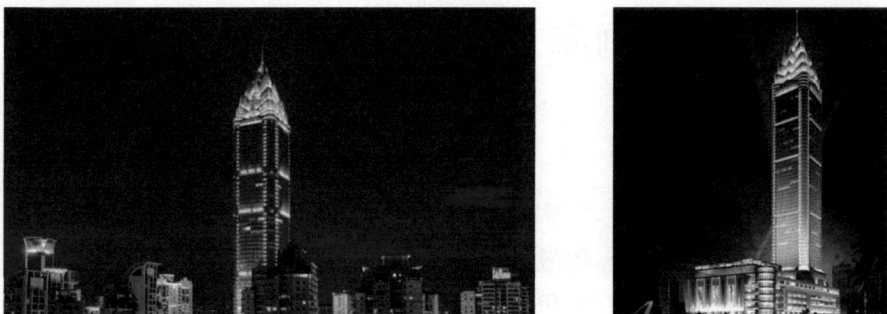

图 8-24　温州巴菲特金融大厦

温州巴菲特金融大厦在设计和建设过程中充分考虑了节能环保的因素，采用了一系列节能措施，如采用高效节能玻璃、外墙保温隔热材料、节能照明系统等，以减少能源消耗和碳排放。大厦还配备了智能化的空调系统和节能设备，能够根据实际使用情况进行智能调节，提高能源利用效率。

延伸阅读

现行国家标准《混凝土结构设计标准（2024 年版）》GB/T 50010 和《混凝土技术与应用》

现行国家标准《混凝土结构设计标准（2024 年版）》GB/T 50010 是中国建筑行业颁布的混凝土结构设计规范，也是混凝土结构设计和施工领域的重要标准之一。该规范的发布旨在规范混凝土结构设计的技术要求，确保混凝土结构的安全、稳定和耐久性，促进建筑工程的发展和进步。首先，规范了混凝土结构设计的基本原则和概念，包括结构设计的目的、范围、基本要求等。该规范要求设计人员在进行混凝土结构设计时应遵循规范中规定的原则和要求，确保设计符合相关的安全、经济、美观等要求。其次，规范了混凝土结构的荷载计算方法和设计要求，包括荷载的计算方法、结构的承载能力计算、构件的尺寸和配筋设计等。该规范要求设计人员根据规范中的要求和方法进行荷载计算和结构设计，确保结构的安全性和稳定性。此外，规范了混凝土结构的施工和质量控制要求，包括混凝土的材料要求、施工工艺要求、质量检测和验收要求等。该规范要求施工单位和监理单位按照规范中的要求进行施工和监督，确保混凝土结构的施工质量符合规范要求。

《混凝土技术与应用》是一本介绍混凝土材料及其在建筑领域中应用的专业书籍。该书系统地介绍了混凝土的性能、特点、生产工艺、施工技术以及各种混凝土结构的设计和施工方法。本书首先介绍了混凝土的基本性质和组成，包括水泥、骨料、矿物掺合料等原材料的性能及其对混凝土性能的影响。然后详细介绍了混凝土的配合比设计、施工工艺、养护方法等内容，使读者能够全面了解混凝土的生产过程和施工要点。此外，本书还介绍了各种混凝土结构的设计原则和施工技术，包括框架结构、板梁结构、柱梁结构等，以及混凝土在地基、基础、墙体、地面等不同部位的应用方法。通过对各种混凝土结构的设计和施工案例的分析和讨论，读者可以更好地理解混凝土在建筑领域中的应用。

现行国家标准《混凝土结构设计标准（2024 年版）》GB/T 50010 和《混凝土技术与应用》是建筑工程领域中常见的两本重要参考书籍。现行国家标准《混凝土结构设计标准（2024 年版）》GB/T 50010 主要介绍了混凝土结构设计的相关规范和标准，包括设计原则、计算方法、构件尺寸等内容，是设计师在进行混凝土结构设计时的重要依据。而《混凝土技术与应用》则更加注重混凝土材料的性能、施工工艺、应用技术等方面的内容，为工程师和施工人员提供了实用的指导和建议。这两本书结合起来，可以帮助建筑工程人员全面了解混凝土结构设计与施工的相关知识，提高工程质量和效率。

第9章 高性能混凝土

9.1 引言

传统的混凝土虽然已有 180 年以上的历史，也经历了几次大的飞跃，而近些年由于工程应用中出现的问题和形势的发展，人们认识到混凝土材料的耐久性应受到高度重视。新世纪，混凝土技术面临着前所未有的挑战。

随着建筑与结构设计形式的发展，各种超长、超高、超大型混凝土构筑物，以及在严酷环境下使用的重大混凝土结构，如高层建筑、跨海大桥、海底隧道、海上采油平台、核反应堆、有毒有害废物处置等工程的建造不断增加。这些混凝土工程施工难度大，使用环境恶劣、维修困难，因此要求混凝土不但施工性能要好，尽量在浇筑时不产生缺陷，更要耐久性好，使用寿命长。

20 世纪 70 年代以来，不少工业发达国家面临一些钢筋混凝土结构，特别是早年修建的桥梁等基础设施老化问题，需要投入巨资进行维修或更新。1987 年美国国家材料咨询局的一份政府工作报告指出：在当时美国的 57.5 万座桥梁中，大约有 25.3 万座处于不同程度的破坏状态，有的使用期不到 20 年，而且受损的桥梁每年还增加 3.5 万座。美国 1975 年由于混凝土腐蚀引起的损失为 700 亿美元，1985 年则达 1680 亿美元，而今后每年用于维修或重建的费用预计高达 3000 亿美元。英国每年用于修复钢筋混凝土结构的费用达 200 亿英镑，日本目前每年用于房屋结构维修的费用为 400 亿日元以上。在加拿大，为修复劣化损坏的全部基础设施工程估计要耗费 5000 亿美元。

我国结构工程中混凝土耐久性问题也非常严重。原建设部于 20 世纪 90 年代组织了对国内混凝土结构的调查，发现大多数工业建筑及露天构筑物在使用 25～30 年后即需大修，处于有害介质中的建筑物使用寿命仅 15～20 年，民用建筑及公共建筑使用及维护条件较好一般可维持 50 年。我国最早建成的北京西直门立交桥由于混凝土结构耐久性的不足而破损严重，使用不到 19 年就被迫拆除；北京东直门桥、大北窑桥等二十几座立交桥也不得不提前进行大修或部分更换；山东潍坊白浪河大桥按交通运输部公路桥梁通用标准图建造，但因位于盐渍地区，受盐冻侵蚀仅使用 8 年就成危桥，现已部分拆除并加固重建。港口、码头、闸口等工程因处于海洋环境，腐蚀情况更为严重。1980 年，交通运输部四航局等单位对华南地区 18 座码头进行调查，结果有 80％以上发生严重或较严重的钢筋锈蚀破坏，出现破坏的码头有的建成的时间仅 5～10 年；青岛市临海某 16 层混凝土结构大楼，1989 年 11 月竣工，3 年后就由于楼盖板钢筋严重锈蚀，致使结构失效，16 层全部拆除。1990 年以后，随着混凝土等级提高，大量建筑出现早期开裂，经济损失严重。同时，随着经济的发展、社会的进步，各类投资巨大、施工期长的大型工程日益增多，如大跨度桥梁、超高层建筑、大型水工结构物等，人们对结构耐久性的期待日益提高，希望混凝土构筑物能够有数百年的使用寿命，做到历久弥坚。同时，由于人类开发领域的不断扩大，地下、海洋高空环境建筑越来越多，有些结构物使用的环境可能越来越苛刻，客观上要求混凝土有优异的耐久性。

另外，混凝土作为用量最大的人造材料，不能不考虑它的使用对生态环境的影响。传统混凝土的原材料都来自天然资源。每用 1t 水泥，大概需要 0.6t 以上的洁净水、2t 砂、3t 以上的石子；每生产 1t 硅酸盐水泥约需 1.5t 石灰石和大量燃煤与电能，并排放 1t 的二氧化碳，而大气中二氧化碳浓度增加是造成地球温室效应的原因之一，美国媒体最近评出七大生态隐形杀手，混凝土位列第二。一方面，尽管与钢材、铝材、塑料等其他建筑材料相比，混凝土本身也是一种节能型材料，但由于近年来用量庞大，过度开采矿石和砂、石骨料，已在不少地方造成资源过度开采并严重影响环境和天然景观。有些大城市现已难以获得质量合格的砂石。另一方面，由于混凝土过早劣化，如何处置废旧工程拆除后的建筑垃圾也成为我们必须面对和认真解决的严峻课题。

因此，未来的混凝土必须从根本上减少水泥用量；必须更多地利用各种工业废渣作为其原材料；必须充分考虑废弃混凝土的再生利用；未来的混凝土必须是高性能的，尤其是耐久的，耐久和高强都意味着节约资源。

9.2 高性能混凝土的定义

1990 年 5 月在美国国家标准与技术研究所（AIST）和混凝土协会（ACI）主办的高性能混凝土（HPC）会议，对高性能混凝土的含义可概括为：HPC 是符合特殊性能组合和匀质性要求的混凝土，不是采用传统的原材料和一般的拌合、浇筑与养护方法可以获得的。

例如，这些可选性能包括：

（1）易于浇筑，压力泵送时不离析。

（2）提高长龄期力学性能。

（3）高早期强度。

（4）高韧性。

（5）体积稳定性。

（6）在恶劣环境中的长寿命。

1998 年美国 ACI 又发表了一个定义："高性能混凝土是符合特殊性能组合和匀质性要求的混凝土，如果采用传统的原材料组分和一般的拌合、浇筑与养护方法，未必总能大量地生产出这种混凝土"。1998 年 ACI 定义与 1990 年 AIST 定义的区别是：后者特殊性能组合中列入了"抗渗性、密实性、水化热"等内容。

在我国，对高性能混凝土的理解也有一个发展的过程。在 90 年代中期许多学者认为：高性能混凝土必须是高强度的，因为一般情况下高强度对耐久性有利，同时认为高性能混凝土发展的物质基础是现在有了更好的掺合料和减水剂，因此高性能混凝土必须掺加掺合料。这些观点代表了当时我国大多数混凝土学者对高性能混凝土的认识。国内学术界认为

"三高"混凝土就是高性能混凝土。据此观点，高性能混凝土应该是高强度、高工作性、高耐久的，或者说，高强度混凝土才可能是高性能混凝土；高性能混凝土必须是流动性好的、可泵性好的混凝土，以保证施工的密实性；耐久性是高性能混凝土的重要指标，但混凝土达到高强度后，自然会有较高的耐久性。

我国著名的混凝土科学家吴中伟院士针对当时科研界过度追求高强度的趋向，在1996年提出"有人认为高强度必然高耐久性，这是不全面的，因为高强度混凝土会带来不利于耐久性的因素。高性能混凝土还应包括中等强度混凝土，如C30混凝土"。吴中伟院士高度重视耐久性，并早在1986年就提出"高强度未必一定要耐久，低强度也不一定就不耐久"的观点是非常有前瞻性的，而且在今天他的这个观点也是正确的。吴院士定义高性能混凝土为一种新型高技术混凝土，是在大幅度提高普通混凝土性能的基础上采用现代混凝土技术制作的混凝土，它以耐久性作为设计的首要指标，针对不同用途要求，对下列性能有重点地予以保证：耐久性、工作性、适用性、强度、体积稳定性以及经济合理性。为此，高性能混凝土在配制上的特点是低水胶比，选用优质原材料，除水泥、骨料外，必须掺加足够数量的矿物细掺料和高效外加剂。1997年3月吴中伟院士在高强度高性能混凝土会议上又指出，高性能混凝土应更多地掺加以工业废渣为主的掺合料，更多地节约水泥熟料，提出了绿色高性能混凝土（CHPC）的概念。当然，吴先生所提倡的绿色混凝土虽然28d只满足中等强度，但由于是采用低水胶比，从长龄期而言，仍然是具有较高强度的。

结合我国推广应用高性能混凝土十几年的情况，2003年清华大学的廉慧珍教授专门撰文反思了对高性能混凝土的理解存在的若干误区以及对高性能混凝土使用的盲目和混乱。她对高性能混凝土的理解为："高性能混凝土不是混凝土的一个品种，而是达到工程结构耐久性的质量要求和目标，是满足不同工程要求的性能和具有匀质性的混凝土。高强度不一定耐久，高流动性也不是任何工程都需要的，也不是只要有掺合料就能高性能；混凝土的质量不是实验室配出来的，而是优选配合比的混凝土由生产、设计、施工和管理人员在结构中实现的，开裂的就不是高性能混凝土，除了特殊结构（如临时性结构）外，没有什么混凝土结构不需要耐久。针对不同工程的特点和需要，对混凝土结构进行满足具体要求的性能和耐久性设计，比笼统强调高性能混凝土的名词更要科学"。在这里，高性能混凝土强调的是混凝土的"性能"或者质量、状态、水平，或者说是一种质量目标，对不同的工程，高性能混凝土有不同的强调重点（即"特殊性能组合"）。高性能混凝土的英文翻译是 High Performance Concrete。Performance（性能）这个词不同于 Property（性能），Property 是指可以通过特定方法和仪器对混凝土材料进行测定和定量表征的性能；而 Performance 有成果表演、技能的意思。在此处是指在特定工程、特定结构、特定施工与管理、特定环境中混凝土表现出的绩效、状态或效果。相同组成材料、配合比的混凝土可以有相同的 Property，但 Performance 可能不同。所以 ACI 对高性能混凝土定义的注释中强调：高性能混凝土的特性是针对具体应用和环境而开发的。离开这一点谈高性能混凝土没有意义。

我国现行工程建设标准《高性能混凝土应用技术规程》CECS 207 中规定，高性能混凝土是"采用常规材料和工艺生产的、能保证混凝土结构所要求的各项力学性能，并具有高耐久性、高工作性和高体积稳定性"的混凝土。该标准强调的重点是耐久性，其规定根据混凝土结构所处环境条件，高性能混凝土应满足下列的一种或几种技术要求：

（1）水胶比小于或等于0.38。

（2）56d龄期的6h总导电量小于1000C。

（3）300次冻融循环后相对动弹性模量大于80%。

（4）胶凝材料抗硫酸盐腐蚀试验试件15周膨胀率小于0.4%，混凝土最大水胶比小于或等于0.45。

（5）混凝土中可溶性碱的总含量小于3.0kg/m³。

综上所述，高性能混凝土是混凝土技术从传统理念向现代转变和革新过程中的产物，并非一个能作精确界定的简单术语。其所具有的技术路线和追求目标，表明国内外土木工程界科技人员已开始意识到，通过一定的技术措施，在一定的技术参数条件下，是能够赋予混凝土高耐久性的，从而保障混凝土结构在特定环境中具备足够长的使用寿命。

9.3 高性能混凝土的原材料

9.3.1 水泥

混凝土的抗压强度与水胶比成反比。降低水胶比，使混凝土中水泥的结构构造致密，强度提高，但水胶比降低太大，混凝土的工作性能不能保证，不能密实成型，也会造成内部结构的缺陷，导致混凝土强度降低。选择高性能、超高性能混凝土所用的水泥时，可以从致密化的观点出发，以硅酸盐水泥为基础，与水泥粗粉和硅粉及超细矿粉相配合，获得密实度大的胶凝材料。从矿物组成的观点来看，选择CA及C4AF含量低，CS含量较高的水泥可以降低水化热，降低单方混凝土的用水量，也即可以降低水胶比。硅酸盐水泥的矿物组成如表9-1所示。

硅酸盐水泥的矿物组成　　　　　　　　　　　　表9-1

水泥类型	硅酸三钙	硅酸二钙	铝酸三钙	铁铝酸四钙
普通水泥	51	25	9	9
中热水泥	43	35	5	12
低热水泥	27	58	2	8

水泥是通过闭路粉磨生产制造出来的，粒子形状有棱角，与粉煤灰相比粒形较尖，粒度分布曲线属于连续分布，孔隙率较大。水泥粒子的间隙中，填入超细粉，降低了胶凝材料的孔隙率，使混凝土达到目标流动性时，用水量降低；如果超细粉为球状玻璃体又具有火山灰活性，除了提高流动性以外，还能提高强度及其他性能。这种高性能与超高性能混凝土技术原理是在制造混凝土时使组成材料达到致密化，而且硬化混凝土也达到致密化。关于高性能混凝土选用的水泥，要点汇总如下：（1）抑制矿物组成。（2）改善水泥颗粒的粒形。（3）改善颗粒的粒度分布，降低孔隙率。（4）掺入矿物质超细粉，降低胶凝材料中水泥的用量。

低热硅酸盐水泥：在配制高性能与超高性能混凝土时，应选用低热硅酸盐水泥，由于水泥用量大，水胶比低，自收缩大，容易产生自收缩开裂；水泥用量大，水化放热量大，结构混凝土芯样的强度增长会停滞，要避免这个问题的出现，最好是选择低热水泥。低热硅酸盐水泥与中热硅酸盐水泥的矿物组成不同，硅酸二钙的含量高，铝酸三钙的含量低；水泥矿物组成中，抑制硅酸三钙和铝酸三钙的含量，不但对混凝土结构强度增长有利，而且抗硫酸盐侵蚀也具有重要的意义。

低热硅酸盐水泥的硅酸三钙及铝酸三钙含量分别约为普通水泥的 1/2 及 1/4，故水化热低，后期强度高，耐久性好。

硅粉混合水泥：硅粉混合水泥是将低热水泥和硅粉在生产工厂混合而成；也有在硅酸盐水泥中掺入矿渣石膏混合材和硅粉混合而成；后者多用于高强度混凝土；而且已有关于矿渣石膏系混合材技术标准。硅粉混合水泥中，硅粉的混合量为 8%～10%；根据强度要求，硅粉的混合量在 5%～20%。

调粒水泥（改善颗粒的粒度分布，降低孔隙率）：在 DSP 材料基础上，研发出了调粒水泥。特征如下：（1）调整水泥组成中粒度分布，提高填充率。（2）增大水泥粒子粒径，粒度分布向粗方向移动。（3）掺入超细粉，获得最密实填充。水泥浆流动性好，早期强度高，水化热低，水化放热慢，是省资源、省能源、高性能的混凝土。

球状水泥：球状水泥是将水泥的粒子加工成球状。这种水泥与普通硅酸盐水泥相比，具有许多特性。例如粒径为 $10～30\mu m$ 的球状水泥，其颗粒球形系数为 0.85；用其拌制砂浆，灰砂比 1:2，水胶比 ＝55% 时，水泥胶砂的流动度可达 277mm；而普通硅酸盐水泥，颗粒球形系数为 0.67，其同条件下水泥胶砂的流动度仅为 177mm。如胶砂的流动度相同，球状水泥可降低水胶比 10% 以上。球状水泥配制的混凝土，与普通硅酸盐水泥混凝土相比，可降低 9%～30% 的用水量。各龄期混凝土的强度提高的幅度为 10%～50%；球状水泥是一种性能优良的水泥。

水泥熟料通过高速气流粉碎及特殊处理之后得到球状水泥，球状水泥的生产工艺过程如图 9-1 所示，其中，图 9-1(a) 为球状化处理前的水泥粒子，有棱角，粉尘多；图 9-1(b) 为经粉磨，凸出部分棱角受损，微粉增加；图 9-1(c) 为经处理，大粒子表面黏附微粉；图 9-1(d) 为通过机械处理，微粉被固定在粒子表面；这样处理后，粒形为椭圆形，粉尘减少，粒度分布合理，没有凝聚状态的微粉，分散状态良好。

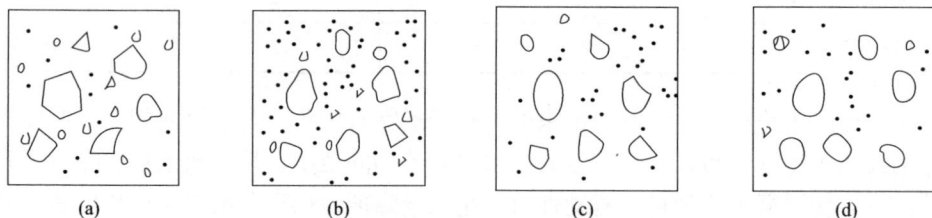

图 9-1　球状水泥的生产工艺过程

普通水泥的粒子表面有棱角，如粗骨料中的碎石形状；而球状水泥凹凸部分与棱角部分消失，呈球状，如粗骨料中的卵石形状，而且几乎都是 $1～30\mu m$ 大小的粒子。

评价球状水泥的指标是其粒子的球状度，球状度按下式求得：粒子的球状度＝粒子投影面积相等的圆的直径/粒子投影面最小外接圆直径。普通硅酸盐水泥的球状度是 0.67，球状水泥是 0.85，球状水泥的球状度与真球（球状度＝1）相接近。球状水泥表面由于摩擦粉磨，熟料表面没有裂缝，而且粉尘还通过特殊处理，固结于粒子表面。水泥粒子表面经过改性后，具有高流动性与填充性，使混凝土的质量提高。

综合上述，高强度高性能混凝土对水泥的选择，以下方面是值得注意的：（1）低水化热的水泥，对水泥的矿物组成要 CA 及 C4AF 的含量要低，CS 的含量要高。（2）水泥粒子的颗粒似球状，圆形系数相对较高。（3）水泥（胶凝材料）粒子间的级配要好，孔隙率要低，如低热水泥＋8％硅粉，或调粒水泥都能达到这方面要求的性能。

9.3.2　矿物外加剂

1. 粉煤灰

粉煤灰是燃煤火力发电厂得到的飞灰（fly ash），其粉煤灰扫描电镜图如图 9-2 所示。一般来说，粉煤灰比水泥还细，且含有大量的玻璃珠。

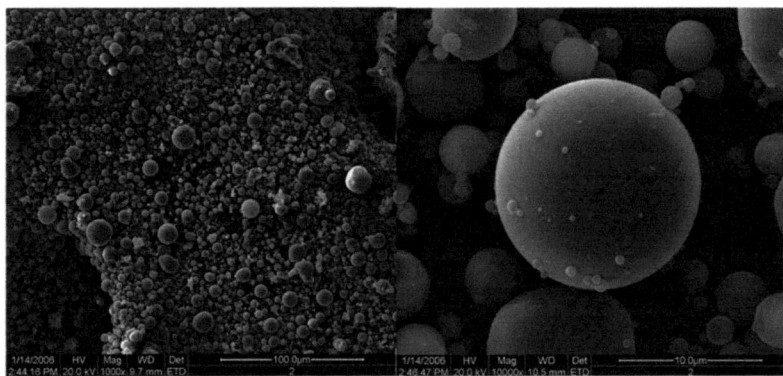

图 9-2　粉煤灰扫描电镜图

粉煤灰的性能与许多因素有关，如煤的品种和质量、煤粉的细度、燃点、氧化条件、预处理及燃烧前脱硫情况，以及粉煤灰的收集和贮存方法等。粉煤灰用作混凝土的矿物质掺合料，大多数国家都有相应的技术标准：中国标准《用于水泥和混凝土中的粉煤灰》GB 1596—2017、美国标准《用于混凝土的粉煤灰和生的或煅烧的天然火山灰》ASTM C 618—03、日本工业标准《用于混凝土的粉煤灰》JISA 6201—2015 等。

全世界粉煤灰的产量约 400 亿 t，大多数用于修建码头、堤坝、筑路以及用作混凝土的掺合料等。目前，世界各国对粉煤灰的利用率很不一样，高者可达 70％～80％，一般情况下是 30％～40％。即使在一个国家里，不同地区对粉煤灰的应用也不一样。例如，我国的广州、深圳，粉煤灰的利用率达 100％，除了当地的粉煤灰全部用完以外，还要外运过去大量的粉煤灰。在我国，年排灰量约 2 亿 t。主要用于建材、回填、筑路、建工和农业种植等方面。与世界各国相比，我国粉煤灰的利用量排在世界的前列。

评价粉煤灰的火山灰活性传统的方法有两种：（1）石灰吸收值法。（2）消石灰强度试验法。我国标准是以 30％的粉煤灰掺入水泥中，与不含粉煤灰的水泥，配制成相同流动性的砂浆，进行对比试验，以其 28d 抗压强度的比值，作为粉煤灰的火山灰活性的评价方法。部分粉煤灰火山灰活性测定的结果如表 9-2 所示。

部分粉煤灰火山灰活性测定的结果　　　　表 9-2

粉煤灰	置换水泥(%)	胶砂比	含水量(%)	抗弯强度比(%)	抗压强度比(%)
基准	0	$S/C=2.5$	100	100	100
Ⅱ级灰	30	$S/(C+F)=2.5$	98	—	—
分级灰 10μm	30	$S/(C+F)=2.5$	92	110	94
分级灰 25μm	30	$S/(C+F)=2.5$	95	109	92
分级灰 45μm	30	$S/(C+F)=2.5$	99	87	74

由表 9-2 可见：（1）粉煤灰越细需水量越低，分级灰 10μm 需水量为 92%；分级灰 25μm 需水量为 95%；分级灰 45μm 需水量为 99%，与Ⅱ级灰的需水量 98% 相当。（2）抗弯强度比及抗压强度比也随着粉煤的细度提高而提高。这就说明了通过干分离技术，可有效改善粉煤灰质量，提高火山灰活性，从粉煤灰中分离出来的微珠就是其中的一例。此外，含粒径<25μm 分级灰的砂浆，抗弯强度比明显高于抗压强度比；粉煤灰细度对抗弯强度的影响与其对抗压强度的影响，仍具有相同的规律。

火山灰反应，是在硅酸盐水泥水化反应进行的同时，在粉煤粒子周围形成一种独特的水化物，称之为火山灰反应。火山灰反应模型如图 9-3 所示。通过 CS 与粉煤灰反应的模型可见：碱成分（OH$^-$）切断了非晶质的硅烷（Si-O-Si）键，水分子进入，变成硅烷醇基，生成短分子的负 2 价的 $H_2SiO_4^{2-}$，这时因有 Ca^{2+} 和硅烷醇基存在，吸附 Ca^{2+}，把 $HSiO^{2-}$ 连接起来（常温下 pH 在 11.2 以上），形成高分子的 Ca-Si 系化合物。在水泥中掺入粉煤灰后，通过火山灰反应生成的水化物中，Ca/Si 比降低，其值与粉煤灰的掺量及氧化钙的含量有关。随着火山灰反应的进行，砂浆试件的孔结构发生变化；随着龄期增长，强度也相应提高。

现行国家标准《用于水泥和混凝土中的粉煤灰》GB/T 1596 中对粉煤灰的质量要求如表 9-3 所示。Ⅰ级粉煤灰为电收尘得到的粉煤灰，质量优良，可用于预应力钢筋混凝土结构；Ⅱ级粉煤灰属磨细灰，用于普通钢筋混凝土结构及轻骨料混凝土结构；Ⅲ级粉煤灰为原状灰，主要用于无筋混凝土和砂浆。

现行国家标准《用于水泥和混凝土中的粉煤灰》GB/T 1596 中对粉煤灰的质量要求 表 9-3

粉煤灰级别	Ⅰ级粉煤灰	Ⅱ级粉煤灰	Ⅲ级粉煤灰
来源	电收尘	磨细灰	原状灰
烧失量小于(%)	5	8	15
45μm 筛余(%)	<15	<25	<45
需水量比(%)	<95	<105	<115

粉煤灰对混凝土性能的影响及相关特性如下：

（1）混凝土的含气量

在相同的 AE 减水剂掺量下，随着粉煤灰烧失量的增大，混凝土坍落度和含气量均相应降低，这是由于粉煤灰中含碳量高，对减水剂吸附量增大引起的。

（2）流动特性

粉煤灰中的粒子大部分是球状玻璃，与不定型的水泥粒子相比，表面吸附的水量少，

C_3S

H_2O

$C: CaO, S: SiO_2$

① FA表面Si、Al富集成薄膜；Na^+，K^+在溶于水

Na^+

K^+

H_2O^+

OH^-

② Ca^{2+} Ca^{2+} H_2O FA粒子，薄膜间、Si、Al、Na^+、K^+富集于水溶液中

Na^+

K^+

H_2O Ca^{2+} Ca^{2+}

③ SiO_4^{4-} AlO_2^- FA表面形成Ca-Si-Al非晶质薄膜：各粒子周围孔溶液中SiO_4^{2-}，AlO_2^-离子浓度高

Ca^{2+} SiO_4^{4-}

类型Ⅰ C-S-H $Ca(OH)_2$

④ AlO_2^- FA粒子附近生成C-S-H凝胶、Ca-Al水化物

SiO_4^{4-}

类型Ⅲ C-S-H

Ca^{2+} FA溶出的SiO_4^{2-}，AlO_2^-和C_2S溶Ca^+结合生成C-S-H凝胶

Ca^{2+}

⑤ FA及硅酸三钙粒子间充满水化物，28dFA约反应了10%

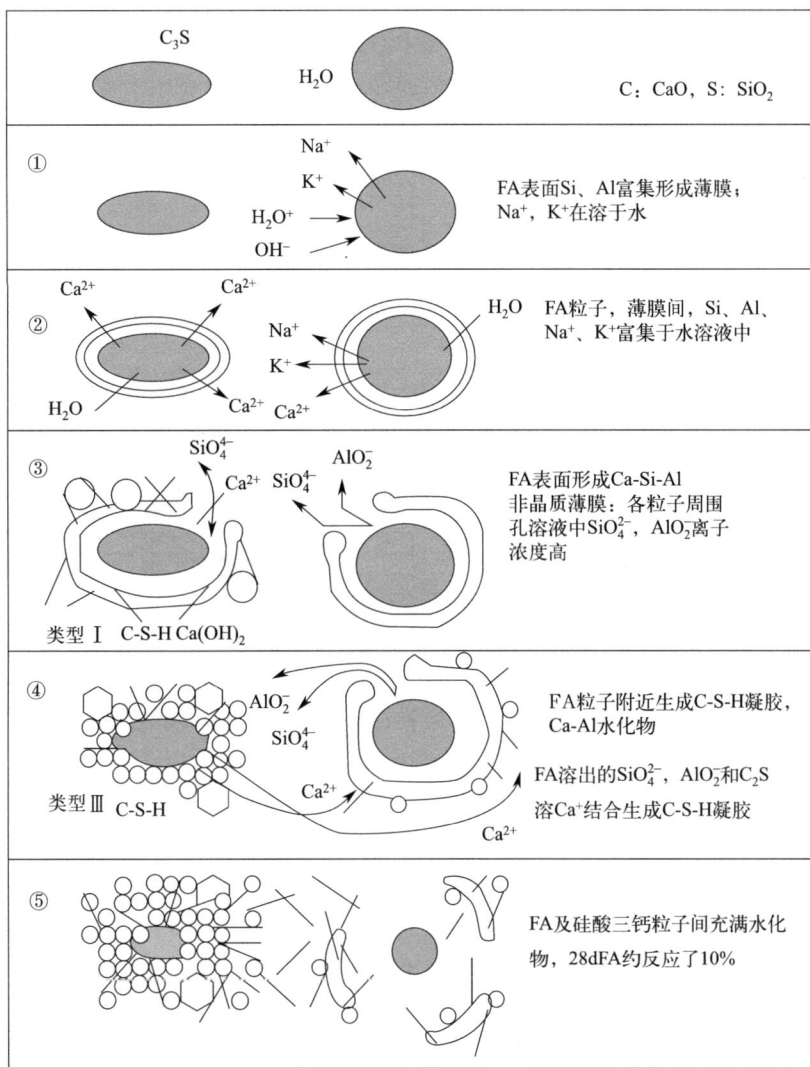

图 9-3　火山灰反应模型

故掺入粉煤灰后，混凝土为了获得所需坍落度用水量相应降低；特别是烧失量低，粒度细的粉煤灰，降低用水量更加明显。

（3）泌水量

粉煤灰代替水泥内掺到混凝土中，置换率为 15%～45%，随着粉煤灰对水泥的置换率增大，泌水量增多。但如果混凝土水泥用量不变，粉煤灰代替部分细骨料时，置换率为10%～30%，无泌水现象。

（4）凝结时间

掺入比表面积大的粉煤灰，混凝土凝结时间长。这是因为水泥水化反应溶出的各个离子，被吸附到粉煤灰粒子表面，降低孔隙液中离子浓度。

2. 硅粉

硅粉，又称硅灰，是铁合金厂在冶炼硅铁合金或金属硅时，从烟尘中收集的一种飞

灰。硅粉混凝土多用于有特殊要求的混凝土工程中，如高强度、高抗渗、高耐久性、耐侵蚀性、耐磨性及对钢筋防侵蚀的混凝土工程中。硅粉经进一步加工提纯后，称白炭黑，作为矿物质填充料或悬浮剂，用于油漆、涂料或印刷工业。硅粉还用于橡胶、树脂及其他高分子材料工业，作为填充料，以提高产品的延伸性抗拉强度和抗裂性能，还可用于生产耐火材料，提高生产效率，降低成本等。总之，硅粉在土木建筑、冶金、化工、印刷等部门有广阔的发展与应用前景。

硅粉 SEM 图像如图 9-4 所示，几乎全部粒子都为球状体。BET 法测定比表面积约为 $15 \sim 25 m^2/g$，是普通硅酸盐水泥比表面积的 $20 \sim 30$ 倍，平均粒径 $0.1 \sim 0.2 \mu m$。粒子丛中，粒子与粒子之间，或粒子丛与粒子丛之间也是非紧密接触的堆积，被吸附的空气层所填充。因而硅粉的密度虽为 $2.2 g/cm$，但松堆密度却只有 $0.18 \sim 0.23 g/cm$，其空隙率高达 90% 以上。经计算，硅粉的粒子与粒子间的净距为 $0.103 \mu m$，接近硅粉粒子本身的平均粒径。

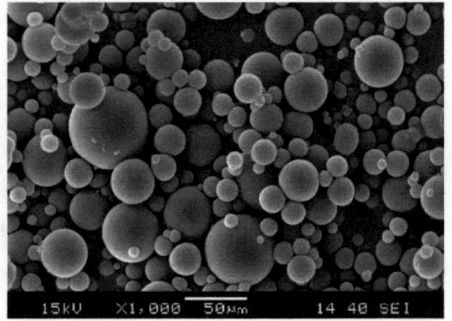

图 9-4　硅粉 SEM 图像

一般情况下，抗压强度 $60 N/mm^2$ 以上的高强度混凝土，使用高效减水剂和中热或低热硅酸盐水泥是比较容易配制出来的，但是黏性大。要进一步降低水胶比，配制更高强度的混凝土，要保证施工所需的流动性是很困难的，必须在混凝土中掺入硅粉或其他超细粉。由于硅粉的火山灰反应，生成 C-S-H 凝胶，形成致密的结构；由于骨料和水泥石之间的界面过渡层性能得到改善，界面的粘结强度提高。一般混凝土中骨料和水泥石之间的界面过渡层，由于氢氧化钙的富集和取向，结构疏松，强度低。掺硅粉的混凝土能有效地提高耐久性，特别是抗中性化性能、抗渗透性能、抗硫酸盐腐蚀性能、抑制碱-骨料反应以及抗渗透性能等，均有良好的效果。为了确保混凝土具有充分的抗冻性，气泡间隔系数应在 $200 \mu m$ 以下并建议硅粉掺量$<15\%$。在混凝土中，由于掺入硅粉及使用高效减水剂，耐久性系数提高。由于硅粉混凝土结构致密，火灾时容易爆裂，因此掺 SF 的混凝土要事先确认其耐火性能，或掺入有机纤维，防止其爆裂。掺入硅粉的混凝土，水泥浆量增加，收缩增大，这是由于干缩造成的。但是与未掺入硅粉的基准混凝土相比，收缩性没有多大差别，必要时可选用低热水泥，或适当掺入膨胀剂。

与普通混凝土相比，硅粉混凝土的主要特点之一是具有更均匀的微观结构。在低水胶比时，掺入 SF，则水泥石中的微观结构，主要由结晶不良的水化物形成低孔隙、更加致密的基质构成。随着 SF 的掺量增加，氢氧化钙转变为 C-S-H 凝胶的量增加，也就是说水泥石中的氢氧化钙，含量随着 SF 的掺量增加而降低。剩余的氢氧化钙与不含 SF 的普通硅酸盐水泥相比，易形成更细小晶粒。

3. 水淬矿渣超细粉（矿粉）

高炉冶炼铁的同时生成熔融的矿渣，喷水急冷，干燥后得到粒状的高炉水淬矿渣。矿粉 SEM 图像如图 9-5 所示。

近年来，由于粉磨技术的进步，可生产比表面积为 $6000 cm^2/g$ 和 $8000 cm^2/g$ 的超细矿粉。通过不同比表面积超细矿粉与水泥及硅粉的组合，可得到很有特色的水泥及混凝

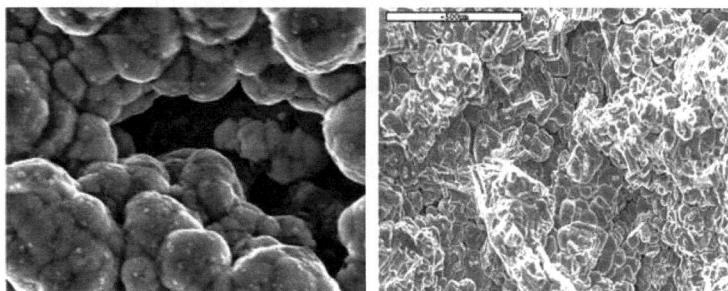

图 9-5 矿粉 SEM 图像

土。矿渣粉（S95 矿粉）或矿渣超细粉（P800），本身具有潜在的水硬性；本身的硬化性能很微弱，但加碱后可以激发其硬化。和硅酸盐水泥混合在一起时，由于氢氧化钙和硫酸盐的作用，可促进其硬化。在硅酸盐水泥掺入矿渣粉或矿渣超细粉（P800），配制混凝土，可得到具有以下优良性能的混凝土：

（1）水化放热减慢，具有抑制混凝土温升的效果。

（2）长期强度高。

（3）抗渗性提高。

（4）抑制 Cl⁻ 渗透扩散，抑制钢筋锈蚀。

（5）抗硫酸盐腐蚀性能提高。

（6）抑制碱硅酸盐反应：用矿渣超细粉（P800）对碱硅酸盐反应的抑制效果更好。

（7）泌水量少，流动性优良。

（8）可以得到高强度、超高强度混凝土。

矿粉用作混凝土的掺合料，其目的是通过对水泥不同的置换率与矿粉不同的细度，达到所要求的混凝土的性能。关于矿粉对水泥的置换率，有以下几点值得注意：

（1）对水泥的置换率增大，可以降低放热速度，抑制混凝土的绝热温升。

（2）掺入矿粉的混凝土，长期强度要比基准混凝土强度高，对水泥的置换率越大，其效果也越大。

（3）抗硫酸盐侵蚀的效果好，对水泥的置换率越大，其效果越明显。

（4）选择对水泥适当的置换率，可以降低水泥中的碱含量，抑制碱-骨料反应。

（5）细度越大，混凝土的泌水量少，能得到流动性优良的混凝土。

（6）比表面积＞7500cm²/g 的超细矿粉掺入混凝土中，早期强度高，也适用于高强度混凝土。

（7）能获得致密的混凝土，抗渗透性与抗氯离子扩散性能提高。

与使用矿渣水泥相比，通过在混凝土中掺入矿粉，可以更好地满足结构物所要求的性能、质量、施工条件等对混凝土配合比的要求；与使用硅酸盐水泥相比，能达到省资源、省能源、降低二氧化碳的排放量，对地球环保是有利的。

但矿粉混凝土的各种性能受矿粉的细度与掺量的影响很大。因此，要适当选择矿粉的品种及其对水泥的置换率，以获得所要求的混凝土性能。对于新拌混凝土来说，矿粉混凝土对水泥的置换率大、达到相同流动性时，所需的用水量和减水剂的量降低，但是采用比表面积大的矿粉，如 $800m^2/kg$ 的超细矿粉时，混凝土的黏性很大。为了降低矿粉混凝土的黏度，获得相应的含气量，需要掺入更多的引气减水剂。但是，采用比表面积 $600m^2/kg$ 和 $800m^2/kg$ 的超细矿粉时，混凝土的泌水量降低。矿粉混凝土的绝热温升与对水泥的置换量有关。对于硬化混凝土来说，采用比表面积 $400m^2/kg$ 的矿粉混凝土，早期强度比普通硅酸盐水泥低，而且水泥的置换率越大时，更加明显。但 28d 以后的强度增长大，比不含矿粉的普通硅酸盐水泥混凝土强度高。采用比表面积 $600m^2/kg$ 和 $800m^2/kg$ 的矿粉混凝土，早期强度可得到很好的改善。

9.3.3 骨料

骨料就是作为混凝土骨架的材料，在混凝土总体积中约占 70%，是混凝土的主要组成成分。混凝土骨料有粗细之分，粒径范围在 $0.15\sim5mm$，为细骨料，如天然砂，海砂及石屑等；粒径范围在 $5\sim150mm$ 为粗骨料，如碎石和卵石等。此外，为了将资源再生利用，还有再生骨料，即将拆除房屋的建筑垃圾，如混凝土块、砖块等，破碎成的粗细骨料，也属本章介绍的范围。在混凝土中骨料具有重要的经济和环保作用。正确地选择骨料，符合有关技术标准的要求，是配制高性能、超高性能混凝土的基础。在普通混凝土中，一般骨料的强度高于混凝土强度的 $3\sim4$ 倍，由于骨料的不同，混凝土抗压强度差别很小。但是配制高性能或超高性能混凝土时，骨料的差别对混凝土抗压强度影响很大。

混凝土中的水泥浆，除了把骨料粘结在一起外，还有保持骨料粒子间的基体部分强度的作用，这与用环氧树脂将两个物体粘结起来是不同的。此外，水泥浆水化物的粘结，与有机物的粘结不同；由于胶粘剂是水泥浆随着龄期的增长，其结构与强度都发生变化，而且，因水胶比、养护条件以及骨料的物理化学性质而异。也就是说，界面范围的强度与下列因素有关：(1) 水泥浆的强度。(2) 骨料本身的强度。(3) 骨料与水化物的粘结力。(4) 水化物的凝聚力。(5) 水化物与硬化水泥浆的结合。因此，混凝土的破坏，有各种不同的情况，水泥石部分、界面、骨料或者这些因素的复合状态。

粗骨料与水泥石的界面处是一个过渡带，其特征是粗大的孔隙富集。在过渡带范围内，接触层与骨料表面处，几乎是垂直板状或是层状的氢氧化钙（以 CH 代表）结晶；中间层则分布着 CH 及钙矾石的粗大结晶，以及少量的 C-S-H 凝胶，强度不高，硅酸盐水泥混凝土中，大量的 CH 结晶在骨料表面形成一个粗糙的结构，强度低，抗渗性和耐久性均不好。

在获得混凝土最高强度的实例中，有用钢砂代替骨料拌制砂浆的，通过高温高压工艺，抗压强度可达 300MPa，而同条件的硅砂砂浆试件，强度只有 220MPa，约高 38%。这说明选择骨料时，骨料强度至关重要。在进行混凝土抗压强度试验时，改变粗骨料的用量，观察混凝土抗压强度降低的比例，综合评价骨料的数量与质量对混凝土强度的影响。水胶比 $=0.25\sim0.40$ 的 HPC 的试验结果表明，这种影响十分明显。此外，粗骨料的粒型与粒径对混凝土的流动性和强度也有很大的影响。配制 HPC 时，骨料的表观密度要选择 $2.65g/cm^3$ 以上，这样才能保证混凝土的强压强度。另外，水胶比相同的混凝土，骨料的吸水性大，强度会变低。在配置 HPC 时，应选择吸水率在 1% 左右的粗骨料。

配置 HPC 时，细骨料有河砂、山砂、水洗海砂、碎石砂及陆砂等。不同品种砂配制的砂浆，其抗压强度不同。河砂、碎石砂、水洗海砂的砂浆强度较高，陆砂、山砂的砂浆强度较低；故 HPC 使用河砂、碎石砂、水洗海砂配置。

在配制普通混凝土时，应尽可能选用大粒径的骨料，以降低单方混凝土的用水量，或在相同的用水量下，提高混凝土的流动性。但在配置 HPC 时，粗骨料的最大粒径 D_{max} 如何选择至关重要；根据 JenningsHM 的推荐，配制 HPC 应选用强度高的硬质骨料，其最大粒径 $D_{max}<10mm$，而且粒度分布要处于密实填充状态。选用最大粒径 D_{max} 小的粗骨料，骨料与水泥石的界面变窄了，难以产生大的缺陷。处于密实填充状态的骨料，空隙率低，水泥浆的用量可以降低，有利于提高强度与耐久性。

根据当前国内外对 HPC 的要求，其强度等级应在 C60 以上，耐久性应在百年以上。按此目标，对骨料的选择必须考虑到以下问题：

1. 骨料级配

级配好的骨料，孔隙率低，水泥浆用量低，混凝土的收缩变形小，水化热低，体积稳定性好，强度和耐久性均好，所以 HPC 与超高性能混凝土（UHPC）用的骨料要综合评价其质量的优劣，评价指标为骨料的质量系数 K。

2. 骨料物理性质

选择较大的骨料表观密度（>2.65）和松堆密度（$>1450kg/m^3$），吸水率要低（1.0%左右），这样的骨料空隙率低，致密性高。还要求粒子方正，针片状少，能降低水泥浆用量，提高混凝土的流动性和强度。常用的是石灰石碎石或硬质砂岩碎石，粒径$<20mm$。而对 UHPC 则选用安山岩或辉绿岩碎石，粒径$<10mm$。

3. 骨料力学性能

骨料不能含有软弱颗粒或风化颗粒的骨料，按国家现行标准的规定，骨料岩石的抗压强度应为混凝土的抗压强度的 1.5 倍。

9.3.4 化学外加剂

高性能减水剂是国内外近年来研发的新型外加剂品种，目前主要为聚羧酸盐类产品，它具有"梳状"的结构特点，由带有游离的羚酸阴离子团的主链和侧链组成，通过改变单体的种类、比例和反应条件，可以生产具有各种不同性能和特性的高性能减水剂。目前我国研发的高性能减水剂以聚羧酸盐为主。

聚羧酸高性能减水剂，是专门为改善混凝土性能而研制的第三代混凝土外加剂。这类减水剂减水作用显著，减水率高达 40%以上，不仅具有特别优良的流动性，同时具有超强的黏聚性和很高的自密度，另外还具有良好的工作性保持能力，可以提高混凝土早期强度的发展，改善收缩性能和降低混凝土的碳化率。

1. 高性能减水剂的选用及适用范围

高性能减水剂是具有比高效减水剂具有更高减水率、更好坍落度保持性能、较少干燥收缩特性且具有一定引气性能的减水剂。高性能减水剂主要分为早强型、标准型、缓凝型。早强型高性能减水剂、标准型高性能减水剂和缓凝型高性能减水剂，可由分子设计引入不同功能团而生产，也可掺入不同组分复配而成。

2. 高性能减水剂的选用方法

根据现行国家标准《混凝土外加剂应用技术规范》GB 50119 中的规定，在混凝土工程中高性能减水剂的选用方法应符合表 9-4 中的要求；高性能减水剂的适用范围应当符合表 9-5 中的要求。

现行国家标准《混凝土外加剂应用技术规范》GB 50119 中高性能减水剂的选用方法

表 9-4

序号	使用方法
1	混凝土工程可根据工程实际采用标准聚羧酸高性能减水剂、早强聚酸系高性能减水剂和援聚酸系高性能减水剂
2	混凝土工程可采用具有其他特殊功能的聚羧酸高性能减水剂

现行国家标准《混凝土外加剂应用技术规范》GB 50119 中高性能减水剂的适用范围

表 9-5

序号	适用范围
1	聚羧酸高性能减水剂可用于素混凝土、钢筋混凝土和预应力混凝土
2	聚羧酸高性能减水剂宜用于高强度混凝土、自密实混凝土、泵送混凝土、清水混凝土、预制构件混凝土和钢管混凝土
3	聚羧酸高性能减水剂宜用于具有高体积稳定性、高耐久性或高工作性要求的混凝土
4	缓凝聚羧酸高性能减水剂宜用于大体积混凝土,不宜用于日最低气温 5℃以下施工的混凝土
5	早强聚羧酸高性能减水剂宜用于有早强要求或低温季节施工的混凝土,但不宜用于日最低气温−5℃以下施工的混凝土,且不宜用于大体积混凝土
6	具有引气性的聚羧酸高性能减水剂用于蒸养混凝土时,应经试验验证

3. 高性能减水剂的质量检验

根据材料试验表明,聚羧酸高性能减水剂是一种性能优良的高性能混凝土组成材料,它与萘系高效减水剂相比,主要具有如下显著的优点:

(1) 聚羧酸高性能减水剂的减水率明显高于萘系高效减水剂,在达到相同减水率的情况下,聚羧酸高性能减水剂的掺量远远低于萘系高效减水剂。

(2) 聚羧酸高性能减水剂的保持流动性明显优于萘系高效减水剂,用聚羧酸高性能减水剂配制的大流动性混凝土,在 1h 后仍能达到泵送的要求;随着掺量的增加,聚羧酸高性能减水剂的极限减水率远高于萘系高效减水剂,这表明聚羧酸高性能减水剂更适合配制水胶比小的高强度混凝土。在实际混凝土工程施工中,为了使选用的聚羧酸高性能减水剂达到以上所述优点,在选用这类减水剂时应按照现行有关标准中的规定严格控制其质量。

现行国家标准《混凝土外加剂应用技术规范》GB 50119 的规定:为充分发挥高性能减水剂增强、显著提高混凝土性能的功效,确保其质量符合国家的有关标准,对所选用高性能减水剂进场后,应按照现行国家标准《混凝土外加剂应用技术规范》GB 50119 中的规定进行质量检验。混凝土高性能减水剂的质量检验要求如表 9-6 所列。

混凝土高性能减水剂的质量检验要求　　　　　　　　表 9-6

序号	质量检验要求
1	聚羧酸高性能减水剂应按每 50t 为一检验批,不足 50t 时也应按一个检验批计。每一检验批取样量不应少于 0.2 胶凝材料所需用的减水剂量。每一检验批取样应充分混匀,并应分为两等份;其中一份按照现行国家标准《混凝土外加剂应用技术规范》GB 50119 第 6.3.2 条和 6.3.3 条规定的项目及要求进行检验,每检验批检验不得少于两次;另一份应密封留样保存半年,有疑问时,应进行对比检验
2	聚羧酸高性能减水剂进场检验项目应包括 pH、密度(或细度)、含固量(或含水率)、减水率,早强型聚羧酸高性能减水剂应测 1d 抗压强度比,缓凝型高效减水剂还应检验凝结时间差

9.4　高性能混凝土的配合比设计

9.4.1　配合比的设计原则

设计混凝土配合比，就是要根据原材料的技术性能及施工条件，合理选择原材料，并确定出能满足工程要求的技术经济指标的各项组成材料的用量。在混凝土工作性、强度、耐久性和经济性等方面之间考虑得到一个合理的平衡。

1. 工作性

在土木工程建设过程中，为获得密实且均匀的混凝土结构以方便施工操作（拌合、运输、浇筑、振捣等过程），要求新拌混凝土必须具有良好的施工性能，如保持新拌混凝土不发生分层、离析、泌水等现象，并获得质量均匀、成型密实的混凝土。这种新拌混凝土施工性能称之为新拌混凝土的工作性。混凝土拌合物的工作性是一项综合技术性能，包括流动性、黏聚性和保水性三方面的含义。

（1）流动性。流动性是指新拌混凝土在自重或机械振捣作用下，能够流动并均匀密实地填充模板的能力。流动性的大小直接影响浇捣施工的难易和硬化混凝土的质量，若新拌混凝土太干稠，则难以成型与捣实，且容易造成内部或表面孔洞等缺陷；若新拌混凝土过稀，经振捣后易出现水泥浆和水上浮而石子等大颗粒骨料下沉的分层离析现象，影响混凝土质量的均匀性、成型的密实性。

在用水量不变的情况下，混凝土拌合物的流动性会因以下因素的变化而增大：

1）级配良好的骨料其最大粒径增大时。

2）骨料中针片状颗粒的含量有所减少时。

3）混凝土拌合物中含气量增加时。

4）优质矿物掺合料替代部分水泥。

（2）黏聚性。黏聚性是指新拌混凝土的组成材料之间具有一定的黏聚力，确保不致发生分层、离析现象，使混凝土能保持整体均匀稳定的性能。黏聚性差的新拌混凝土，容易导致石子与砂浆分离，振捣后容易出现蜂窝、空洞等现象。黏聚性过强，又容易导致混凝土流动性变差，泵送与振捣成型困难。

可以通过一些方法来改善黏聚性：提高砂率；粉煤灰替代部分水泥或砂；增加浆骨比；改善骨料的级配。

（3）保水性。新拌混凝土保持其内部水分的能力称为保水性。保水性好的混凝土在施工过程中不会产生严重的泌水现象。保水性差的混凝土中一部分水易从内部析出至表面，在水渗流之处留下许多毛细管孔道，成为以后混凝土内部的透水通路。

综上所述，新拌混凝土的流动性、黏聚性及保水性之间相互关联和制约。黏聚性好的新拌混凝土，往往保水性也好，但其流动性可能较差；流动性很大的新拌混凝土，往往黏聚性和保水性有变差的趋势。随着现代混凝土技术的发展，混凝土目前往往采用泵送的施工方法，对新拌混凝土的和易性要求很高，三方面性能必须协调统一才能既满足施工操作要求，又能确保后期工程质量良好。

2. 强度和耐久性

从结构的安全角度出发，设计强度应该被看作最低要求强度，所以考虑到混凝土材料、拌合方法、运输和浇筑以及混凝土试块的养护和测试等方面的变异性，要求有一定程度的富余强度。

高性能混凝土的强度与水泥的强度已不再具有明显的对应关系。随着混凝土水胶比的降低，强度对水泥的依赖性逐渐减小，42.5 级的普通水泥也能配制出强度等级 C60 以上的混凝土。当然在水胶比一定的情况下，随着水泥量在胶凝材料中比例的降低，会影响混凝土的早龄期强度，尤其是 14d 前的强度。因此，决定高性能混凝土强度的因素主要是水胶比。当混凝土处于一般环境条件下，干湿循环造成混凝土的碳化引起的钢筋锈蚀是混凝土耐久性不良的主要原因，在混凝土配合比设计时主要考虑水胶比和掺合料的用量。在恶劣的条件下，例如，在冻融、盐冻、氯离子、硫酸根离子的环境下，在混凝土配合比设计时对耐久性应有针对性地予以考虑。若在冻融和盐冻环境的条件下，混凝土中必须加引气剂，且含气量在 5% 左右；在氯离子、硫酸根离子的环境下，混凝土配合比设计时必须降低水胶比、降低单位体积用水量和添加优质矿物掺合料。

提高高性能混凝土强度和耐久性的因素主要有：

（1）水胶比。水胶比对高性能混凝土很重要，但不能过分地提高胶凝材料的用量。胶凝材料过多，不仅成本高，混凝土的体积稳定性也差，同时，对获得高的强度意义不大。可依靠减水剂实现混凝土的低水胶比。

（2）高效减水剂和引气剂。在高性能混凝土中加入高效减水剂，保证混凝土在低水胶比、胶凝材料用量不过多的情况下有大的流动度。萘系高效减水剂的掺量一般为胶凝材料总量的 0.8%～1.5%。高效减水剂的减水量在其掺量超过一定值时，变化很小，且价格较贵，在使用萘系高效减水剂时复合一定剂量的引气剂，保证混凝土具有 3% 左右的含气量。如选用聚羧酸型高效减水剂，则不仅掺量低，而且减水率高，混凝土流动性好，还有一定的引气作用。

（3）选择高质量的骨料。高性能混凝土对骨料的颗粒级配和粒形有严格的要求。可通过改变加工工艺，改善骨料的粒形和级配。

（4）掺入活性矿物材料。降低水泥用量，由水泥、粉煤灰或磨细矿粉等共同组成合理的胶凝材料体系。掺入活性矿物材料可带来很多好处：

1）改善新拌混凝土的工作性能。

2）降低混凝土初期水化热，减少温度裂缝。

3）活性矿物材料与水泥水化产物氢氧化钙会引起火山灰反应，保证后期强度，提高混凝土的抗化学侵蚀性能。

4）提高混凝土密实度，保证耐久性能。

3. 经济性

在考虑混凝土配合比设计时成本也很重要。在保证混凝土性能的同时尽可能减少混凝土拌合物中水泥用量。

降低成本的途径有两方面，一是掺入优质矿物掺合料替代部分水泥；二是提高骨料质量，保证良好级配，降低骨料的空隙率，同时还要注意提高粗骨料的粒形，降低针片状及非常不规则骨料的比例，这样可控制浆量，减少胶凝材料用量和用水量。

9.4.2　简易混配合比设计方法

吴中伟院士早在 1955 年提出的简易配合比设计方法，遵循绝对体积设计原理，以试拌调整法为主。基本原则是要确定砂石最小的混合空隙率，即普通混凝土中砂石为一体系，水、水泥为另一体系。根据两者的互补关系，在充分考虑流动性的基础上，确定合理的水泥浆富余系数。通过确定砂石最低砂石空隙率（实际为最佳砂率）、最小水泥浆量等参数，来配制符合性能要求而又经济合理的混凝土。

1. 确定 HPC 性能指标

首先选择高性能混凝土平均或常用性能指标作为基准，或选用工程要求的性能为基准然后再试配调整，满足其他条件或要求。开始时，确定 HPC 工作性指标（坍落度 18～20cm，坍落度损失、流变性能、外观等）及耐久性指标（氯离子渗透、强度）、水胶比确定为 0.3～0.4。例如，要求耐久性为低渗透性，要求用 Nernst-Einstein 法测定的氯离子扩散系数为（50～100）$\times 10^{-14}$ m/s，配制强度为 40～50MPa，工作性要求坍落度为 180～200mm，1h 坍落度损失不大于 10%，无离析等。

2. 求砂石混合空隙率 c，选择最小值

可先从砂率 38%～40% 开始，将不同砂石比的砂石混合，分三次装入一个 15～20L 的不变形的容重筒中，用直径为 15mm 的圆头捣棒各插捣 30 下（或在振动台上振动至试料不再下沉为止），刮平表面后称量，并换算成堆积密度 ρ_0，测出砂石混合料的混合表观密度 ρ，一般为 2.65g/cm^3 左右。计算砂石混合空隙率 α＝（混合表观密度－堆积密度）/混合表观密度。找出最小砂石空隙率对应的砂率，此值也是砂石材料许多特征，如粒径、级配、粒形等的综合表现。最经济的混合空隙率约为 16%，一般为 20%～22%。假定此时测出的最佳砂率为 40%。

3. 计算胶凝材料浆量

胶凝材料浆量等于砂石混合空隙体积加富余量。胶凝材料浆富余量取决于工作性要求和外加剂性质和掺量，可先按坍落度 180～200mm，浆量的富余系数可估计为 8%～10%，可通过外加剂试拌决定。假设为 8%，α 为 20%，则浆体体积为 $\alpha+8\%=28\%$，即 280L/m^3。

4. 计算各组分用量

设选用水胶比为 0.40，掺入磨细矿渣 20%，掺入粉煤灰 10%，水泥密度为 3.15g/cm^3，磨细矿渣和粉煤灰的密度为 2.5g/cm^3，胶凝材料重量/浆体体积〔式(9-1)〕：

$$\frac{1}{\dfrac{0.7}{3.15}+\dfrac{0.3}{2.5}+0.4}=1.35 \tag{9-1}$$

即 1L 浆体体积用 1.35kg 胶凝材料。

1m^3 胶凝材料总用量＝280kg/m^3×1.35＝378kg/m^3；

水泥用量＝378kg/m^3×0.7＝265kg/m^3；

矿渣用量＝378kg/m^3×0.2＝76kg/m^3；

粉煤灰用量＝378kg/m^3×0.1＝38kg/m^3；

水用量＝378kg/m^3×0.40＝151kg/m^3；

骨料总用量＝（1000－280）kg/m³×2.65＝1908kg/m³；

砂用量＝1908kg/m³×40％＝763kg/m³；

石用量＝1908kg/m³－763kg/m³＝1145kg/m³；

所有材料总量超过 2450kg/m³，因引入了浆体积富余量，总体积略超过 1m³，故所计算的各材料总用量需按实测的表观密度校正，或按 15L 筒试配的砂石量＋以上胶凝材料和水各量的 1.5％，掺入外加剂试拌，测坍落度和流动度。如不符，则调整富余量或外加剂掺量。达到要求后，再装入筒中称量筒中混凝土和多余混凝土拌合物质量，求出混凝土表观密度，并校正各计算量。一般允许坍落度误差为±40mm，富余量误差为±1.5％。

基于以上条件，经多次试拌，求得符合要求的合理、经济的配合比。但针对此方法提出两点改进建议，第一是浆体富余量在 8％以上，不一定在 8％～10％，由试拌决定；第二是粗骨料应该采取两种以上粒级混拌的方法，使混拌后的粗骨料空隙率小于 41％。

9.4.3 高性能混凝土配合比设计

清华大学廉慧珍教授针对当代混凝土的特点，提出了"当代混凝土配合比要素的选择和配合比计算方法的建议"。当代混凝土配合比选择的内容实际上是水胶比、浆骨比、砂石比和矿物掺合料在胶凝材料中的比例四要素的确定，以及按照满足施工性要求的前提下紧密堆积原理的计算方法。对于有耐久性要求的混凝土，这四要素的原则都能以混凝土结构耐久性设计给出的"混凝土技术要求"为根据来确定。调整配合比时，应采用等浆体体积法以保证混凝土的体积稳定性不变。

1. 确定混凝土配合比的原则

（1）按具体工程提供的"混凝土技术要求"选择原材料和配合比。

（2）注重骨料级配和粒形，按最大松堆密度法优化级配骨料，但调整级配后空隙率应不大于 42％。

（3）按最小浆骨比（即最小用水量或胶凝材料总量）原则，尽量减小浆骨比，根据混凝土强度等级和最小胶凝材料总量的原则确定浆骨（体积）比，按选定的浆骨比得到 1m³混凝土拌合物浆体体积和骨料体积；计算骨料体积所使用的密度（应当是饱和面干状态下所测定的）。

（4）按施工性要求选择砂石比，按"混凝土技术要求"中的混凝土目标性能确定矿物掺合料掺量和水胶比。

（5）分别按绝对体积法用浆体体积计算胶凝材料总量和用水量；用骨料体积计算砂石用量。调整水胶比时，保持浆体体积不变。

（6）根据工程特点和技术要求选择合适的外加剂，用高效减水剂掺量调整拌合物的施工性。

（7）由于水泥接触水时就开始水化，拌合物的实际密实体积略小于各材料密度之和，则当未掺入引气剂时，可不考虑搅拌时挟入约 1％的空气。

2. 混凝土配合比四要素的选择

（1）水胶比

对有耐久性要求的混凝土，按照结构设计和施工给出"混凝土技术要求"中的最低强度等级，按保证率 95％确定配制强度；以最大水胶比作为初选水胶比，再依次减小

0.05%～0.1%，取 3～5 个水胶比试配，得出水胶比和强度的直线关系，找出上述配制强度所需要的水胶比，进行再次试配；或按无掺合料的普通混凝土强度—水胶比关系选择一个基准水胶比，掺入粉煤灰后再按等浆骨比调整水胶比。一般地，有耐久性要求的中等强度等级混凝土，掺用粉煤灰超过 30%时（包括水泥中已含的混合材料），水胶比宜不超过 0.44。

（2）浆骨比

在水胶比一定的情况下的用水量或胶凝材料总量，或骨料总体积用量即反映浆骨比。对于泵送混凝土，可按表 9-7 选择，或按现行国家标准《混凝土结构耐久性设计标准》GB/T 50476 中对最小和最大胶凝材料的限定范围，由试配拌合物工作性确定，取尽量小的浆骨比值。水胶比一定时，浆骨比小的，强度会稍低、弹性模量会稍高、体积稳定性好、开裂风险低，反之则相反。

不同强度等级泵送混凝土最大浆骨比

表 9-7

强度等级	浆体百分率(浆骨体积比)	用水量(kg/m³)
C30～C50(不含 C50)	≤0.32(1∶2)	≤175
C50～C60(含 C60)	≤0.35(1∶1.86)	≤160
C60 以上(不含 C60)	<0.38(1∶1.63)	≤145

（3）砂石比

通常在配合比中的砂石比，以一定浆骨比（或骨料总量）下的砂率表示。对级配良好的石子，砂石的选择以石子松堆空隙率与砂的松堆空隙率乘积为 0.16～0.2 为宜。一般地，泵送混凝土砂率不宜小于 36%，并不宜大于 45%。为此，应充分重视石子的级配，以不同粒径的两级配或三级配配合后松堆空隙率不大于 42%为宜。石子松堆空隙率越小，砂石比可越小。在水胶比和浆骨比一定的条件下，砂石比的变动主要可影响施工性和变形性质，对硬化后的强度也会有所影响（在一定范围内，砂率小的，强度稍低，弹性模量稍大，开裂敏感性较低，拌合物黏聚性稍差，反之则相反）。

（4）矿物掺合料掺量

矿物掺合料的掺量应视工程性质、环境和施工条件而选择。对于完全处于地下和水下的工程，尤其是大体积混凝土，如基础底板、咬合桩或连续浇筑的地下连续墙、海水中的桥梁桩基、海底隧道底板或有表面处理的侧墙以及常年处于干燥环境（相对湿度 40%以下）的构件等，当没有立即冻融作用时，矿物掺合料可以用到最大掺量（矿物掺合料占胶凝材料总量的最大掺量粉煤灰为 50%，磨细矿渣为 75%）；一年中环境相对湿度变化较大（冷天处在相对湿度为 50%左右、夏季相对湿度 70%以上）无化学腐蚀和冻融循环一般环境中的构件，对断面小、保护层厚度小、强度等级低的构件（如厚度只有 10～15cm 的楼板），当水胶比较大时（如大于 0.5），粉煤灰掺量不宜大于 20%，矿渣掺量不宜大于 30%（均包括水泥中已含的混合材料）。

3. 混凝土配合比选择的步骤

（1）确认混凝土结构设计中"混凝土技术要求"提出的设计目标、条件及各项指标和参数。

混凝土结构构件类型、保护层最小厚度、所处环境、设计使用年限、耐久性指标（根据所处环境选择）、最低强度等级、最大水胶比、胶凝材料最小和最大用量、施工季节、混凝土内部最高温度（如果有要求）、骨料最大粒径、拌合物坍落度、1h坍落度最大损失（如果有要求）。

（2）根据上述条件选择原材料。

（3）确认原材料条件。

水泥：品种、密度、标准稠度用水量、已含矿物掺合料品种及含量、水化热、氯离子含细度、凝结时间。石子：品种、饱和面干状态的表观密度、松堆密度、石子最大粒径、级配的比例和级配后的空隙率以及粒形。砂子：筛除5mm以上颗粒后的细度模数、5mm以上颗粒含量、饱和面干状态的表观密度、自然堆积密度、空隙率、来源。矿物掺合料：品种、密度、需水量比、烧失量、细度。外加剂：品种、浓度（对液体）、其他相关指标（如减水剂的减水率、引气剂的引气量、碱含量、氯离子含量、钾钠含量等）。

（4）混凝土配合比各参数的确定

各材料符号：水泥（C）、矿渣（SL）、粉煤灰（F）、砂（S）、石（G）、水（W）、胶凝材料（B）、浆体（P）、骨料（A）和水胶比（W/B）。

胶凝材料的组成：水泥占胶凝材料的质量百分比 α_C，矿渣粉占胶凝材料的质量百分比 α_{SL}，粉煤灰占胶凝材料的质量百分比 α_F。

密度：水泥（ρ_C）、矿渣（ρ_{SL}）、粉煤灰（ρ_F）、砂（ρ_S）、石（ρ_G）、水（ρ_W）和胶凝材料密度（ρ_B）。

体积：水泥（V_c）、矿渣（V_{SL}）、粉煤灰（V_F）、砂（V_s）、石（V_G）、水（V_W）、胶凝材料（V_B）、骨料体积（V_A）、浆体体积（V_P）和浆体-骨料体积比（V_P/V_A）。

按"混凝土技术要求"选取最低强度等级，并按保证率大于95%计算配制强度。根据环境类别和作用等级、构件特点（例如构件尺寸）、施工季节和水泥品种，确定矿物掺合料掺量，根据矿物掺合料掺量，以"混凝土技术要求"的最大水胶比为限，调整水胶比（即水胶比随矿物掺合料掺量增大而减小）。

级配骨料，得到最小的骨料松堆空隙率。根据骨料级配、粒形和"混凝土技术要求"中的混凝土强度等级要求的最小和最大浆骨比，以浆体与骨料绝对密实体积最小浆骨比的原则选定浆骨比，分别用浆体体积中的水胶比计算用水量和胶凝材料总量，用骨料体积中砂石比计算粗细骨料用量。

（5）混凝土配合比各参数及材料用量的计算：

按表9-7选定浆骨比，V_P/V_A。 (9-2)

混凝土拌合物总体积为 $1m^3$，则由式（9-2）可知 V_A 和 V_P，按级配骨料所用砂率和砂石表观密度计算砂石用量 S、G。

$$V_P = V_A + V_W \tag{9-3}$$

根据环境条件和构件尺寸确定胶凝材料组成：

$$B = C + F + SL \tag{9-4}$$

计算各材料占胶凝材料的质量百分数为：αC、αF、αSL。

设各材料占胶凝材料的百分数为：β_C、β_F、β_{SL}。

计算胶凝材料的密度：

$$\rho_B = \beta_C \rho_C + \beta_F \rho_F + \beta_{SL} \rho_{SL} \tag{9-5}$$

为了消除难以测定的 β，将 $\beta_C = \dfrac{V_C}{V_B}$、$\beta_F = \dfrac{V_F}{V_B}$、$\beta_{SL} = \dfrac{V_{SL}}{V_B}$ 代入式(9-5) 得：

$$\rho_B = \frac{1}{\dfrac{\alpha_C}{\rho_C} + \dfrac{\alpha_F}{\rho_F} + \dfrac{\alpha_{SL}}{\rho_{SL}}} \tag{9-6}$$

按"混凝土技术要求"选取试配用的最大水胶比 $(W/B)_1$，水的密度近似为 1，由式 (9-6) 已知胶凝材料密度为 ρ_B，计算体积水胶比：

$$\frac{V_W}{V_B} = \rho_B (W/B)_1 \tag{9-7}$$

由 β_C、β_F、β_{SL} 和式（9-6），计算胶凝材料用量 B 和用水量。

(6) 试配和配合比的确定

在所选用高效减水剂的推荐掺量的基础上，按混凝土的施工性调整为合适的掺量。

在"混凝土技术要求"最大水胶比的基础上，依次减小水胶比，选取 3～5 个值，计算各材料用量后进行试配，检测所指定性能指标值，从中选取符合目标值的水胶比，再次进行试配。根据实测试配结果得出配合比的拌合物密度，对计算密度进行配合比的调整。

9.5　案例库

［案例库 1］国家游泳中心项目

国家游泳中心（图 9-6）总建筑面积 6.5 万～8 万 m^2，工程造价 1 亿美元左右。它是 2008 年奥运会三个主要场馆［国家体育场（"鸟巢"、国家体育馆、国家游泳中心）］中第一个动工的项目。国家游泳中心工程地上二层轴线 3～7/M～U 范围处的 8 根大梁设置为有粘结预应力梁，截面尺寸 1500mm（宽）×3500mm（高），总长 36.8m，跨度为 34m。梁内预应力筋曲线按抛物线布置以满足梁的刚度要求，预应力筋采用 1860 级钢绞线，直径 $D=15.24mm$，混凝土强度达到 100% 后方可张拉预应力筋。预应力大梁混凝土强度等级为 C40，与之相交的梁板混凝土强度等级为 C30，两边支撑的圆柱混凝土强度等级为 C50。

图 9-6　国家游泳中心

就浇筑的 8 根预应力大梁来说，属于大体积混凝土的范畴，由于结构面积大，单方水泥用量较多，混凝土在水化过程中释放的水化热会产生较大的温度变化和收缩作用，由此造成的温度梯度和收缩应力是导致大体积混凝土出现裂缝的主要原因，同时浇筑时环境温度在 35℃左右，气候炎热。为此，采取了一定的技术措施避免裂缝的出现。

考虑到工程的结构、外观质量以及施工条件，其混凝土的技术要求主要有以下几个方面：

(1) 坍落度（160＋20）mm。

(2) 坍落度经时损失＜30mm/h。

(3) 混凝土和易性良好，无离析泌水现象。

(4) 出机温度＜25℃，入模温度≤28℃。

(5) 混凝土设计强度等级为 C40。

(6) 拆模后外观质量好，主要表现为光洁度高、气泡少。

(7) 初凝时间＞10h，终凝时间＜24h。

原材料：

(1) 水泥：北京琉璃河水泥厂生产的"长城牌"P·O42.5 水泥，3d 强度 24.9MPa，28d 强度 53.9MPa，碱含量 0.49%。

(2) 砂子：水洗天然砂，低碱活性，细度模数 2.6，含泥量 2.4%。

(3) 石子：5～25mm 山碎石，低碱活性，针片状含量 5.4%，压碎指标 6.7%，含泥量 0.5%。

(4) 粉煤灰：山东华能德州电厂Ⅰ级粉煤灰，需水量比 93%。

(5) 外加剂：广州西卡公司生产的聚羧酸外加剂，减水率 25%。

技术方案：

(1) 控制混凝土的浇筑温度和入模温度，降低混凝土的温升值。

骨料全部堆放在封闭的大棚内，避免太阳直射。提前 24h 用地下水对石子进行浇水降温，石子浇水后测定的温度可控制在 20℃左右。提前对砂子进行大量堆积，生产时剔除上部 2m 左右的砂子，使用下面温度偏低的砂子，砂子使用时的温度可控制在 25℃左右。降低生产用水的温度。提前 12h 把冰投入水池当中降低水温，同时生产过程中在搅拌站存放一定量的冰块，依据水温变化状况，适时投入冰块。通过采取加冰措施，水温可以控制在 15℃以下。控制水泥的使用温度。提前与北京琉璃河水泥厂进行沟通，确保进厂的水泥温度能够得到有效控制。北京琉璃河水泥厂通过采取把袋装水泥破袋后入仓的方式，实现水泥使用时的温度不超过 40℃。对运输车辆罐体进行保温处理，降低环境与罐体之间的热交换速率。

(2) 掺入缓凝型的外加剂，推迟放热峰值出现的时间，降低温峰值。

(3) 对混凝土表面加强养护工作，减少内外温差。

(4) 采用合理的施工工艺和浇筑措施，做好分层度的控制。

［案例库 2］北京首都国际机场三号航站楼

2004 年 3 月 28 日，北京首都国际机场扩建工程举行开工仪式。本次扩建目标年为 2015 年，设计年旅客吞吐量 6000 万人次、年货物吞吐量 180 万 t、年飞机起降 50 万架次。新建第 3 条跑道及飞行区、三号航站楼（图 9-7）、货运区和交通、供水、供油等各项配套设施，总建筑用地 22200 亩，工程总投资 194.5 亿元，2007 年底竣工。结构部分由大量强度等级 C60 清水混凝土柱和箱梁组成。

图 9-7　首都机场三号航站楼

原材料及混凝土配合比：

（1）水泥：采用北京琉璃河水泥厂生产的 P·O42.5 水泥，细度 330m²/kg，碱含量 0.49%。

粉煤灰：德州 I 级粉煤灰。

矿粉：河北宣化环城料业 S75 级矿渣粉。

（2）膨胀剂：山东寿光利飞 UEA-D 低碱膨胀剂，碱含量 0.20%。

（3）河沙：采用承德天然中砂，低碱活性，细度模数 2.6～2.8，含泥量 1.7%。

（4）石子：采用 5～25mm 连续级配山碎石，低碱活性，含泥量小于 0.5%，针片状含量小于 6%。

（5）外加剂：北京中航明星 ZH-1 高效减水剂，碱含量 3.36%。

工程应用效果：

（1）颜色：在同一视觉空间里，混凝土表面色泽均匀光滑，颜色基本一致，呈青灰色；自然光下 2m 目距看不到可见的明显色差与瑕疵。

（2）几何与外观尺寸：柱子的立面垂直度、突变平整度（小于 1mm）均满足要求。

（3）表面质量：没有出现蜂窝、麻面、砂带、冷接缝和表面损伤等，表面裂缝宽度不超过 0.15mm。模板屏风拼缝印记整齐、均匀。

（4）表面气泡：表面 1m² 面积上的气泡面积总和小于 2×10⁻⁴ m²，最大气泡直径小于 3mm，深度均不大于 2mm。

浇筑后的约 3 万 m³ 清水混凝土，包括清水柱、清水箱梁所用混凝土，拆模后混凝土外观光滑，颜色均一，极少有气泡。产品性能的稳定性得到了混凝土供应商及施工单位的一致认可。

参 考 文 献

［1］ 龚英，丁晶晶．水泥水化热测试方法的分析［J］．水泥与混凝土生产，2020（1）：7-8．

［2］ 徐惠惠，王怀培，等．TAMAIR 八通道等温量热仪测试条件对水泥水化热影响的试验研究［J］．水泥，2022，（03）：5-8．

［3］ 龚英，丁晶晶．水泥水化热测试方法的分析研究［J］．中国水能及电气化，2015，（01）：65-68．

［4］ 张颖，任耘．无机非金属材料研究方法［M］．北京：冶金工业出版社，2011．

［5］ Gwenn Le Saoüt, Vanessa Kocaba. Application of the Rietveld method to the analysis of anhydrous cement ［J］. Cement and Concrete Research, 2010, 41（2）: 133-148.

［6］ P. T. Durdzinski. Hydration of multi-component cements containing cement clinker, slag, calcareous fly ash and limestone. Ph. D. thesis, Ecole polytechnique federale de Lausanne EPFL（2016）．

［7］ D. L. Bish, S. A. Howard, Quantitative phase analysis using the Rietveld method, J. Appl. Crystal-logr. 21 （1988）86-91.

［8］ J. J. Beaudoin, P. Gu, J. Marchand, B. Tamtsia, R. E. Myers, Z. Liu, Solvent replacement studies of hydrated portland cement systems: The role of calcium hydroxide, Advanced Cement Based Materials 8（2）（1998）56-65.

［9］ Gwenn Le Saoüt, Vanessa Kocaba. Application of the Rietveld method to the analysis of anhydrous cement ［J］. Cement and Concrete Research , 2010, 41（2）: 133-148.

［10］ Ruben Snellings, Amelie Bazzoni. The existence of amorphous phase in Portland cements: Physical factors affecting Rietveld quantitative phase analysis［J］. Cement and Concrete Research, 2014, 59139-146.

［11］ Stuart B, Infrared spectroscopy: Fundamental and Applications, England: Wiley, 2004.

［12］ S. N. Ghosh, S. K. Handoo. Infrared and Raman spectral studies in cement and concrete（review）. Cement and Concrete Research, 10（1980）771-782.

［13］ T. C. Powers, L. E. Copeland and J. S. Hayes. Permeability of portland cement paste. Journal of ACI Process, 1954, 51: 285-298.

［14］ H. F. W. Taylor, Cement Chemistry, Thomas Telford Publishing 1 Heron Quay, London E144J 1997.

［15］ Pake, G. E. 1948. Nuclear magnetic resonance absorption in hydrated crystals: Fine structure of theproton line. J. Chem. Phys. 16, 327-336.

［16］ Lippmaa, E., M. Mägi, A. Samoson, G. Engelhardt and A. -R. Grimmer. Structural studies of silicates by solid-state high-resolution silicon-29 NMR［J］. J. Am. Chem. Soc. 2002, 102（15）: 4889-4893.

［17］ Müller, D. , W. Gessner, H. J. Behrens and G. Scheler. 1981. Determination of the aluminiumcoordination in aluminium-oxygen compounds by solid-state highresolution 27Al NMR. Chem. Phys. Lett. 79, 59-62.

［18］ Müller, D. , W. Gessner and A. -R. Grimmer. 1977. Determination of the coordination number of aluminum in solid aluminates from the chemical shift of aluminum-27. Zeitschrift für Chemie 17, 453-454.

［19］ Müller, D. , A. Rettel, W. Gessner and G. Scheler. 1984. An application of solid-state magic-angle spinning 27Al NMR to study of cement hydration. J. Magn. Reson. 57, 152-156.

［20］ Skibsted, J. , H. Bildsoe and H. J. Jakobsen. 1991a. High-speed spinning versus high magnetic field in MAS NMR of quadrupolar nuclei: 27Al MAS NMR of $3CaO \cdot Al_2O_3$. J. Magn. Reson. 92, 669-676.

［21］ Skibsted, J. , N. C. Nielsen, H. Bildsoe and H. J. Jakobsen. 1991b. Satellite transitions in MAS NMRspectra of quadrupolar nuclei. J. Magn. Reson. 95, 88-117.

［22］ Brunet, F. , P. Bertani, T. Charpentier, A. Nonat and J. Virlet. Application of 29Si homonuclear and 1H-29Si heteronuclear NMR correlation to structural studies of calcium silicate hydrates［J］. The Journal of physical chemistry B, 2004, 108（40）: 15494-15502.

［23］ Rawal, A. , B. J. Smith, G. L. Athens, C. L. Edwards, L. Roberts, V. Gupta and B. F. Chmelka. Molecular silicate and aluminate species in anhydrous and hydrated cements［J］. Journal of the American Chemical Society, 2010, 132（21）: 7321-37.

［24］ Herzfeld, J. , and A. E. Berger. Sideband intensities in NMR spectra of samples spinning at the magic angle

［J］. The journal of chemical Physics，2008，73（12）：6021.

［25］ akesh Kumar，B. Bhattacharjee. Study on some factors affecting the results in the use of MIP method in concrete research［J］，cement and concrete research，2003，33（3）：417-424.

［26］ P. Stroeven，J. Hu，D. A. Koleva. Concrete porosimetry：Aspects of feasibility，reliability and economy［J］. cement and concrete composites，2010，32（4）：291-299.

［27］ E. W. Washburn. Note on a method of determining the distribution of pore sizes in a porous materi-al，PNAS，7（1921）115-116.

［28］ Rakesh Kumar，B. Bhattacharjce. Study on some factors affecting the results in the use of MIP method in concrete research［J］，cement and concrete research，2003，33（3）：417-424.

［29］ N. Heam，R. D. Hooton. Sample mass and dimension effects on mereury intrusion porosimetry results，cement and concrete research，22（5）（1992）970-980.

［30］ C. Galle. Effect of drying on cement-based materials pore structure as identified by mercury intru-sion porosimetry：A comparative study between oven-，vacuum-，and freeze-drying［J］，cement and concrete research，2001，31（10）：1467-1477.

［31］ B. B. Sun，G. Ye，G. D. Schutter，A review：reaction mechanism and strength of slag and fly ash-based alkali-activated materials［J］，Construction and Building Materials，2022，326.

［32］ T. J. Chotard，M. P. Boncoeur Martel，A. Smith，et al. Application of X-ray computed tomography to characterise the early hydration of calcium aluminate cement［J］，Cement and Concrete Composites，2003，25（1）：145-152.

［33］ T. Ponikiewski，J. Katzer，M. Bugdol，et al.，X-ray computed tomography harnessed to determine 3D spacing of steel fibres in self compacting concrete（SCC）slabs［J］，Construction and Building Materials，2015，74102-108.

［34］ A. C. Bordelon，J. R. Roesler，Spatial distribution of synthetic fibers in concrete with X-ray computed tomography［J］. Cement and Conerete Composites，2014，5335-43.

［35］ J. Wang，J. Dewanckele，V. Cnudde，at al.，X ray computed tomography proof of bacterial basedself-healing in concrete，Cement and Concrete Composites，53（2014）289-304.

［36］ 王培铭，丰曙霞. 背散射电子图像分析在水泥基材料微观结构研究中的应用［J］. 硅酸盐学报，2011，39（10）：1659-1665.

［37］ Jie Zhang，George W. Scherer. Comparison of methods for arresting hydration of cement. Cement and Concrete Research，2011，41（10）：1024-1036.

［38］ Delesse，A. 1848. "Procédé Mecanique Pour Determiner La Composition Des Roches". Annales desMines 13（4）：379-388.

［39］ Kocaba，V.，E. Gallucci and K. L. Scrivener. Methods for Determination of Degree of Reaction of Slag in Blended Cement Pastes［J］. Cement and Concrete Research，2012，42（3）：511-525.

［40］ Durdzinski，P，K. Scrivener and M. Ben Haha. Characterisation of Calcareous Fly Ash". In：Proceedings of the Cement and Concrete Science Conference. University of Portsmouth，UK.

［41］ 潘杜，牛荻涛，罗大明. 海水海砂混凝土中低合金钢筋钝化膜结构及厚度预测模型［J］. 材料导报，1-14.

［42］ H. L. Wang，J. G. Dai，X. Y. Sun，et al. Characteristics of concrete cracks and their influence on chloride penetration［J］. Construction and Building Materials，2016，107216-225.

［43］ 张文武，刘帅，郭保林，等. 混凝土中钢筋锈蚀研究概述［J］. 山西建筑，2023，49（07）：6-11＋42.

［44］ D. A. Hausmann. Steel corrosion in concrete-How does it occur［J］. Materials Protection，1967，（6）：142-149.

［45］ P. S. Mangat，B. T. Molloy. Prediction of long term chloride concentration in concrete［J］. Materials and Structures，2022，55（2）.

［46］ W. Li，W. Liu，S. Wang. The effect of crack width on chloride-induced corrosion of steel in concrete［J］. Advances in Materials Science and Engineering，2017，20171-11.

［47］ 蒋德稳. 钢筋混凝人工综合侵蚀效应的研究［D］. 徐州：中国矿业大学图书馆，2002.

［48］ 李想. 基于 Laplace 变换研究应力波在粘弹性介质中的传播［D］. 绵阳：西南科技大学，2020.

［49］ Powers E. R.，Paritmongkol W.，Yost D. C.，Lee W. S.，Grossman J. C.，Tisdale W. A. Coherent exciton-lattice dynamics in a 2D metal organochalcogenolate semiconductor ［J］. Matter，2024，7（4）：1612-1630.

［50］ 孔文婷. 基于光改性的超浸润表面的润湿性转换及应用研究 ［D］. 哈尔滨：哈尔滨工业大学，2021.

［51］ Slowik V.，Schmidt M.，Fritzsch R. Capillary pressure in fresh cement-based materials and identification of the air entry value ［J］. Cement and Concrete Composites. 2008，30（7）：557-565.

［52］ 胡曙光. 先进水泥基复合材料 ［M］. 北京：科学出版社，2009.

［53］ 王开拓. 碱基地质聚合物在低温及真空条件下的反应机理与应用探索 ［D］. 南宁：广西大学，2016.

［54］ Palomo A.，Blanco-Varela M. T.，Granizo M. L.，et al. Chemical stability of cementitious materials based on metakaolin ［J］. Cement and Concrete Research，1999，29（7）：997-1004.

［55］ Purdon A. O. The action of alkalis on blast furnace slag ［J］. Journal of Socciety Chemical Industry，1940，59：191-202.

［56］ Shi C.，Roy D.，Krivenko P. Alkali-Activated Cements and Concretes ［M］. CRC press，2006：1-4.

［57］ Davidovits J. Geopolymers ［J］. Journal of thermal analysis，1991，37（8）：1633-1656.

［58］ Carloni, Christian; Cusatis, Gianluca; Salviato, Marco; Le, Jia Liang; Hoover, Christian G.; Bažant, Zdeněk P. Critical comparison of the boundary effect model with cohesive crack model and size effect law ［J］. Engineering Fracture Mechanics，2019，215，193-210.